通信综合布线系统彩图

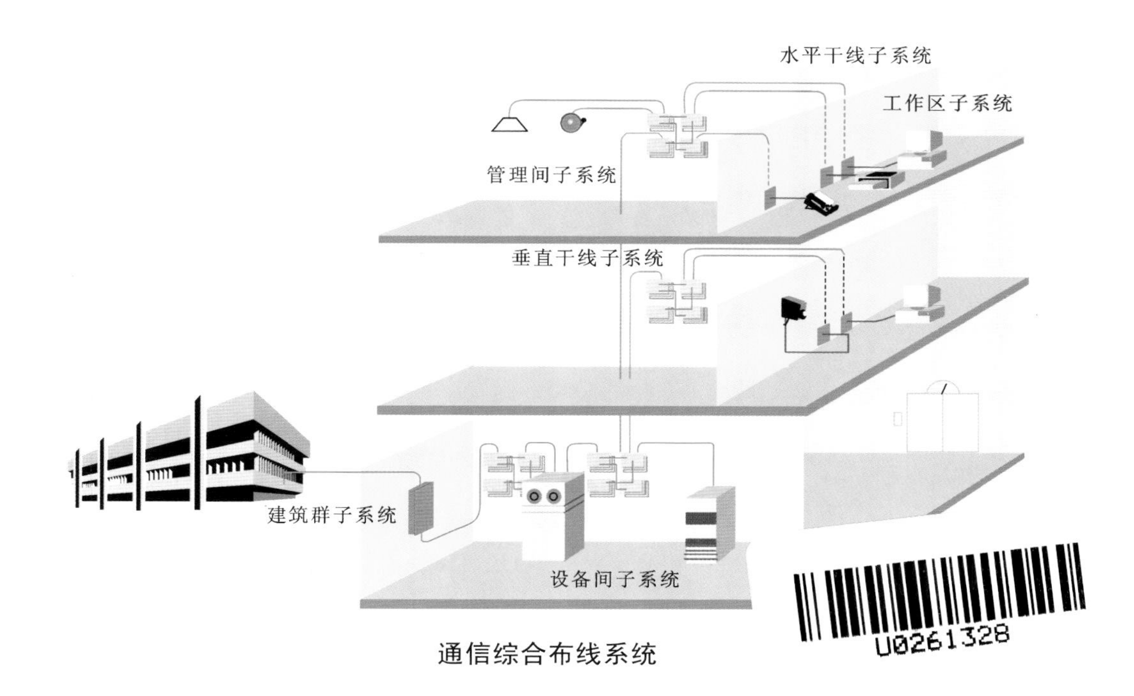

通信综合布线系统

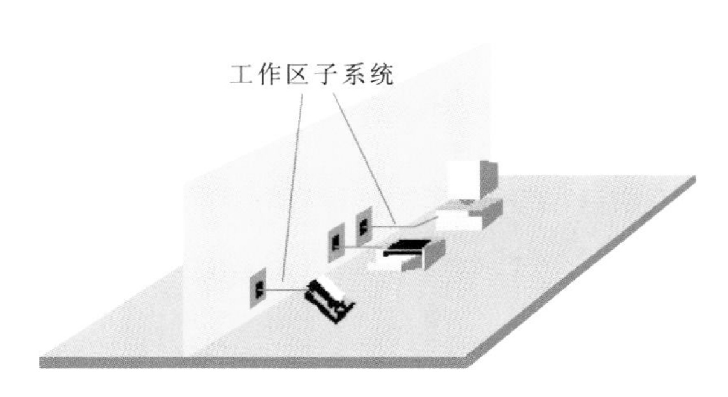

工作区子系统

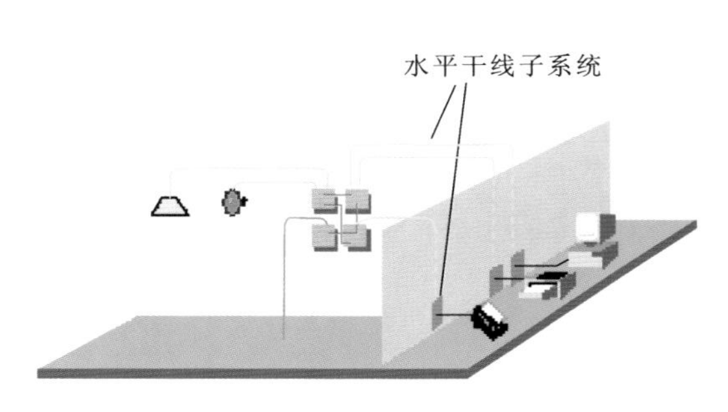

水平干线子系统

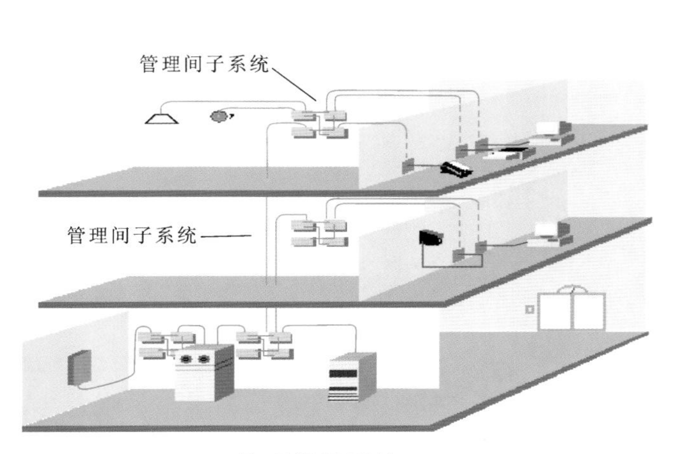

管理间子系统

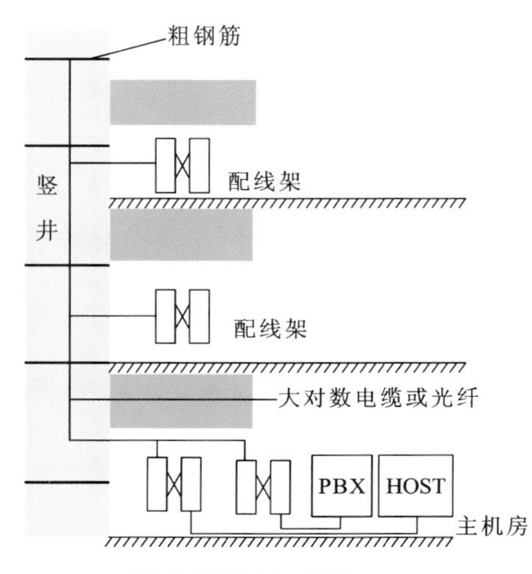

垂直干线子系统

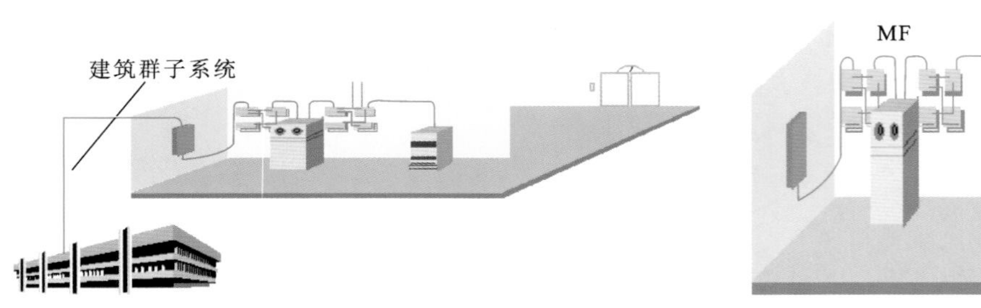

建筑群子系统

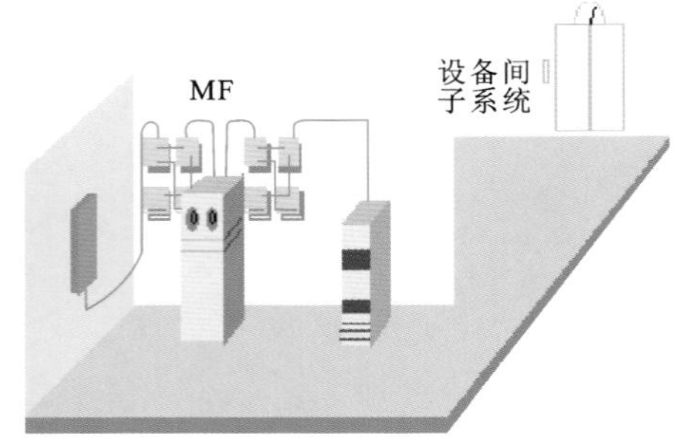

设备间子系统

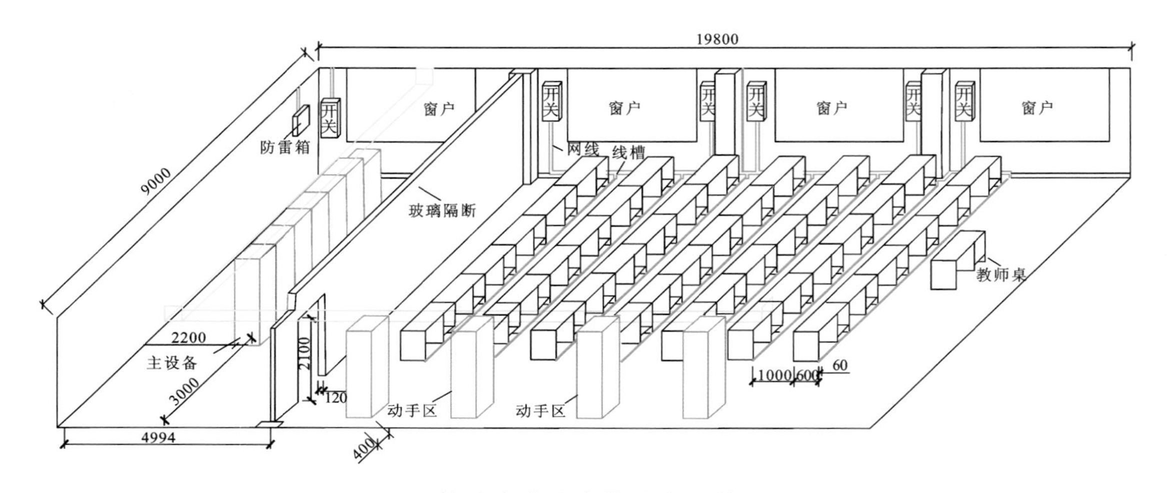

通信综合实验室整体布线效果

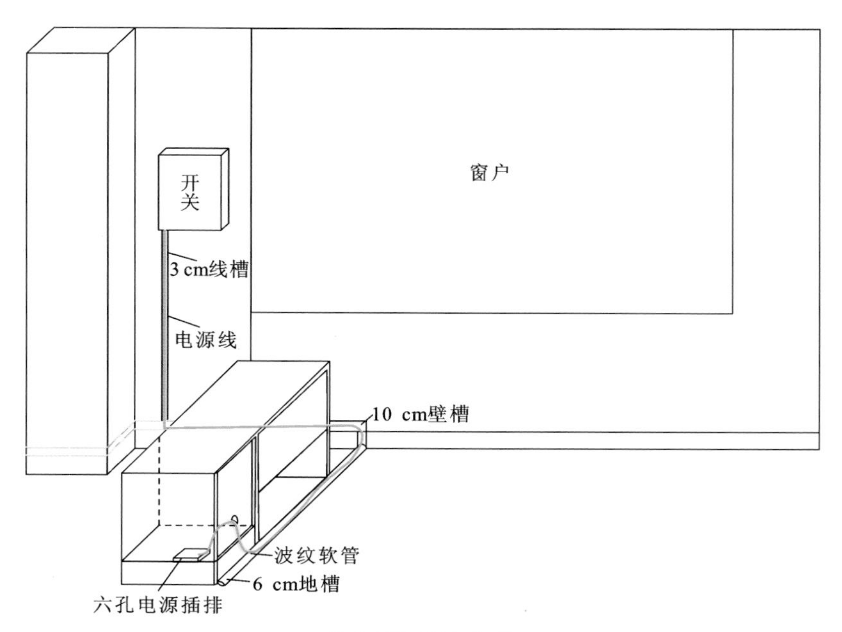

工作区子系统布线图

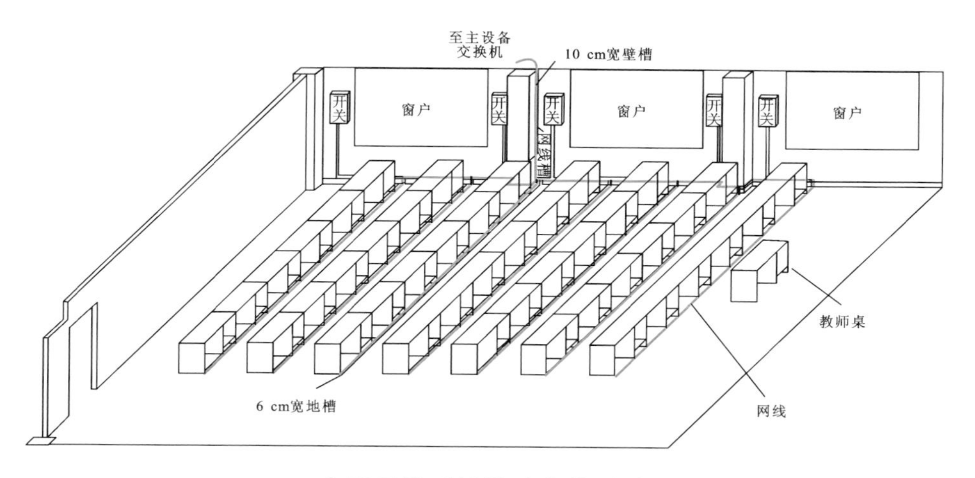

水平干线系统终端布线系统

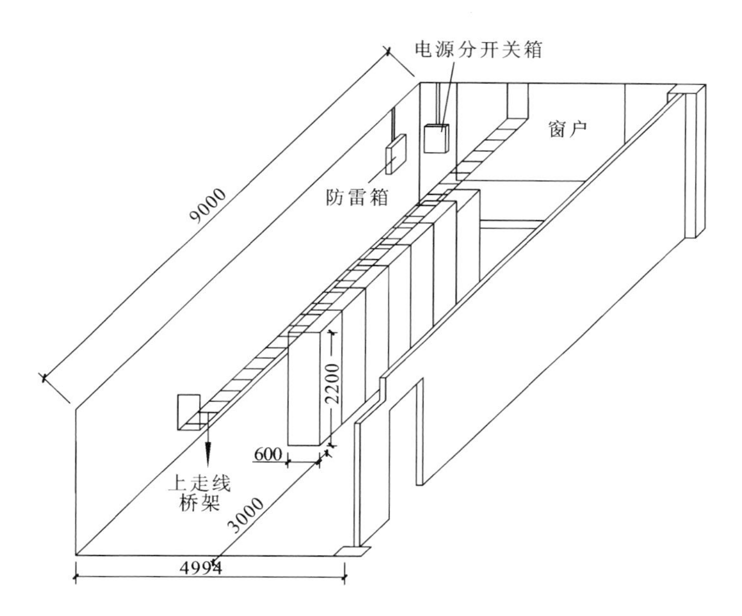

水平干线系统设备间的布线系统

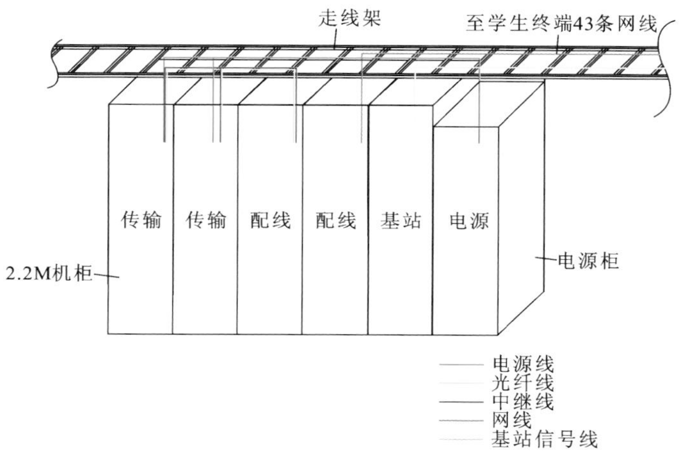

管理间子系统

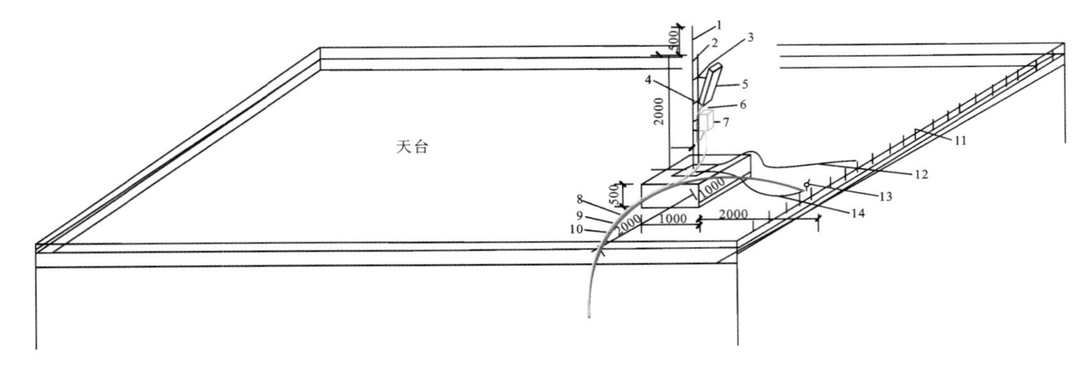

垂直干线子系统天台部分

1—避雷针；2—抱杆；3—可配式支架；4—固定支架；5—八通道智能天线；6—馈线；7-RRU；8—GPS信号线；9—RRU电源线；10—RRU信号线；11—接地线；12—防雷接地线；13—GPS接收器；14—GPS信号线

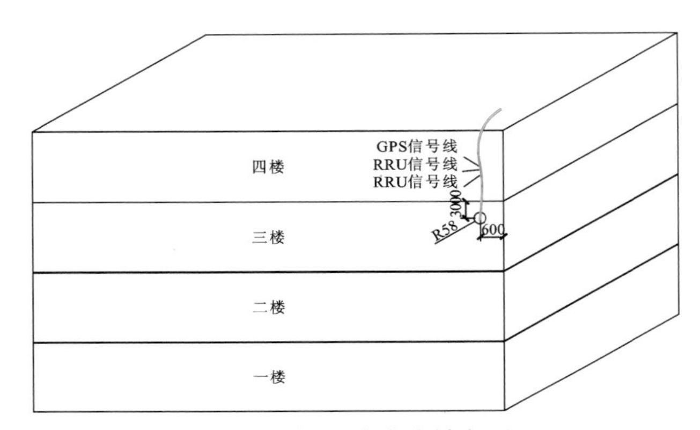

垂直干线子系统外墙部分

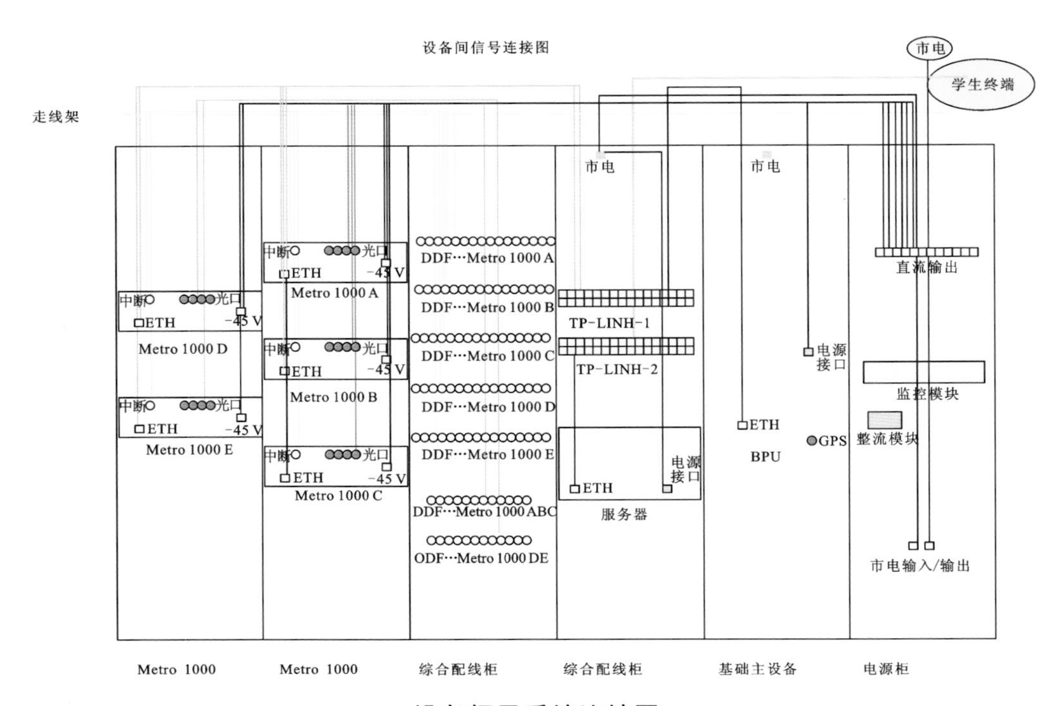

设备间子系统连接图

高等职业教育电子信息类专业“十二五”规划教材

通信综合布线技术

范海健　尚　丽　主　编
王　峰　周　燕　副主编
刘　韬　苏品刚　俞兴明　参　编

中国铁道出版社
CHINA RAILWAY PUBLISHING HOUSE

内容简介

本书体现基于工作过程的高职教育理念，介绍通信工程实践中常用的知识与技能，以及通信工程所涉及的预算、设计、管理等方面的知识与内容。其创新点在于使用大量的实物、实景图片、通信一线工程使用的表格进行讲解。

书中包含典型的通信综合布线动手实践操作实例，通过教师在实验室的理论讲解与实际操作，使学生能在实验室里掌握通信工程现场常用综合布线工具、常用通信测试设备的使用。将通信工程中理论知识和技能训练相结合，充分体现“理实一体化”的教学理念。**本书配教学 PPT 课件，可登录 www.51eds.com 下载。**

本书适合作为高职院校通信工程、物联网工程、计算机网络工程等专业的教材，也可供从事通信工程相关工作的技术人员和管理人员参考。

图书在版编目（CIP）数据

通信综合布线技术/范海健，尚丽主编．—北京：
中国铁道出版社，2013.1
高等职业教育电子信息类专业“十二五”规划教材
ISBN 978-7-113-15598-8

Ⅰ.①通…　Ⅱ.①范…　②尚…　Ⅲ.①通信网－布线
－高等职业教育－教材　Ⅳ.①TN915

中国版本图书馆 CIP 数据核字（2012）第 260732 号

书　　名：通信综合布线技术
作　　者：范海健　尚　丽　主编

策　　划：吴　飞　　　**读者热线：**400-668-0820
责任编辑：吴　飞　何　佳
封面设计：刘　颖
封面制作：白　雪
责任印制：李　佳

出版发行：中国铁道出版社（100054，北京市西城区右安门西街 8 号）
网　　址：http://www.51eds.com
印　　刷：北京新魏印刷厂
版　　次：2013 年 1 月第 1 版　　2013 年 1 月第 1 次印刷
开　　本：787mm×1092mm　1/16　**印张：**11.5　**插页：**2　**字数：**279 千
印　　数：1～3 000 册
书　　号：ISBN 978-7-113-15598-8
定　　价：26.00 元

前言

FOREWORD

通信技术正以前所未有的规模与速度发展，通信工程建设项目也逐年递增，特别是最近几年3G项目，城铁、高铁项目，物联网项目的建设与升级，对通信工程设计、施工、维护和监理类人才需求旺盛这是因为通信网的建设、扩容、更新、维护、运营等都离不开具有通信工程建设与施工的高技能人才。

目前普通高等教育中，存在“重理论，轻实践”的情况，导致部分高校毕业生走向工作岗位后无法适应工作需要，不少用人单位无法招聘到满意人才。通信工程专业职业教育的培养目标是培养应用型的高级工程技术人才，因此必须摒弃“重理论，轻实践”的教学模式，加强实践教学，以提高学生的实际操作能力，培养学生的创新精神。学生实际操作能力包括多方面的内容，本书有针对性、分层次、分阶段地设置了理论环节、实践教学环节，以培养学生的实际操作能力。

本书立足工程实践，全面介绍目前与通信相关的工程项目中的传输介质、工具、操作技能以及工程设计管理方面的知识，使读者提升实践动手能力和通信工程组织实施能力，提高通信人员整体素质。编者从许多工作在通信工程第一线的资深通信工程师处获得了许多宝贵的素材与资料，并结合自己在通信工程一线所积累的知识与经验，认真审核并遴选素材，充分注重理论联系实际，确保本书内容具有时效性、前瞻性。

全书共分 8 章:

第 1 章 通信综合布线系统。本章就通信综合布线系统的基本概念与组成、系统特点、设计等级与要点以及综合布线系统的发展趋势进行系统的介绍。同时以某大学通信实验室布线系统作为实例，对通信综合布线系统的各个部分进行详细介绍，以使读者对通信综合布线系统有整体的了解，为学习后续章节做准备。

第 2 章 通信综合布线传输介质。本章主要对通信工程设计与建设过程中所使用的通信传输介质进行详细的介绍，重点介绍了线缆的材质、功能、使用场合等。具体的传输介质主要有双绞线、同轴电缆、光缆及电话通信电缆等。

第 3 章 通信综合布线工具使用。通信综合布线过程中使用的工具多种多样，本章图文并茂，对综合布线过程中的常用工具进行功能性的介绍，对一些专用工具进行详细的图解说明。

第 4 章 通信综合布线设计与预算。本章对综合布线系统各子系统的设计进行详细的说明，同时对通信工程概预算进行简要的阐述。

第 5 章 通信综合布线基本技能训练。本章对通信工程中所使用的网络水晶头、信息模块、电话水晶头压接，光纤熔接，电话内外线安装与调试，互联网接入与测试等实践技能方面的知识进行了详细介绍。读者可通过本书的讲解进行上述项目的技能训练。

第 6 章 常用通信测试工具使用。在进行通信工程的实施过程中，会用到相关的通信测试工具。本章主要介绍了万用表、网络测试仪、误码仪及光功率计等通信测试仪器仪表的使用方法。

第 7 章 通信工程相关规范。本章主要介绍通信工程施工所要遵循的过程规范、质量规范与安全规范。这是作为一名通信项目工程人员必须要掌握的。

第 8 章 通信项目工程管理。本章从项目管理的角度介绍通信工程建设的程序，以及在项目管理过程中为完成整个项目所采用的相关管理手段。

本书由范海健、尚丽任主编，王峰、周燕任副主编，刘韬、苏品刚、俞兴明参编。南京柯姆威科技有限公司总经理赵强对本书提出了很多中肯的意见和建议，彭永龙工程师为本书提供了大量工程实施一线的宝贵资料，在此一并表示衷心的感谢。

本书可供高职院校通信工程、物联网工程、计算机网络工程等专业的学生使用，也可供从事通信工程相关工作的技术人员和管理人员参考。**本书配教学 PPT 课件，可登录 www.51eds.com 下载。**

由于编者水平有限，书中的疏漏和不足之处在所难免，恳请读者批评指正。

编 者

CONTENTS

目录

通信综合布线系统

通信综合布线系统是以计算机技术和通信技术发展为基础，为进一步适应社会信息化和经济国际化的需要、结合传统建筑产业与信息产业，适应办公自动化的发展要求而提出的网络布线的标准，它是计算机与通信网络工程的基础。

1.1 通信综合布线系统概述

在信息社会中，一个现代化的办公大楼内，除了具有电话、传真、空调、消防、动力电线、照明电线外，计算机与通信网络线路也是不可缺少的。通信综合布线系统的对象是建筑物或楼宇内的传输网络，使语音和数据通信设备、交换设备和其他信息管理系统彼此相连，并使这些设备与外部通信网络连接。

随着全球计算机技术、现代通信技术的迅速发展，人们对信息的需求也越来越强烈。这就导致具有楼宇自动化（Building Automation，BA）、通信自动化（Communication Automation，CA）、办公自动化（Office Automation，OA）等功能的智能建筑在世界范围蓬勃兴起。而通信综合布线系统正是智能建筑内部各系统之间、内部系统与外界进行信息交换的硬件基础。综合布线系统（Premises Distribution System，PDS）是现代化大楼内部的“信息高速公路”，是信息高速公路在现代大楼内的延伸。

通信综合布线系统是由许多部件组成的，主要有传输介质、线路管理硬件、连接器、插座、插头、适配器、传输电子线路、电气保护设施等，并由这些部件来构造各种子系统。

理想的布线系统表现为支持语音应用、数据传输、影像影视，而且最终能支持综合型的应用。

由于综合型的语音和数据传输网络布线系统选用的线材、传输介质是多样的（屏蔽、非屏蔽双绞线、中继线、光缆等），一般单位可根据自身的特点选择布线结构和线材作为布线系统。目前通信综合布线系统被划分为 6 个子系统：

（1）工作区子系统；

（2）水平干线子系统；

（3）管理间子系统；

（4）垂直干线子系统；

（5）楼宇（建筑群）子系统；

（6）设备间子系统。

大楼的通信综合布线系统不像传统的布线系统那样自成体系、互不相干，而是将各种不同组成部分构成一个有机的整体。通信综合布线系统结构如图 1-1 所示（见彩色插图）。

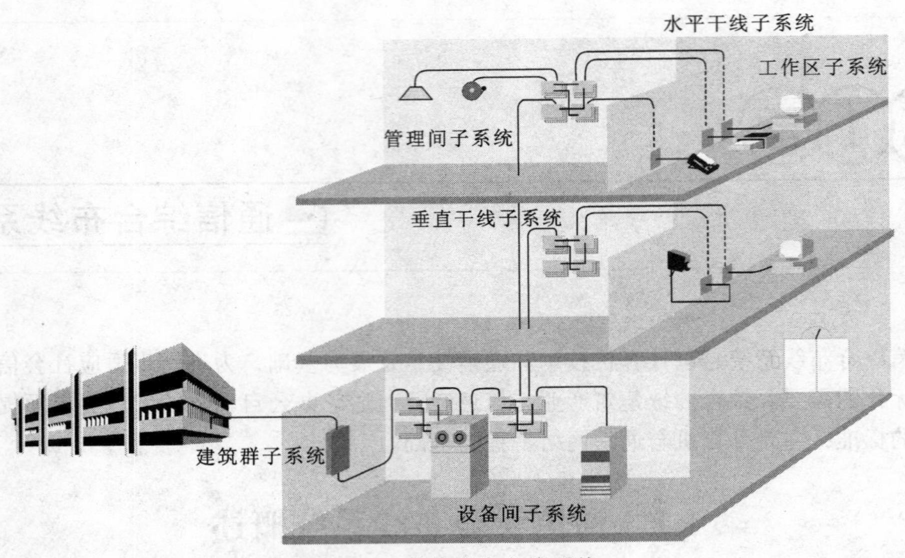

图 1-1　通信综合布线系统

1.1.1　工作区子系统

工作区（Word Area）子系统又称服务区（Coverage Area）子系统，它是由 RJ-45 跳线与信息座所连接的设备（终端或工作站）组成，如图 1-2 所示。其中，信息座有墙上型、地面型、桌上型等多种。

在进行终端设备和 I/O 连接时，可能需要某种传输电子装置，但这种装置并不是工作区子系统的一部分。例如调制解调器，它能为终端与其他设备之间提供所需的转换信号，所以不能说它是工作区子系统的一部分。

工作区子系统设计时要注意如下要点：

（1）从 RJ-45 插座到设备间的连线用双绞线，一般不要超过 5 m；

（2）RJ-45 插座须安装在墙壁上或不易碰到的地方，插座距离地面 30 cm 以上；

（3）插座和插头（双绞线）不要接错线头。

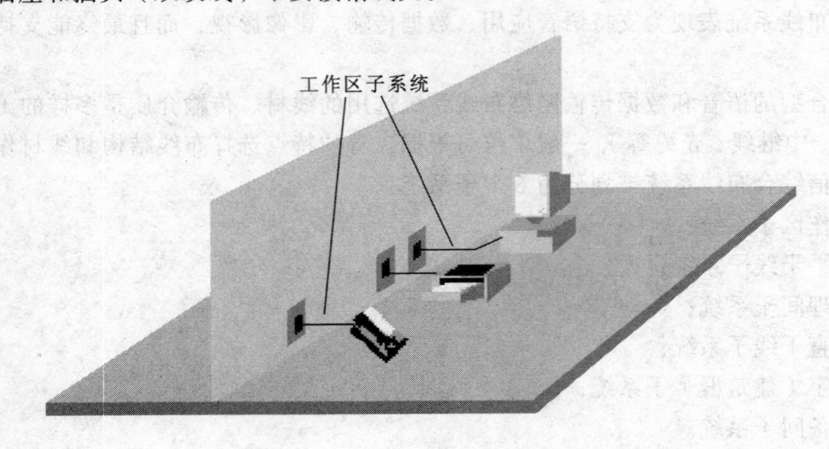

图 1-2　工作区子系统

1.1.2 水平干线子系统

水平干线（Horizontal Backbone）子系统也称为水平子系统，如图 1-3 所示。水平干线子系统是整个布线系统的一部分，它是从工作区的信息插座开始到管理间子系统的配线架。

水平子系统结构一般为星形结构，它与垂直干线子系统（详细介绍见“1.1.4 垂直干线子系统”）的区别：水平干线子系统总是在一个楼层上，仅与信息插座、管理间连接。在通信综合布线系统中，水平干线子系统由 4 对非屏蔽双绞线（Unshielded Twisted Pair，UTP）组成，能支持大多数现代化通信设备，如果有磁场干扰或信息保密时可用屏蔽双绞线。在高宽带应用时，可以采用光缆。

从用户工作区的信息插座开始，水平布线子系统在交叉处连接，或在小型通信系统中的以下任何一处进行互连：远程（卫星）通信接线间、干线接线间或设备间。在设备间中，当终端设备位于同一楼层时，水平干线子系统将在干线接线间或远程通信（卫星）接线间的交叉连接处连接。

在水平干线子系统中，通信综合布线的设计必须具有全面介质设施方面的知识，能够向用户或用户的决策者提供完善而又经济的设计。设计时要注意如下要点：

（1）水平干线子系统用线一般为双绞线；

（2）长度一般不超过 90 m；

（3）用线必须走线槽或在天花板吊顶内布线，尽量不走地面线槽；

（4）用 3 类双绞线可传输速率为 16 Mbit/s，用 5 类双绞线可传输速率为 100 Mbit/s；

（5）确定介质布线方法和线缆的走向；

（6）确定距服务接线间距离最近的 I/O 位置；

（7）确定距服务接线间距离最远的 I/O 位置；

（8）计算水平区所需线缆长度。

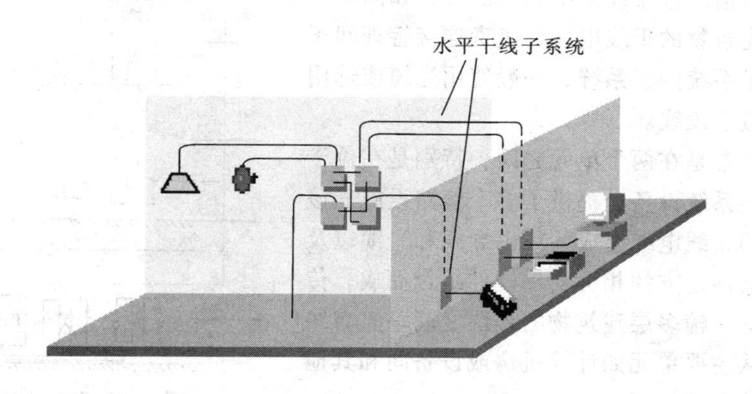

图 1-3 水平干线子系统

1.1.3 管理间子系统

管理间子系统（Administration Subsystem）是连接垂直干线子系统和水平干线子系统的设备，如图 1-4 所示。管理间为连接其他子系统提供手段，其主要设备是配线架、集线器（Hub）、交换机和机柜、电源。

设计时要注意如下要点：

（1）配线架的配线对数可由管理的信息点数决定；

（2）利用配线架的跳线功能，可使布线系统具有灵活、多功能的能力；

（3）配线架一般由光配线盒和铜配线架组成；

（4）管理间子系统应有足够的空间放置配线架和网络设备（Hub、交换机等）；

（5）有 Hub、交换机的地方要配有专用稳压电源；

（6）保持一定的温度和湿度，保养好设备。

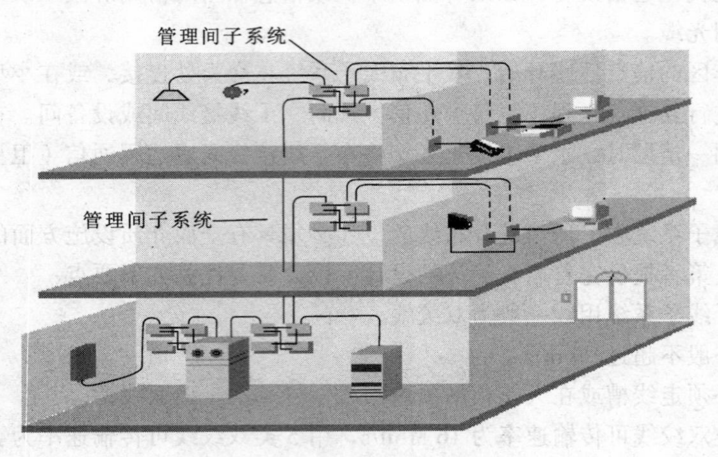

图 1-4　管理间子系统

1.1.4　垂直干线子系统

垂直干线子系统也称骨干（Riser Backbone）子系统，它是整个通信综合布线系统的一部分，如图 1-5 所示。它提供建筑物的干线电缆，负责连接管理间子系统到设备间子系统的子系统，一般使用光缆或选用大对数的非屏蔽双绞线。

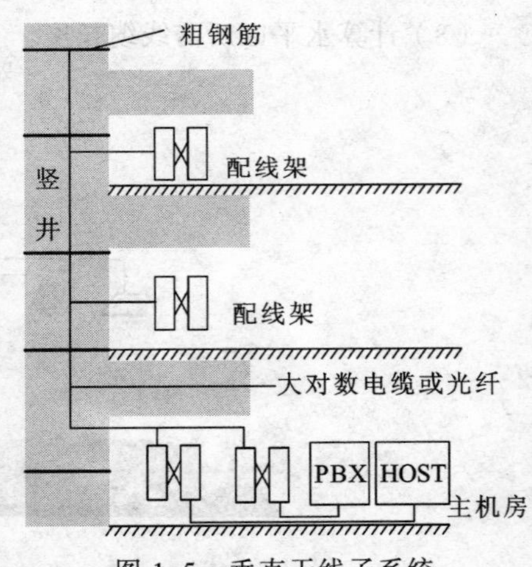

图 1-5　垂直干线子系统

该子系统通常是在两个单元之间，特别是在位于中央节点的公共系统设备处提供了多个线路设施。该子系统由所有的布线电缆组成，或由导线和光缆以及将此光缆连到其他地方的相关支撑硬件组合而成。传输介质可能包括一幢多层建筑物的楼层之间垂直布线的内部电缆或从主要单元如计算机房或设备间和其他干线接线间来的电缆。

为了与建筑群的其他建筑物进行通信，干线子系统将中继线交叉连接点和网络接口（由电话局提供的网络设施的一部分）连接起来。网络接口通常放在设备相邻的房间。

垂直干线子系统还包括：

（1）垂直干线或远程通信（卫星）接线间、设备间之间的竖向或横向的电缆走向用的通道；

（2）设备间和网络接口之间的连接电缆或设备与建筑群子系统各设施间的电缆；

（3）垂直干线接线间与各远程通信（卫星）接线间之间的连接电缆；
（4）主设备间和计算机主机房之间的干线电缆。

设计时要注意如下要点：
（1）垂直干线子系统一般选用光缆，提高传输速率；
（2）光缆可选用多模光纤（室外远距离的），也可以是单模光纤（室内）；
（3）垂直干线电缆的拐弯处，不要直角拐弯，应有相当的弧度，以防电缆受损；
（4）垂直干线电缆要防遭破坏（如埋在路面下，要防止挖路、修路对电缆造成危害），架空电缆要防止雷击；
（5）确定每层楼的干线要求和防雷电的设施；
（6）满足整幢大楼干线要求和防雷击的设施。

1.1.5　建筑群子系统

建筑群子系统也称校园（Campus Backbone）子系统，它是将一个建筑物中的电缆延伸到另一个建筑物的通信设备和装置，通常是由光缆和相应设备组成，如图 1-6 所示。建筑群子系统是通信综合布线系统的一部分，它提供了楼宇之间通信所需的硬件，其中包括导线电缆、光缆以及防止电缆上的脉冲电压进入建筑物的电气保护装置。

在建筑群子系统中，会遇到室外敷设电缆问题，一般有 3 种情况：架空电缆、直埋电缆、地下管道电缆，或者是这 3 种的任何组合，具体情况应根据现场的环境来决定。设计时的要点与垂直干线子系统相同。

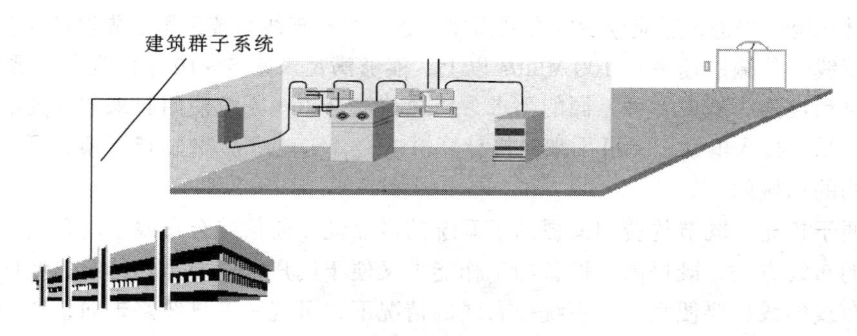

图 1-6　建筑群子系统

1.1.6　设备间子系统

设备间子系统也称设备（Equipment）子系统，如图 1-7 所示。设备间子系统由电缆、连接器和相关支撑硬件组成。它把各种公共系统设备的多种不同设备互连起来，其中包括电信部门的光缆、同轴电缆、程控交换机等。设计时要注意如下要点：
（1）设备间要有足够的空间保障设备的存放；
（2）设备间要有良好的工作环境（温度、湿度等适宜）；
（3）设备间的建设标准应按机房建设标准设计。

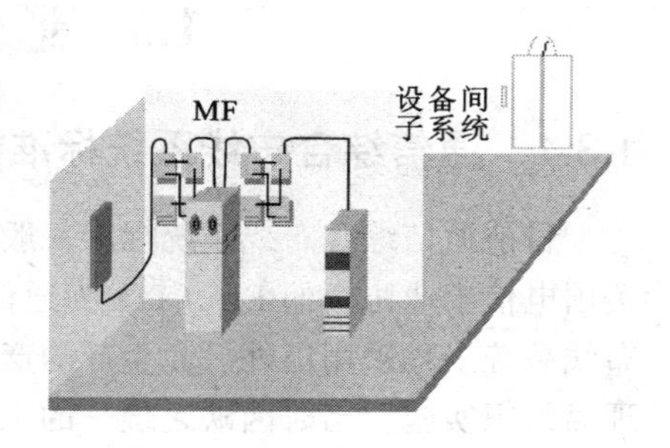

图 1-7　设备间子系统

上述 6 个子系统的设计，将在本书的后面章节详细介绍。

1.2 通信综合布线系统的优点

通信综合布线是一种模块化的、灵活性极高的建筑物内或建筑群之间的信息传输通道。通过它可使话音设备、数据设备、交换设备及各种控制设备与信息管理系统连接起来，同时它也是这些设备与外部通信网络相连的通信综合布线。它还包括建筑物外部网络或电信线路的连接点与应用系统设备之间的所有线缆及相关的连接部件。通信综合布线由不同系列和规格的部件组成，其中包括传输介质、相关连接硬件（如配线架、连接器、插座、插头、适配器）以及电气保护设备等。这些部件可用来构建各种子系统，它们都有各自的具体用途，不仅易于实施，而且能随需求的变化而平稳升级。

通信综合布线的主要优点为：

（1）结构清晰，便于管理维护。传统的布线方法是，各种不同的设施的布线分别进行设计和施工，如电话系统、消防与安全报警系统、能源管理系统等都是独立进行的。一个自动化程度较高的大楼内，各种线路如麻，拉线时又免不了在墙上打洞，在室外挖沟，造成一种"填填挖挖挖挖填，修修补补补补修"的难堪局面，而且还造成难以管理，布线成本高，功能不足和不适应形势发展的需要等问题。通信综合布线就是针对这些缺点而采取标准化的统一材料、统一设计、统一布线、统一安装施工，做到结构清晰，便于集中管理和维护。

（2）材料统一先进，适应今后的发展需要。通信综合布线系统采用了先进的材料，如 5 类非屏蔽双绞线，传输的速率在 100 Mbit/s 以上，能够满足未来 5～10 年的发展需要。

（3）灵活性强，适应各种不同的需求，使通信综合布线系统使用起来非常灵活。一个标准的插座，既可接入电话，又可用来连接计算机终端，实现语音/数据点互换，可适应各种不同拓扑结构的局域网。

（4）便于扩充，既节约费用又提高了系统的可靠性。通信综合布线系统采用冗余布线和星形结构的布线方式，既提高了设备的工作能力又便于用户扩充。虽然传统布线所用线材比通信综合布线的线材要便宜，但在统一布线的情况下，可统一安排线路走向，统一施工，这样既减少用料和施工费用，也减少了使用大楼的空间，布线系统的施工质量也得到了进一步的保证。

1.3 通信综合布线系统标准

1.3.1 通信综合布线系统标准概述

目前通信综合布线系统标准一般为中国工程标准化协会、建设部和美国电子工业协会、美国电信工业协会的 EIA / TIA 为通信综合布线系统制定的一系列标准。过去国内大多数综合布线系统工程采用国外厂商生产的产品，且其工程设计和安装施工绝大部分由国外厂商或代理商组织实施。当时因缺乏统一的工程建设标准，所以不论是在产品的技术和外形结构，还是在具体设计和施工以及与房屋建筑的互相配合等方面都存在一些问题，没有取得应有的效果。为此，我国主管建设部门和有关单位在近几年来组织编制和批准发布了一批有关综合布线系统工程设计施工应遵循的依据和法规。这方面的主要标准和规范如下所示：

（1）国家标准《综合布线系统工程设计规范》（GB 50311—2007）。根据建设部公告，自2007年10月1日起施行。

（2）国家标准《综合布线系统工程验收规范》（GB 50312—2007）。根据建设部公告，自2007年10月1日起施行。

（3）国家标准《智能建筑设计标准》（GB 50314—2006）。由原建设部和国家质量技术监督局联合批准发布，自2007年7月1日起施行。

（4）国家标准《智能建筑工程质量验收规范》（GB 50339—2003）。由原建设部和国家质量监督检验检疫总局联合发布，自2003年10月1日起施行。

（5）国家标准《通信管道工程施工及验收规范》（GB 50374—2006）。由原信息产业部发布，自2007年5月1日起施行。

（6）国家标准《建筑电气工程施工质量验收规范》（GB 50303—2002）。由原建设部发布，自2002年6月1日起施行。

（7）通信行业标准《建筑与建筑群综合布线系统工程设计施工图集》（YD 5082—1999）。由信息产业部批准发布，自2000年1月1日起施行。

（8）通信行业标准《城市住宅区和办公楼电话通信设施设计标准》（YD/T 2008—1993）。由建设部和原邮电部联合批准发布，自1994年9月1日起施行。

（9）通信行业标准《城市住宅区和办公楼电话通信设施验收规范》（YD 5048—1997）。由原邮电部批准发布，自1997年9月1日起施行。

（10）通信行业标准《城市居住区建筑电话通信设计安装图集》（YD/T 5010—1995）。由原邮电部批准发布，自1995年7月1日起施行。

（11）通信行业标准《通信电缆配线管道图集》（YD 5062—1998）。由原信息产业部批准发布，自1998年9月1日起施行。

（12）中国工程建设标准化协会标准《城市住宅建筑综合布线系统工程设计规范》（CECS 119—2000）。为推荐性标准，由协会下属通信工程委员会主编，经中国工程建设标准化协会批准，自2000年12月1日起施行。

当工程技术文件、承包合同文件要求采用国际标准时，应按要求采用适用的国际标准，但不应低于本规范规定。此外，在综合布线系统工程施工中，还可能涉及本地电话网。因此，还应遵循我国通信行业标准《本地电话网用户线路工程设计规范》（YD 5006—2003）、《通信管道与通道工程设计规范》（YD 5007—2003）和《本地网通信线路工程验收规范》（YD 5051—1997）等规定。

现行的主要国际标准有：

（1）《用户建筑综合布线》（TSO/IEC 11801）；

（2）《商业建筑电信布线标准》（EIA/TIA 568）；

（3）《商业建筑电信布线安装标准》（EIA/TIA 569）；

（4）《商业建筑通信基础结构管理规范》（EIA/TIA 606）；

（5）《商业建筑通信接地要求》（EIA/TIA 607）；

（6）《信息系统通用布线标准》（EN 50173）；

（7）《信息系统布线安装标准》（EN 50174）。

1.3.2 通信综合布线系统标准要点

1. 制定通信综合布线系统的目的

（1）规范一个通用语音和数据传输的电信布线标准，以支持多设备、多用户的环境；

（2）为服务于商业的电信设备和布线产品的设计提供方向；

（3）能够对商用建筑中的结构化布线进行规划和安装，使之能够满足用户的多种电信要求；

（4）为各种类型的线缆、连接件以及布线系统的设计和安装建立技术标准。

2. 通信综合布线系统标准的适用范围

（1）标准针对的是"商业办公"电信系统；

（2）布线系统的使用寿命要求在 10 年以上。

3. 通信综合布线系统标准的内容

标准内容为所用介质、拓扑结构、布线距离、用户接口、线缆规格、连接件性能、安装程序等。

4. 几种布线系统涉及的范围和要点

（1）水平干线布线系统：涉及水平跳线架、水平线缆、线缆出入口/连接器、转换点等。

（2）垂直干线布线系统：涉及主跳线架、中间跳线架、建筑外主干线缆、建筑内主干线缆等。

（3）无屏蔽双绞线（Unshielded Twisted Pair，UTP）布线系统：UTP 布线系统传输特性划分为以下几类线缆：

① 3 类电缆。指目前在 ANSI 和 EIA/TIA568 标准中指定的电缆。该电缆的传输频率为 16 MHz，最高传输速率为 10 Mbps（10 Mbit/s），主要应用于语音、10 Mbit/s 以太网（10BASE-T）和 4 Mbit/s 令牌环，最大网段长度为 100 m，采用 RJ 形式的连接器，目前已淡出市场。

② 4 类电缆。该类电缆的传输频率为 20 MHz，用于语音传输和最高传输速率 16 Mbps（指的是 16 Mbit/s 令牌环）的数据传输，主要用于基于令牌的局域网和 10BASE-T/100BASE-T。最大网段长为 100 m，采用 RJ 形式的连接器，未被广泛采用。

③ 5 类电缆。该类电缆增加了绕线密度，外套一种高质量的绝缘材料，电缆最高频率带宽为 100 MHz，最高传输率为 100 Mbps，用于语音传输和最高传输速率为 100 Mbps 的数据传输，主要用于 100BASE-T 和 1000BASE-T 网络，最大网段长为 100 m，采用 RJ 形式的连接器。这是最常用的以太网电缆。在双绞线电缆内，不同线对具有不同的绞距长度。通常，4 对双绞线绞距周期在 38.1 mm 长度内，按逆时针方向扭绞，一对线对的扭绞长度在 12.7 mm 以内。

④ 超 5 类电缆。超 5 类电缆具有衰减小，串扰少，并且具有更高的衰减与串扰的比值（ACR）和信噪比（Structural Return Loss）、更小的时延误差，性能得到很大提高。超 5 类线主要用于千兆位以太网（1000 Mbps）。

⑤ 6 类电缆。指 200 M/Hz 以下的传输特性。该类电缆的传输频率为 1 MHz ~ 250 MHz，6 类电缆在 200 MHz 时综合衰减串扰比（PS-ACR）应该有较大的余量，它提供 2 倍于超 5 类电缆的带宽。6 类电缆的传输性能远远高于超 5 类电缆，最适用于传输速率高于 1 Gbps 的应用。6 类电缆与超 5 类电缆的一个重要的不同点在于，6 类电缆改善了在串扰以及回波损耗方面的性能，对于新一代全双工的高速网络应用而言，优良的回波损耗性能是极重要的。6 类电缆标准中取消了基本链路模型，布线标准采用星形的拓扑结构，要求的布线距离为：永久

链路的长度不能超过 90 m，信道长度不能超过 100 m。

⑥ 超 6 类或 6A（CAT6A）电缆。此类产品传输带宽介于 6 类电缆和 7 类电缆之间，带宽为 500MHz，目前和 7 类电缆一样，国家还没有出台正式的检测标准，只是行业中有此类产品，各厂家宣布一个测试值。

⑦ 7 类（CAT7）电缆。带宽为 600MHz，可能用于今后的 10 Gbit/s 以太网。

目前主要使用的为 3 类、5 类、超 5 类电缆。

（4）光缆布线系统：在光缆布线中分水平干线子系统和垂直干线子系统，它们分别使用不同类型的光缆。

水平干线子系统：62.5 / 125 μm 多模光纤（入出口有 2 条光缆），多数为室内型光缆。

垂直干线子系统：62.5 / 125 μm 多模光纤或 10 / 125 μm 单模光纤。

通信综合布线系统标准是一个开放型的系统标准，它能广泛应用。因此，按照通信综合布线系统进行布线，会为用户今后的应用提供方便，也保护了用户的投资，使用户投入较少的费用，便能向高一级的应用范围转移。

1.4 通信综合布线系统的设计等级

对于建筑物的通信综合布线系统，一般定为 3 种不同的布线系统等级。它们是：基本型通信综合布线系统；增强型通信综合布线系统；综合型通信综合布线系统。

1.4.1 基本型通信综合布线系统

基本型通信综合布线系统方案是一个经济有效的布线方案。它支持语音或综合型语音、数据产品，并能够全面过渡到数据的异步传输或综合型布线系统。

它的基本配置如下：

（1）每一个工作区有 1 个信息插座；

（2）每一个工作区有一条水平布线 4 对 UTP 双绞线，引至楼层配线架；

（3）完全采用夹接式连接硬件，并与未来的附加设备兼容；

（4）每个工作区的干线电缆（即楼层配线架至设备间总配线架电线）至少有 2 对双绞线。

它的特性如下：

（1）它是一种富有价格竞争力的综合布线方案，能支持所有语音和数据的应用；

（2）支持语音、综合型语音/数据高速传输；

（3）便于维护人员维护、管理；

（4）能够支持众多厂家的产品设备和特殊信息的传输；

（5）采用气体放电管式过压保护和能够自复的过流保护。

1.4.2 增强型通信综合布线系统

增强型通信综合布线系统不仅支持语音和数据的应用，还支持图像、影像、影视、视频会议等，适用于综合布线系统中的中等配置标准场合。它具有为增加功能提供发展的余地，并能够利用接线板进行管理。

它的基本配置如下：

（1）每个工作区有 2 个以上信息插座；

（2）每个工作区（站）的配线电缆均为水平布线 4 对 UTP 系统一条独立的 4 对双绞线，引至楼层配线架；

（3）采用夹接式（110A 系列）或接插式（110P 系列）交接硬件；

（4）每个工作区（站）的干线电缆（即楼层配线架至设备间总配线架）至少有 3 对双绞线。

它的特点如下：

（1）每个工作区有 2 个信息插座，灵活方便、功能齐全；

（2）任何一个插座都可以提供语音和高速数据传输；

（3）按需要可利用端子板进行管理与维护；

（4）采用气体放电管式过压保护和能够自复的过流保护。

1.4.3　综合型通信综合布线系统

综合型通信布线系统是将双绞线和光缆纳入建筑物布线的系统，适用于综合布线系统中配置标准较高的场合。

它的基本配置如下：

（1）在基本型和增强型综合布线系统的基础上增设光缆系统；

（2）在每个基本型工作区的干线电缆中至少配有 2 对双绞线；

（3）在每个增强型工作区的干线电缆中至少配有 3 对双绞线。

它的特点如下：

（1）引入光缆，可适用于规模较大的建筑物或建筑群；

（2）每个工作区有 2 个以上的信息插座，不仅灵活方便而且功能齐全；

（3）任何一个信息插座都可供语音和高速数据传输；

（4）采用气体放电管式过压保护和能够自复的过流保护。

综合布线系统应能满足所支持的语音、数据、图像系统的传输标准要求。

综合布线系统所有设备之间连接端子、塑料绝缘的电缆或电缆环箍应有色标。不仅各个线对是用颜色识别的，而且线束组也使用了同一图表中的色标。这样有利于维护检修。这也是综合布线系统的特点之一。

所有基本型、增强型、综合型等综合布线系统都能支持语音、数据、图像等系统，能随工程的需要转向更高功能的布线系统。

1.5　通信综合布线系统的设计要点

通信综合布线系统的设计方案不是一成不变的，而是随着环境、用户要求来确定的，其要点为：

（1）尽量满足用户的通信要求；

（2）了解建筑物、楼宇间的通信环境；

（3）确定合适的通信网络拓扑结构；

（4）选取适用的介质；

（5）以开放式为基准，尽量与大多数厂家产品和设备兼容；

（6）将初步的系统设计和建设费用预算告知用户。

在征得用户意见并订立合同书后，再制定详细的设计方案。

1.6 通信综合布线的注意事项

通信综合布线的注意事项如下：

（1）硬件要兼容。在网络设备选择上，尽量使所有网络设备都采用一家公司的产品，这样可以最大限度地减少高端与低端甚至是同等级别不同设备间的不兼容问题。而且不应为节约成本而选择没有质量保证的网络基础材料，例如跳线、面板、网线等。这类设备在布线时都会安放在天花板或墙体中，出现问题后很难解决。同时，即使是大品牌的产品也要在安装前用专业工具进行质量检测。

（2）布线要规范。当完成结构化布线工作后就应该把多余的线材、设备拿走，防止普通用户乱接这些线材。另外，有些时候，用户私自使用一分二线头这样的设备也会造成网络中出现广播风暴，因此布线时遵循严格的管理制度是必要的。布线后不要遗留任何部件，因为使用者一般对网络不太熟悉，出现问题时很有可能病急乱投医，看到多余设备就会随便使用，使问题更加严重。

（3）防磁。电磁设备可以干扰网络传输速率，在网线中传输的是电信号，而大功率用电器附近会产生磁场，这个磁场又会对附近的网线起作用，生成新的电场，自然会出现信号减弱或丢失的情况。

需要注意的是防止干扰除了要避开干扰源之外，网线接头的连接方式也是至关重要的，不管是采用568A还是568B标准来制作网线，一定要保证1和2、3和6是两对芯线，这样才能有较强的抗干扰能力。在结构化布线时一定要事先把网线的路线设计好，远离大辐射设备与大的干扰源。

（4）散热。高温环境下，设备总是频频出现故障。使用过计算机的读者都知道，当CPU风扇散热不佳时计算机系统经常会“死机”或自动重启，网络设备更是如此，高速运行的CPU与核心组件需要在一个合适的工作环境下运转，温度太高会使它们损坏。设备散热工作是一定要做的，特别是对于核心设备以及服务器来说，需要把它们放置在一个专门的机房中进行管理，并且还需要配备空调等降温设备。

（5）按规格连接线缆。众所周知，网线有很多种，如交叉线、直通线等，不同的线缆在不同情况下有不同的用途。如果混淆种类随意使用就会出现网络不通的情况。因此在结构化布线时一定要特别注意分清线缆的种类。线缆使用不符合要求就会出现网络不通的问题。

虽然目前很多网络设备都支持DIP（Dual In-line Package）跳线功能，该功能也被称作DIP组合开关，DIP开关不仅可以单独使用一个按钮开关表示一种功能，更可以组合几个DIP开关来表示更多的状态，更多的功能。也就是说不管连接的是正线还是反线，它都可以正常使用。但有时设备并不具备DIP功能，只有在连线时特别注意了接线种类，才能避免不必要的故障。

（6）留足网络接入点。很多时候在结构化布线过程中没有考虑未来的升级性，网络接口数量很有限，仅够眼前使用，如果以后住宅布局出现变化的话，就会出现上述问题。因此在结构化布线时需要事先留出一倍的网络接入点。

众所周知，网络的发展非常迅速，前些年还在为 10 Mbit/s 到桌面而努力，而今已经是100 Mbit/s，甚至是 1000 Mbit/s 到桌面了。网络的扩展性是需要我们重视的，谁都不想仅仅使用两三年便对布线系统进行翻修、扩容，所以留出富余的接入点是非常重要的，这样才能满足日后升级的需求。

1.7 通信综合布线系统的发展趋势

随着计算机技术的迅速发展，通信综合布线系统也在发生变化，但总的目标是向两个方向发展，具体表现为：

（1）下一代的布线系统——集成布线系统；

（2）智能大厦、小区、家居布线系统。

1.7.1 集成布线系统

集成布线系统是美国西蒙公司于1999年1月在我国推出的，它的基本思想是："现在的结构化布线系统对话音和数据系统的综合支持给我们带来一个启示，能否使用相同或类似的综合布线思想来解决楼房自动控制系统的综合布线问题，使各楼房控制系统都像电话、计算机一样，成为即插即用的系统呢？"带着这个问题，西蒙公司根据市场的需要，在1999年初推出了整体大厦集成布线系统（Total Building Integration Cabling，TBIC）。TBIC系统扩展了结构化布线系统的应用范围，以双绞线、光缆和同轴电缆为主要传输介质支持话音、数据及所有楼宇自控系统弱电信号远传的连接。为大厦铺设一条完全开放的、综合的信息高速公路。它的目的是为大厦提供一个集成布线平台，使大厦真正成为"即插即用"（Plug & Play）大厦。

西蒙公司对集成布线系统作了如下几点说明：

1. 整体大楼布线系统的现状及问题

各弱电系统的布线系统。传统上大楼内部不同的应用系统如电话、网络系统及楼宇自控系统在不同的历史时期都有自己独立的布线系统，相互间也无关联。系统的设计、施工上也是完全分离的。这一过程好像很简单，管理也容易，但在运行阶段，若要增强新系统或系统扩展就很困难，因为所有的线缆都是有特定用途的。布线系统缺乏通用性及快速灵活的扩充能力。

结构化布线系统（Structured Cabling System）的诞生解决了电话和网络系统的综合布线问题。它独立于应用系统，支持多厂商和多系统应用，配置灵活方便，满足现在及未来需要。现在结构化布线早已成为一个国际标准，为大楼提供了综合的电讯系统的支持服务。

再看楼宇内其他子系统，如空调自控系统、照明控制系统、保安监控系统等，仍然采用分离的隶属于各在用系统的布线。这一现状与结构化布线系统产生之前的电话与网络布线是类似的，布线系统缺乏开放性、灵活性和标准化。这种布线方式往往是从电力线布线变革来的，明显存在着工业化时代的痕迹。

科技的发展是阶跃式的，只有人们感到了问题的存在才会有新生的解决方案出现。目前的这种分离布线的局面存在许多问题，比如：

（1）增强新系统及控制点数要重新布线；

（2）集成网络要求集成布线来支持；

（3）越来越快的数据传输速度要求高速传输线缆。

自控系统一直在向网络系统学习，随着网络传输速度的不断加快，控制系统对网络速度的要求也会越来越快。因此它需要被纳入网络布线系统进行综合考虑，具体有：

（1）共享传感器（如空调自控系统和照明控制系统共享传感器）需要灵活配置布线；

（2）数字化趋势将使低层的传感器/执行器越来越多地参与数字传输；

（3）个人环境控制系统。

国外越来越流行的新技术——个人环境控制系统，使个人可以控制周围小环境，比如温湿度、灯光照度、空气流速等。这不但要求照明系统和空调系统具备更小的分区，而且要求更加灵活和通用的布线系统。

结构化布线系统现已成为楼宇内一个不可缺少的子系统。如何在此基础上作少许改进，充分利用已有资源使布线系统从电话/网络服务扩充到为整个楼宇服务呢？

2. 西蒙整体大厦集成布线系统——TBIC 系统

西蒙公司针对市场需要推出了新的布线系统——TBIC（整体大厦集成布线系统），其目的是为大厦提供一个集成的布线平台，它以双绞线、光缆和同轴电缆为主要传输介质来支持话音、数据及各种楼宇自控弱电信号的传输。TBIC 系统支持所有的系统集成方案，这使大厦成为一个真正的即插即用的大楼。

西蒙公司对集成布线系统作了如下的设计指南：

因为各弱电子系统都是网络化的，所以它们都可以很容易纳入电信布线系统中来。TBIC 就是这样一套为所有弱电远传信号提供传输通路的集成布线系统。TBIC 的子系统与美国布线标准 ANSI/EIA/TIA 568A 及国际布线标准 ISO/IEC 11801 兼容。

1）系统组成及拓扑结构

主子系统的物理拓扑结构仍采用常规的星形结构，即从主配线架（Main Distribution Frame，MDF）、经过互联配线架（Interconnection Distributor，ID）到楼层配线架（Floor Distributor，FD），或直接从 MDF 到 FD。

水平系统从 FD 配置成单星形或多星形结构。单星形结构是指从 FD 直接连到设备上，而多星形结构则要通过另一层星形结构——区域配线架（Zone Distribution Frame，ZDF），为应用系统提供了更大的灵活性。

2）长度限制要求

MDF 与任何一个 FD 之间的最远距离：

（1）单模光纤，3000 m；

（2）62.5/125 μm 或 50/125 μm 多模光纤，2000 m；

（3）UTP/SCTP 电缆，800 m。

ID 与任何一个 FD 之间的距离不能超过 500 m；无论使用哪种传输介质，从 FD 到信息出口的最大距离不能超过 90 m；整个水平通信的最大传输距离为 100 m。

3）子系统

允许使用区域配线架来取集合点。

4）区域配线架

ZD 为水平布线的连接提供了更灵活、方便的服务。它类似集合点的概念，而且可以与集合点并排安装在同一地点。ZD 的主要用途是连接楼宇控制系统的设备，而集合点（Consolidation Point，CP）是用于连接信息出口/连接器。

ZD 允许跳线，安装各种适配器和有源设备，而集合点不能。有源设备包括各种控制器、电源和电气设备。从 ZD 到现场设备的连接可用星形、菊花链、或任何一种连接方式，它是自由拓扑结构。它给出了许多现场信号（比如消防报警信号），这使设计者有更大的自由度去按照本系统要求进行连接。

5）区域配线架安装位置

区域配线架安装位置需要考虑以下的各种因素：

（1）楼层面积；

（2）现场设备数量；

（3）有源设备及电源要求；

（4）连接硬件种类；

（5）对保护箱的要求；

（6）与集合点并存。

区域配线架应安装在所有服务区域的中心位置附近，这有利于减少现场电缆长度。

6）现场设备的连接

根据现有的系统应用，现场设备连接可分为两种，第一种是星形连接方式，也就是设备直接通过水平线缆连接到 FD 或 ZD。第二种是自由连接方式，一些现场设备可使用桥式连接或 T 形连接至 ZD。

这种自由连接方式只能用于连接 ZD 与现场设备。从 FD 到 ZD 或从 FD 到现场设备的连接必须使用星形连接方式。

7）楼控系统控制盘位置

网络化的控制器可用一个信息插座来连接，也可以直接连到 ZD 或 CP 上。若使所有设备连接并具有最强的灵活性，各应用系统的控制器（如 DDC（Direct Digital Control）控制器）应靠近 ZD 或 FD，因为控制器处于布线连接的中心位置。

8）共用线缆

当布线系统支持多种应用时，比如语音、数据、图像以及所有的弱电控制信号等，一根线缆支持多种应用是不允许的。应用独立的线缆支持某一特定应用。例如，当使用 2 芯线来连接一个特定的现场设备时，4 对 UTP 电缆中的剩余的 6 芯线不可用于其他应用，但可用于支持同一应用系统的其他用途，如作为 24 V 电源线等。

9）连接硬件

每个用于连接水平布线或垂直布线的连接硬件应支持某些具体应用系统。当现场设备具备 RJ-45 或 RJ-11 插孔时，应选用 MC 系列的、具备相同或更高传输特性的连线。MC 系列连接线分 T568A 和 T568B 两种不同的标准型，可被用作连接系统控制器和操作员工作站，或其他标准的网络结点的场所。当用于连接其他现场设备时（如传感器和执行器等），信息模块可省略，而将 24AWG 双绞线直接连这些设备上。多数的现场设备的连接是使用压线螺钉与电缆直接连接方式。一些电缆压线端子和压线针也可作为辅助连接方式。

当使用高密度的连接硬件连接语音/数据系统和楼宇自控系统时，在连接硬件上必须明确划分应用系统区域，并将它们分离开来。对于不同应用系统的电缆管理，可使用带不同颜色的标签和插入模块进行分辨。

10）特殊应用装置

所有用于支持特殊应用的装置必须安装在水平和垂直布线系统之外。这些装置包括各种适配器。用户适配器可用于转换信号的传输模式（比如从平衡传输到不平衡传输）。比如，一个基带视频适配器可对摄像机所产生的视频信号转换，然后在 100W 的 UTP 上传输。

3. 系统造价与工业标准

1）系统造价

价格是大楼业主最关心的要素之一。根据西蒙公司在美国市场的估算，TBIC 使业主减少 10%～20%的相对于传统布线系统的投资，若算上整个生命周期中节约的费用，相信会超过 30%。

2）工业标准

大厦集成布线系统正逐渐成为一种国际潮流，越来越多的厂家和标准化组织已意识到集成布线系统的重要性和必要性。美国楼宇工业通信服务国际协会（Building Industry Communication Service International，BICSI）已在着手制定相应的标准及设计安装手册。ISO/IEC 也正在准备颁布集成布线系统的标准。西蒙公司是这些标准化组织的积极成员，TBIC 系统正是与这些即将颁布的标准相兼容。

4. TBIC 系统的作用和意义

1）对大楼论证期的支持

（1）系统集成支持。在当今系统集成技术尚不成熟的条件下使大楼具备将来不断装备新系统的能力是 TBIC 的功能之一。TBIC 使大厦具有不断学习的能力。业主可根据大楼具体特点，资金到位情况及当时技术水平合理选择系统，综合考虑要使用哪个系统以及何时使用等关键问题，同时不必忧虑未来扩充及采用新技术需要。因为集成布线为大厦提供了一个即插即用的物理平台。随着科技发展，许多全新的应用系统会陆续出现，集成布线的即插即用功能使增强新系统成为一件简单的事情。

（2）有利于公平竞争。统一布线平台使属于同一应用系统的不同承包商之间的报价更具有可比性，使系统选择更加透明，从而简化了系统选择。

（3）使业主拥有更大的自主权。统一开放式的布线平台使应用系统更换、升级换代具有更大的选择性。TBIC 把选择产品的更大的自主权还给用户，有利于消除“骑虎难下”的被动局面。

2）对大楼设计期的支持

一个设计师应统一考虑大楼的布线方案，这有利于统筹兼顾整座大厦的互联要求，他站在系统的高度设计布线，对线缆之间进行统一设计，充分利用资源，保护用户投资。这对设计者也提出了更高的要求。

3）对大楼施工期的支持

（1）布线系统施工。一个布线施工队伍进行统一布线施工，使用相同的线缆和走线方式，不仅降低材料和人工的综合费用，而且大大减少了不同施工队在同一时间和同一地点施工的概率，减少了由此带来的施工管理上的困难。

（2）应用系统施工。对应用系统来说，管线施工是一件低效费时的工作，而全委托给同一个施工队进行统一施工，将有利于提高工作效率，使从土建→布线→设备安装这一施工过程层次更加分明。集成布线系统使施工管理更加线性化。这一阶段的关键是如何协调各应用系统施工队之间的配合。这对集成布线系统承包商也提出了更高的要求。

4）对大楼运行及维护期的支持

（1）单一布线系统使培训费用降低；

（2）所有线缆具备可管理性，有利于快速查找系统故障点；

（3）线缆可重复使用；

（4）增加新系统易如反掌。

1.7.2 智能小区布线

智能小区布线将成为今后一段时间内的布线系统的新热点。这其中有两个原因，一是标准已经成熟。另外一个原因是市场的推动，即有越来越多的人在家庭办公或在家上网，并且多数家庭已拥有不止一部电话和一台计算机，他们对带宽的要求也越来越高。所以家庭也需要一套系统来对这些接线进行有效的管理。智能小区布线正是针对这样的一个市场提出来的。

智能小区布线由房地产开发商在建楼时投资，增加智能小区布线项目只须多投入 1%的成本，将为房地产商带来几倍的利润。至于智能小区布线安装，目前在国外有一种家庭集成商的行业已经出现，他们专门从事家庭布线的安装与维护。此外，也可由系统集成商安装。

对中国用户来说，目前在家办公、上网等多媒体需求的用户还不多。但必须看到，一个住宅投资至少是 10 年、20 年，甚至几十年以上，而信息技术飞速发展，如果现在不设置智能小区布线，将来有这些应用需求时，再增加布线将会很麻烦。

智能小区和办公大楼的主要区别在于智能小区是独门独户，且每户都有许多房间，因此布线系统必须以分户管理为特征的。一般来说，智能小区每一户的每一个房间的配线都应是独立的，使住户可以方便地自行管理住宅。另外，智能小区和办公大楼布线的一个较大的区别是智能住宅需要传输的信号种类较多，不仅有语音和数据，还有有线电视信号、楼宇对讲信号等。因此，智能小区每个房间的信息点较多，需要的接口类型也较为丰富。由于智能小区有以上特点，所以建议房地产开发商在建筑智能住宅时，最好选用专门的智能布线产品。目前美国 AVAYA、AMP、西蒙公司、奥创利公司等已经为市场准备好了系列小区布线产品。

智能化小区利用现代 4C 技术（计算机技术、通信与网络、自动控制、IC 卡），通过有效的传输网络将多元信息服务与管理、 物业管理与安防、住宅智能化系统集成为住宅小区的服务与管理，提供高技术的智能手段为住户提供安全舒适的家居环境。

目前针对智能化小区主要有非对称数字用户线环路（Asymmetric Digital Subscriber Line，ADSL）、局域网（Local Area Network，LAN）、光纤同轴混合网（Hybrid Fiber Coax，HFC）三种，各种接入方式在技术背景和物理承载媒介上各不相同，对于小区的建设者和管理者（也就是房地产开发商和物业管理公司）来说，如何在小区内采取最经济、最优化的设备选择和线路布放是在智能小区建设中亟待解决的问题。下面就 ADSL 和 LAN 两种接入方式浅析智能化小区宽带布线的问题。

1. ADSL 小区

ADSL 在物理层采用的媒介是普通的电话线。小区采用该方式进行宽带建设的时候，可以充分利用小区原有的铜缆资源。下面以华为公司 MA5100 产品为例，说明 ADSL 小区线路布放的基本原则。

（1）局端光缆至小区，小区内部配缆无复接。除特大型住宅小区外，原则上小区设置一个中心机房。接入方式为通过局向光缆接入机房，所有配缆汇总至机房。小区内有大楼的不另外再敷设光缆，如有需求在系统方案内统一考虑。配缆进层适当放宽配线比，即小区或大楼内垂直布线仍沿用音频电缆，要求无复接。

（2）水平布线标准化。从分线箱至用户家庭，水平部分布线均采用 8 芯五类线，可以满足用户“一户二线”的话音需求，灵活适用于 ADSL、ADSL+LAN 技术手段的任何方式，为实现 Home Gateway 奠定基础。Home Gateway 即家庭网关：通过一根总线及相应设备实现电话、计算机、家庭防盗报警等一系列解决方案。

小区宽带网络涉及几个位置的布线方式：小区电信设备机房、小区物业管理机房、小区建筑群间布线、楼层布线。

2. LAN 小区布线

“千兆到小区，百兆到大楼，十兆到用户”是 LAN 小区的最好写照。LAN 小区的最主要的物理媒质是 5 类线或超 5 类线，由于在传输距离上有一定的限制，所以在 LAN 小区中，若是距离超过 100 m（或 200 m），要使用光纤。LAN 小区的宽带网络布线应该属于智能小区和大楼 PDS 布线的一部分。

（1）楼层水平系统。LAN 小区水平布线采用 5 类或超 5 类非屏蔽双绞线，连到每个楼层或是几个楼层的共享的弱电间内的配线架上，完成家庭计算机和电话接入。采用该线缆，支持快速以太网和千兆以太网的接入，满足发展需求。

（2）楼层弱电间布线。该处的布线系统起到连接水平子系统和垂直干线的作用，实现配线管理和配线交换功能。主要的设备是配线架、跳线设备和光纤配线架（若垂直子系统则使用光纤）。通过各种端子排、跳线器可以实现对计算机和电话的线路管理。

（3）垂直子系统。常用介质是大对数双绞线电缆、光缆。垂直干线部分提供了建筑物中主配线架与分配线架连接的路由，常采用大对数铜缆和 62.5/125μm 多模光纤来实现这种连接。

目前 ADSL 和 LAN 是两种主流的智能小区建设模式，小区内的系统布线工作也基本上围绕着两种接入模式的特点和要求进行。随着智能小区建设的日渐普及，系统布线将成为越来越重要的一环。

1.8 某大学通信实验室布线系统简介

现以某大学“现代通信综合技术实验实训设备”项目为例进行布线，硬件产品主要使用大唐移动、华为公司的商用设备。工程内容是通信设备的安装，并将通信综合布线系统引入到学生操作终端，即工作区子系统，整体通信综合布线设计效果如图 1-8 所示。现以 6 个子系统为单元来介绍其设计方案。

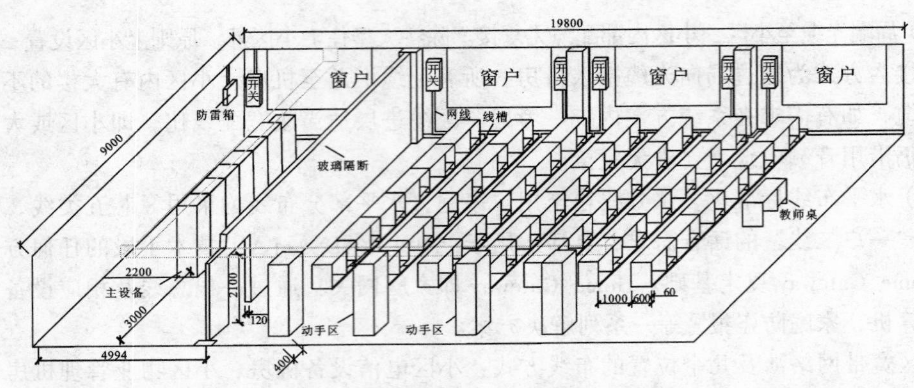

图 1-8 通信综合实验室整体布线效果

1. 工作区子系统

工作区子系统主要包括学生座椅及操作终端。学生操作终端有 1 条网线到达主设备区交换机，使之能够组成局域网，并能够通过操作命令方式对设备进行调试，满足学生实验要求。

其走线方式为：通过主设备交换机上线方式，连接到交换机，沿着走线架上至吊顶内（可以不看到线缆），连接到学生终端区的中部位置的柱子后，采用 10 cm 宽，5 cm 高的总线槽下线，然后通过 6 cm 地槽形式到达学生终端。考虑到桌子移动等原因，从地槽出线采用波纹软管，预留 20 cm 位置，走线路径如图 1-9 所示。

2. 水平干线子系统

水平干线子系统如图 1-10 所示，其中包括 2 部分：一部分为系统设备之间的布线系统，如图 1-11 所示，主要通过信号线缆来连接之间设备，线缆包含网线、中继线、光纤、馈线及电源线，采用的是上走线架形式，通过机柜与机柜之间级联实现；另一部分为终端之间局域组网线缆，采用线槽安装形式来完成，通过布放网络线缆及终端电源线，满足工作子系统的网络及电力需求。

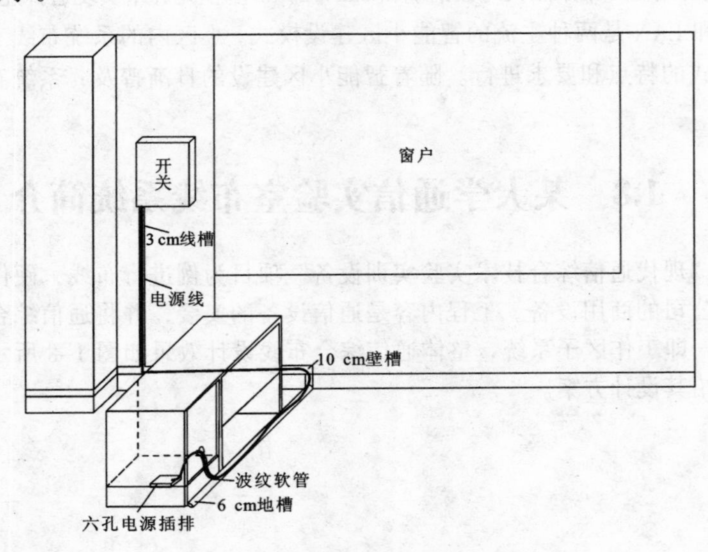

图 1-9 工作区子系统布线图

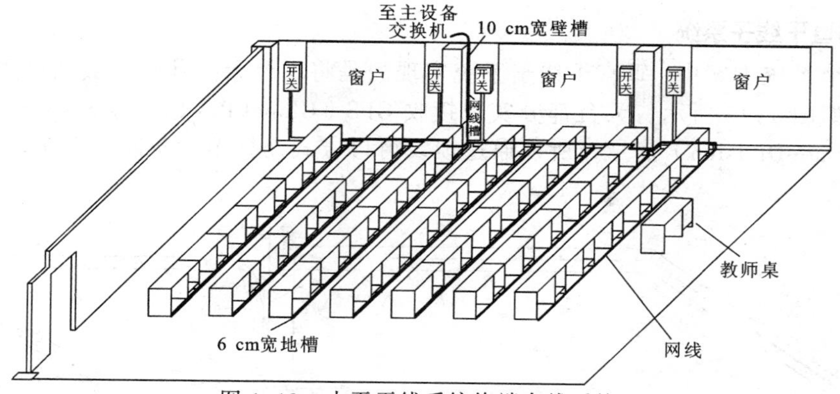

图 1-10　水平干线系统终端布线系统

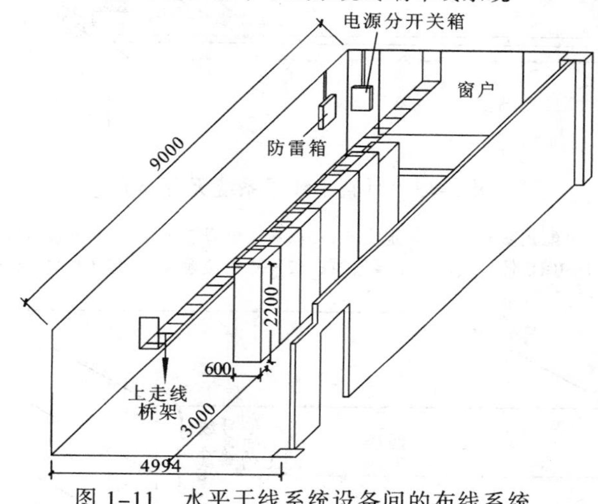

图 1-11　水平干线系统设备间的布线系统

3. 管理间子系统

管理间子系统主要包含的是设备网络之间互联、设备与学生终端直接的网络互联，包含设备有配线架（光纤配线架（Optical Distribution Frame，ODF）/ 数字配线架（Digital Distribution Frame，DDF）/主配线架（Main Distribution Frame，MDF））、HUB、交换机、机柜和电源，如图 1-12 所示。

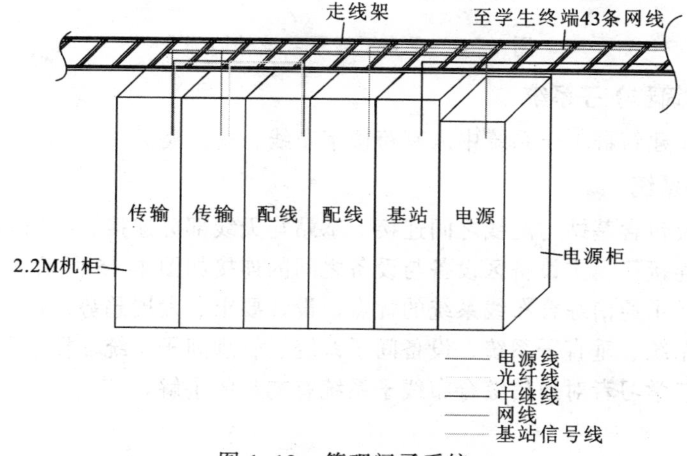

图 1-12　管理间子系统

4. **垂直干线子系统**

在整个系统方案中，垂直干线子系统实现的是将天台天线部分与实训机房基站部分的连接，如图 1-13 所示，天台部分实现接收 GPS（Global Positioning System）信号及无线 TD（Time-Division）信号，所以通过馈线窗口方式连接至设备间子系统，如图 1-14 所示。

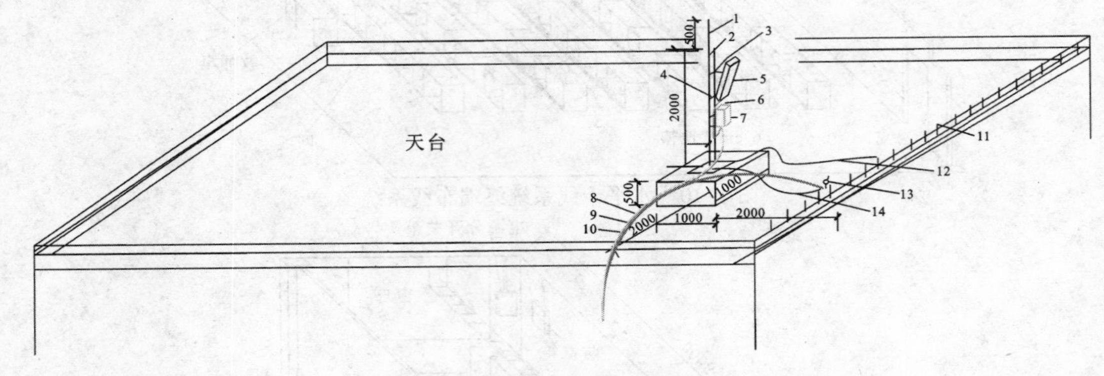

图 1-13　垂直干线子系统天台部分

1—避雷针；2—抱杆；3—可配式支架；4—固定支架；5—八通道智能天线；6—馈线；7-RRU；8—GPS 信号线；9—RRU 电源线； 10—RRU 信号线；11—接地线；12—防雷接地线；13—GPS 接收器；14—GPS 信号线

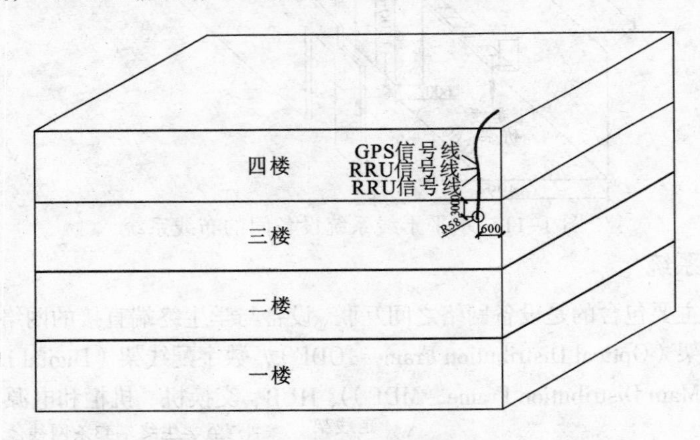

图 1-14　垂直干线子系统外墙部分

5. **楼宇（建筑群）子系统**

由于此楼宇（建筑群）子系统中未有跨楼宇布线，此处略。

6. **设备间子系统**

设备间子系统包含基站与配线之间连接、基站与天线部分连接、传输与配线部分连接、配线与终端部分连接等，主设备区设备与设备之间的连接如图 1-15 所示。

本章主要讲述了通信综合布线系统的优点、设计要求、发展趋势，进一步讲述了工作区子系统、水平子系统、垂直子系统、设备间子系统、管理间子系统、楼宇子系统等 6 大子系统及相关组成，使学习者对通信综合布线子系统有初步的了解。

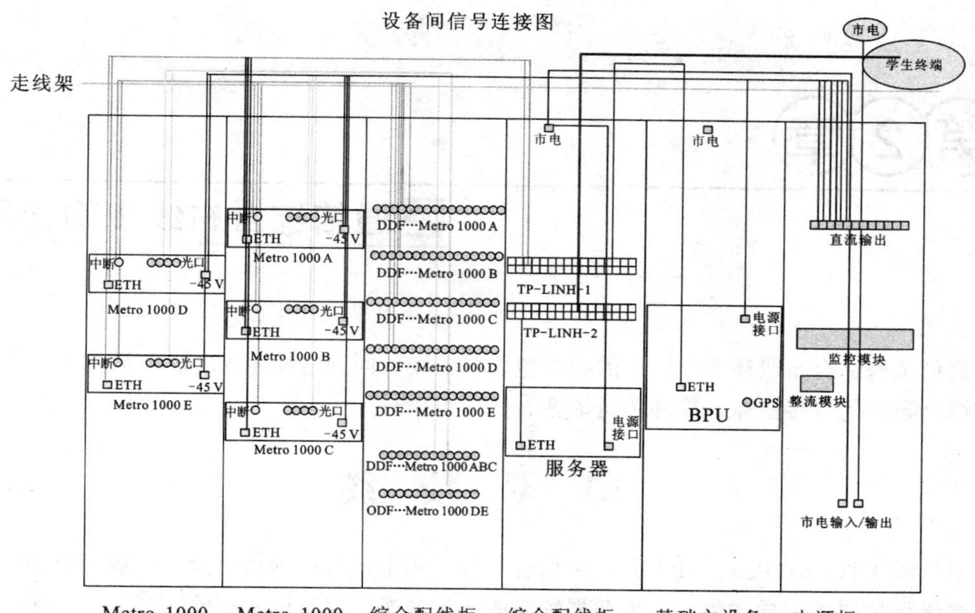

图 1-15　设备间子系统连接图

思　考　题

1. 通信综合布线系统分为哪几个子系统？
2. 水平子系统在通信综合布线中的起点和终点在何处？
3. 通信综合布线系统的优势在哪些方面？
4. 垂直子系统传输介质有哪些？
5. 通信综合布线系统发展趋势是怎样的？
6. 某大学通信实验室布线系统包含的子系统有哪些？请分别简单介绍。

第2章 通信综合布线传输介质

通信工程综合布线环节中所用的线缆包含双绞线、同轴电缆、光纤、电话线等介质，是通信综合布线的连接主体，能够传送语音、数据等信号。

2.1 双 绞 线

双绞线（Twisted Pair，TP）是一种综合布线工程中最常用的传输介质。双绞线是由两根具有绝缘保护层的铜导线组成。把两根绝缘的铜导线按一定密度互相绞在一起，可降低信号干扰的程度，每一根导线在传输中辐射出来的电波会被另一根线上发出的电波抵消。

双绞线一般由两根为 22 号、24 号或 26 号的绝缘铜导线相互缠绕而成。如果把一对或多对双绞线放在一个绝缘套管中便成了双绞线电缆。与其他传输介质相比，双绞线在传输距离、信道宽度和数据传输速度等方面均受一定限制，但价格较为低廉。

目前，双绞线可分为非屏蔽双绞线（UTP，也称无屏蔽双绞线）和屏蔽双绞线（Shielded Twisted Pair，STP），屏蔽双绞线电缆的外层由铝箔包裹着，它的价格相对要高一些。

虽然双绞线主要是用来传输模拟声音信息的，但同样适用于数字信号的传输，特别适用于较短距离的信息传输。采用双绞线的局域网络的带宽取决于所用导线的质量、导线的长度及传输技术。只要精心选择和安装双绞线，就可以在有限距离内达到每秒几兆比特的可靠传输率。当距离很短，并且采用特殊的电子传输技术时，传输率可达 100～155Mbit/s。因为双绞线传输信息时要向周围辐射，很容易被窃听，所以要花费额外的代价加以屏蔽，以减小辐射（但不能完全消除）。这就是常说的屏蔽双绞线电缆。屏蔽双绞线相对来说贵一些，安装要比非屏蔽双绞线电缆难一些，类似于同轴电缆，它必须配有支持屏蔽功能的特殊连接器和相应的安装技术，但它有较高的传输速率，100 m 内可达到 155 Mbit/s。

计算机综合布线使用的双绞线的种类如图 2-1 所示。

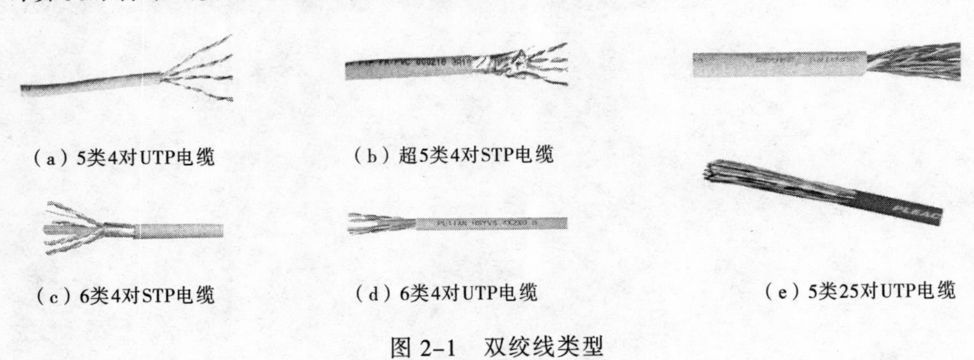

（a）5类4对UTP电缆　（b）超5类4对STP电缆　（c）6类4对STP电缆　（d）6类4对UTP电缆　（e）5类25对UTP电缆

图 2-1　双绞线类型

2.1.1 双绞线的分类、型号与性能

1. 双绞线的品种、性能与分类

双绞线也称双扭线，近年来发展较快，常用作传输介质。它被分为屏蔽双绞线与非屏蔽双绞线两大类。在这两大类中又分为：100 Ω电缆、双体电缆、大对数电缆、150 Ω屏蔽电缆。

双绞线的具体型号有多种，如：

3 类（带宽 16 Mbit/s）：该电缆的传输特性最高规格为 16 MHz，用于语音传输及最高传输速率为 10 Mbit/s 的数据传输。

4 类（带宽 20 Mbit/s）：该类电缆的传输特性最高规格为 20 MHz，用于语音传输和最高传输速率 16Mbps 的数据传输。

5 类（带宽 100 Mbit/s）：该类电缆增加了绕线密度，外套是一种高质量的绝缘材料，传输特性的最高规格为 100 MHz，用于语音传输和最高传输速率为 100 Mbit/s 的数据传输。

超 5 类（带宽 155 Mbit/s）：超 5 类系统在 100 MHz 的频率下运行时，用户的设备受到的干扰只有普通 5 类线系统的 1/4，使系统具有更强的独立性和可靠性。

6 类（带宽 200 Mbit/s）：6 类布线系统在 200 MHz 时综合衰减串扰比（PS-ACR）应该有较大的余量，它提供 2 倍于超 5 类的带宽。

超 6 类（带宽 500 Mbit/s）：超 6 类双绞线是基于未来网络的一种优化解决方案 ，其 频率高达 500 MHz。它被设计用来支持 10 Gigabit Ethernet 网络传输所需要的更高的频率，且仍然能兼容当前的需求。

在当前综合布线中最常用的双绞线电缆类型如下：

（1）5 类 4 对非屏蔽双绞线。它是美国线规为 24 的实芯裸铜导体，以氟化乙丙烯做绝缘材料，传输频率达 100 MHz。

（2）5 类 4 对 24 AWG（American Wire Gauge，美国线缆规格标准）屏蔽电缆。它是 24 号的裸铜导体，以氟化乙烯做绝缘材料，内有规格为 24 的 AWG TPG（Twisted Pair Gauge）漏电线。传输频率达 100 MHz。

（3）5 类 25 对 24 AWG 非屏蔽软线。它由 25 对线组成，为用户提供更多的可用线对，并被设计为扩展的传输距离上实现高速数据通信应用。传输速度为 100 MHz。

（4）4 类 4 对 24 AWG 非屏蔽电缆。4 类 4 对 24 AWG 非屏蔽电缆的一般传输频率为 20 MHz，AMP 的缆线最高可达到 25 MHz。

（5）3 类 4 对 24 AWG 非屏蔽电缆。该类电缆的传输频率为 20 MHz。

（6）3 类 25 对 24 AWG 非屏蔽软线。这类电缆适用于最高传输速率 16 MHz，一般为 10 MHz。

2. 双绞线外观识别

从双绞线外观上可以识别一些指标产地等信息，可以作为判断双绞线真假的初步依据。

外观上需要注意的是：每隔两英尺有一段文字。以 AMP 公司的线缆为例，该文字为："AMP SYSTEMS CABLE E138034 010024 AWG （UL）CMR/MPR OR C（UL）PCCFT4 VERIFIED ETL CAT5 044766 FT 9907"。

其中：

AMP：表示公司名称。

0100：表示带宽为 100 Mbit/s。

24：表示线芯是 24 号的（线芯有 22、24、26 三种规格）。

AWG：表示美国线缆规格标准。

CMR/MPR：Communications Plenum Cable/ Multipurpose Riser Cable，表示双绞线的类型。

UL：表示通过认证的标记。

FT4：表示 4 对线。

CAT5：表示 5 类线。

044766：表示线缆当前处在的英尺数。

9907：表示生产年月。

3. 非屏蔽双绞线电缆与屏蔽双绞线的比较

非屏蔽双绞线的优点如下：

（1）无屏蔽外套，直径小，节省所占用的空间。

（2）质量小，易弯曲，易安装。

（3）将串扰减至最小或加以消除。

（4）具有阻燃性。

（5）具有独立性和灵活性，适用于结构化综合布线。

非屏蔽双绞线安装简单，实际使用效果好。可以在普通的商务楼宇、智能小区等环境下稳定的工作，但不适合在对信息安全有高度要求，或者有电磁干扰的环境中。不能满足特殊行业的要求：如政府、军队、金融、交通等行业用户。屏蔽系统在干扰严重的环境下，不仅可以安全地运行各种高速网络，还可以安全地传输监控信号，以避免干扰带来的监控系统假信息、误动作等。

屏蔽双绞线的特点为可以屏蔽掉一些有干扰的信号，安装时必须让两头的“屏蔽层”接地，要不然本身的“屏蔽层”也会带来“干扰”。屏蔽双绞线的价格是非屏蔽线的 3 倍，但非屏蔽线的抗干扰能力差。

2.1.2 超 5 类标准布线

超 5 类标准布线系统是一个非屏蔽双绞线（UTP）布线系统，其性能超过 TIA / EIA 586 的 5 类，与普通的 5 类 UTP 比较，其衰减更小，同时具有更高的衰减对串扰比（Attenuation Crosstalk Rate，ACR）和结构化回损（Structural Return Loss，SRL），更小的时延和衰减。近端串扰、串扰总和、衰减和 SRL 这 4 个参数是超 5 类非常重要的参数。超 5 类标准布线性能得到了提高，具有以下优点：

（1）提供了坚实的网络基础，可以方便更新网络技术。

（2）能够满足大多数应用，并用满足偏差和低串扰总和的要求。

（3）为将来的网络应用提供了传输解决方案。

（4）充足的性能余量，给安装和测试带来方便。

2.1.3 6 类标准布线

6 类布线的传输性能远远高于超 5 类标准，最适用于传输速率高于 1 Gbit/s 的应用。6 类与超 5 类的一个重要的不同点在于：其改善了在串扰以及回波损耗方面的性能，对于新一代全双工的高速网络应用而言，优良的回波损耗性能是极为重要的。6 类标准中取消了基本链路模型，布线标准采用星形的拓扑结构，要求的布线距离为永久链路的长度不能超过 90 m，信道长度不能超过 100 m。

6 类布线依赖于不要求单独屏蔽线对的线缆，从而可以降低成本、减小体积、简化安装和消除接地问题。此外，6 类布线要求使用模块式 8 路连接器（IEC 603-7 或 RJ-45），从而能够适应当前的语音、数据和视频以及千兆位应用。

目前 6 类信道的性能指标在技术上已经稳定。6 类布线系统是为了实现复杂性更低（因此成本就更低）的千兆位方案。千兆位方案最早是基于 5 类布线系统而制订的，但其中有一些重要参数没有规定，还需要进行补充测试。由于改进的 6 类布线性能简化了收发设备的设计，不必再使用回波抵消技术，并大大降低了消除回波的要求，故使用 6 类布线来发展 1.2 Gbit/s 和 2.4 Gbit/s 的应用将是大势所趋。

2.2 同轴电缆

同轴电缆（Coaxial Cable）是由一根空心的外圆柱导体及其所包围的单根内导线所组成。柱体铜导线用绝缘材料隔开，其频率特性比双绞线好，能进行较高速率的传输。由于它的屏蔽性能好，抗干扰能力强，通常多用于基带传输。

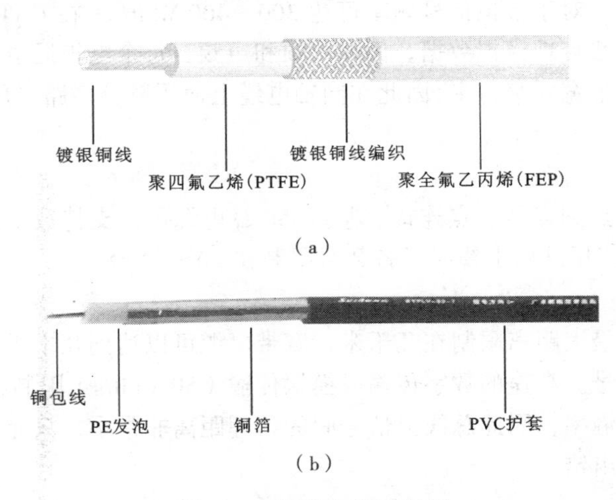

图 2-2　同轴电缆示意图

在同轴电缆网络中，一般可分为 3 类，即主干网、次主干网和线缆。

主干线路在直径和衰减方面和其他线路不同，前者通常由防护层的电缆构成。次主干电缆的直径比主干电缆小，当在不同建筑物的层次上使用次主干电缆时，要采用高增益的分布式放大器，并要考虑沿着电缆与用户出口的接口。

同轴电缆不可绞接，各部分是通过低损耗的连接器来连接的。连接器在物理性能上与电缆相匹配。中间接头和耦合器用线管包住，以防不慎接地。若希望电缆埋在光照射不到的地方，最好把电缆埋在冰点以下的地层里。如果不想把电缆埋在地下，最好采用电杆来架设。同轴电缆每隔 100 m 采用一个标记，以便于维修。必要时每隔 20 m 要对电缆进行支撑考虑，便于维修和扩展，在必要的地方还要提供管道来保护电缆。

2.2.1 同轴电缆的基本类型

同轴电缆可分为两种基本类型，基带同轴电缆（阻抗 50 Ω）和宽带同轴电缆（阻抗 75 Ω）。

基带同轴电缆用于直接传输数字信号，宽带同轴电缆用于频分多路复用（Frequency Division Multiplexing，FDM）的模拟信号发送，还用于不使用频分多路复用的高速数字信号发送和模拟信号发送。闭路电视所使用的 CATV（Cable Television）电缆就是宽带同轴电缆。

2.2.2 同轴电缆的性能特点与主要参数

1. 同轴电缆的性能特点

1）物理特性

单根同轴电缆的直径为 1.02～2.54 cm，可在较宽的频率范围内工作。

2）传输特性

基带同轴电缆（50 Ω）仅仅用于数字传输，并使用曼彻斯特编码，数据传输率最高可达 10 Mbit/s。公用无线电视 CATV 电缆为宽带同轴电缆（阻抗 75 Ω），可用于模拟信号发送又可用于数字信号发送。对于模拟信号频率可达 300～400 Mbit/s。在 CATV 电缆上用与无线电和电视广播相同的方法自理模拟数据，例如视频和声频，每个电视通道分配 6 MHz 带宽。每个无线电通道需要的带宽要窄得多,因此在同轴电缆上使用频分多路复用 FDM 技术可以支持大量的通道。

3）连通性

同轴电缆适用于点到点和多点连接。基带 50 Ω 电缆可以支持数千台设备，在高数据传输率下（50 Mbit/s）使用欧姆电缆时设备数目限制在 20～30 台。

4）地理范围

典型基带电缆的最大距离限制在几千米，宽带电缆可以达到几十千米，取决于传输的是模拟信号还是数字信号。高速的数字传输或模拟传输（50 Mbit/s）限制在约 1 km 的范围内。由于有较高的数据传输率，因此总线上信号间的物理距离非常小，只允许有非常小的衰减或噪声，否则数据就会出错。

5）抗干扰性

同轴电缆的抗干扰性能比双绞线强。

6）价格

安装同轴电缆的费用比双绞线贵，但比光导纤维便宜。

2. 同轴电缆的主要参数

1）同轴电缆的衰减

500 m 长的电缆段的衰减值，当用 10 MHz 的正弦波进行测量时不超过 8.5 dB（17 dB/km），而用 5 MHz 的正弦波进行测量时不超过 6.0 dB（12 dB/km）。

2）同轴电缆的传播速度

最低传播速度为 0.77*c*（*c* 为光速）。

2.2.3 同轴电缆的物理参数

同轴电缆由中心导体、绝缘材料层、网状织物构成的屏蔽层以及外部隔离材料层组成。同轴电缆具有足够的可柔性，能支持 254 mm 的弯曲半径。中心导体是直径为 2.17 mm ± 0.013 mm 的实心铜线。绝缘材料要求满足同轴电缆电气参数的绝缘材料。屏蔽层由满足传输阻抗和 ECM 规范说明的金属带或薄片组成，屏蔽层的内径为 6.15 mm，外径 8.28 mm。外部隔离材料一般选用聚氯乙烯（如 PVC，Polyvinylchloride）或类似材料。

同轴电缆的粗缆和细缆有 3 种不同的构造，即粗缆结构、细缆结构和粗/细缆混合结构。

粗同轴电缆与细同轴电缆是指同轴电缆的直径大小。粗缆适用于比较大型的局部网络，它的标准距离长、可靠性高。由于安装时不需要切断电缆，因此可以根据需要灵活调整计算机的入网位置。但粗缆网络必须安装收发器和收发器电缆，安装难度也大，所以总体造价高。细缆则比较简单、造价低。但由于安装过程要切断电缆，两头装上基本网络连接头（Bayonet Nut Connector，BNC），然后接在 T 形连接器两端，所以当接头多时容易产生接触不良的隐患。

计算机网络一般选用 RG-8 以太网粗缆和 RG-58 以太网细缆；RG-59 用于电视系统，同轴电缆一般安装在设备与设备之间。在每一个用户位置上都装有一个连接器为用户提供接口。接口的安装方法如下：

细缆：将细缆切断，两头装上 BNC 头，然后接在 T 形连接器两端用于传输速率为 1 Mbit/s 的网络。

粗缆：粗缆一般采用一种类似夹板的 Tap 装置进行安装，它利用 Tap 上的引导针穿透电缆的绝缘层，直接与导体相连。电缆两端头要有终结器来削弱信号的反射作用。用于传输速率为 10 Mbit/s 的网络。

1. 细缆结构

细缆网络的硬件配置如下：

（1）网络接口适配器。网络中每个结点需要一块提供 BNC 接口的以太网卡、便携式适配器或 PCMCIA 卡。

（2）BNC T 形连接器。细缆以太网上的每个结点通过 T 形连接器与网络进行连接，它水平方向的两个插头用于连接两段细缆，与之垂直的插口与网络接口适配器上的 BNC 连接器相连。

（3）电缆系统。用于连接细缆以太网的电缆系统，包括：

① 细缆（RG-58A/U），直径为 5 mm，特征阻抗为 50 Ω 的细同轴电缆；

② BNC 连接器插头，安装在细缆段的两端；

③ BNC 桶形连接器，用于连接两段细缆；

④ BNC 终端匹配器，BNC 50 Ω 的终端匹配器安装在干线段的两端，用于防止电子信号的反射。干线段电缆的两端的终端匹配器必须有一个接地。

（4）中继器：对于使用细缆的以太网，每个干线段的长度不能超过 185 m，可以用中继器连接两个干线段来扩充主干电缆的长度，每个以太网中最多可以使用 4 个中继器，连接 5 段干线电缆。

细缆结构的主要技术参数如下：

① 最大的干线电缆长度：185 m；

② 最大网络干线电缆长度：925 m；

③ 每条干线段支持的最大结点数：30；

④ BNC T 形连接器之间的最小距离：0.5 m。

细缆结构的主要特点有以下几点：

① 容易安装；

② 造价较低；

③ 网络抗干扰能力强；

④ 网络维护和扩展比较困难；

⑤ 电缆系统的断点较多，影响网络系统的可靠性。

2. 粗缆结构

建立一个粗缆以太网需要如下硬件：

（1）网络接口适配器。网络中每个结点需要一块提供 AUI 接口的以太网卡、便携式适配器或 PCMCIA 卡。

（2）收发器（Transceiver）。粗缆以太网上的每个结点通过安装在干线电缆上的外部收发器与网络进行连接，在连接粗缆以太网时用户可以选择任何一种标准的以太网，例如，IEEE 802.3 类型的外部收发器。

（3）收发器电缆。用于连接结点和外部收发器，通常称为 AUI（Attachment Unit Interface）电缆。

（4）电缆系统。用于连接粗缆以太网的电缆系统，包括：

① 粗缆（RG—11A/U）：直径为 10 mm，特征阻抗为 50 Ω的粗同轴电缆，每隔 2.5 m 有一个标记。

② N—系列连接器插头：安装在粗缆段的两端。

③ N—系列桶形连接器：用于连接两段粗缆。

④ N—系列终端匹配器：为 50 Ω的终端匹配器，安装在干线电缆段的两端，用于防止电子信号的反射。干线电缆段两端的终端匹配器必须有一个接地。

⑤ 中继器：对于使用粗缆的以太网，每个干线段的长度不超过 500 m，可以用中继器连接两个干线来扩充主干电缆的长度，每个以太网中最多可以使用 4 个中继器，连接 5 段干线电缆。

粗缆结构的主要技术参数如下：

① 最大干线段长度：500 m；

② 最大网络干线电缆长度：2 500 m；

③ 每条干线支持的最大结点数：100；

④ 收发器之间最小距离：2.5 m。

粗缆结构的主要特点有：

① 具有较高的可靠性，网络抗干扰能力强；

② 具有较大的地理覆盖范围，最大距离可达 2 500 m；

③ 网络安装、维护和扩展比较困难；

④ 造价高。

3. 粗/细缆混合结构的硬件配置

在建立一个粗/细混合以太网时，除需要使用与粗缆以太网和细缆以太网相同的硬件外，还必须提供粗缆和细缆之间的连接硬件，连接硬件包括：

（1）N—系列插口到 BNC 插口连接器；

（2）N—系列插头到 BNC 插口连接器。

粗/细缆混合结构的主要技术参数如下：

① 最大的干线长度：大于 185 m，小于 500 m；

② 最大网络干线电缆长度：大于 925 m，小于 2 500 m。

为了降低系统的造价，在保证一条混合干线所能达到的最大长度的情况下，应尽可能多地使用细缆。

粗/细缆混合结构的主要特点有以下几点：

① 造价合理；

② 网络抗干扰能力强；

③ 网络维护和扩展比较困难；

④ 增加了电缆系统的断点数，会影响网络的可靠性。

目前，同轴电缆结构的网络只在楼宇控制、工业自动化行业使用。

2.3 光　　缆

光导纤维是一种传输光束的细而柔韧的媒质。光导纤维电缆由一捆纤维组成，简称为光缆。光缆是数据传输中最有效的一种传输介质。光纤通常是由石英玻璃制成，其横截面积很小的双层同心圆柱体，又称纤芯，它质地脆，易断裂，由于这一缺点，需要外加一保护层。图 2-3 所示为各类光缆实物图和剖面图。光缆是数据传输中最有效的一种传输介质，它有以下几个优点：

（1）较宽的频带；

（2）电磁绝缘性能好。光缆中传输的是光束，而光束是不受外界电磁干扰影响的，而且本身也不向外辐射信号，因此它适用于长距离的信息传输以及要求高度安全的场合。当然，抽头困难是它固有的难题，因为割开光缆需要再生和重发信号；

（3）衰减较小，可以说在较大范围内是一个常数；

（4）中继器的间隔距离较大，因此整个通道中继器的数目可以减少，这样可降低成本。根据贝尔实验室的测试，当数据速率为 420 Mbit/s 且距离为 119 km 无中继器时，其误码率为 10^{-8}，可见其传输质量很好。而同轴电缆和双绞线在长距离使用中就需要接较多中继器。

目前市场上的光缆类型有多用途室内布线光缆、双芯室内光缆、GYXTW 光缆（标准中心束管式轻铠光缆）等。

多用途室内布线光缆是由若干根单模或多模单芯紧套光纤围绕中心加强构件胶合成缆芯后，外加绕包层，再套上 PVC 或低烟无卤（Low Smoke Halogen Free，LSHF）材料外护套构成。

双芯室内光缆产品描述："8" 字形双芯紧套光缆是由两根单芯紧套光缆按 "8" 字形结构设计构成。

GYXTW 光缆（标准中心束管式轻铠光缆）的结构是将单模或多模光纤套入高模量材料制成的松套管中，套管内填充防水化合物。松套管外用一层双面涂塑钢带纵包，钢带和松套管之间加阻水材料以保证光缆的紧凑和纵向阻水，两侧放置两根平行钢丝后挤制护套成缆。

各种光缆的结构如图 2-3 所示。

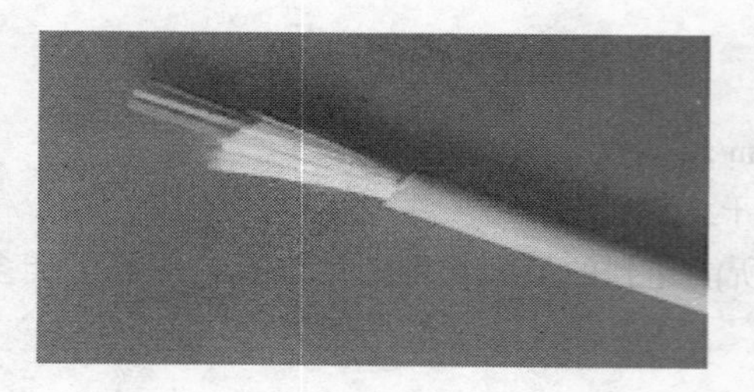

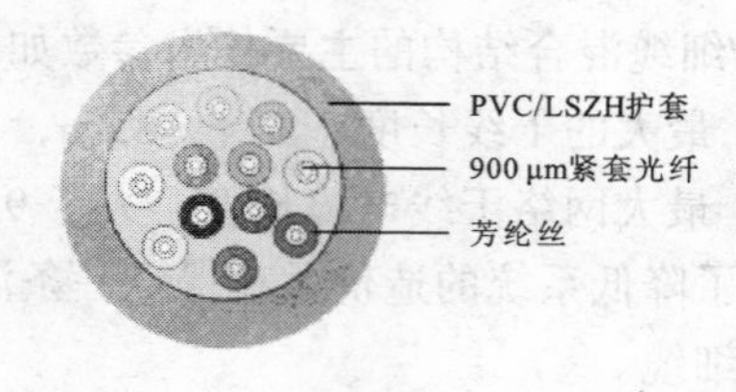

（a）带有芳纶丝加强的多用途室内布线光缆

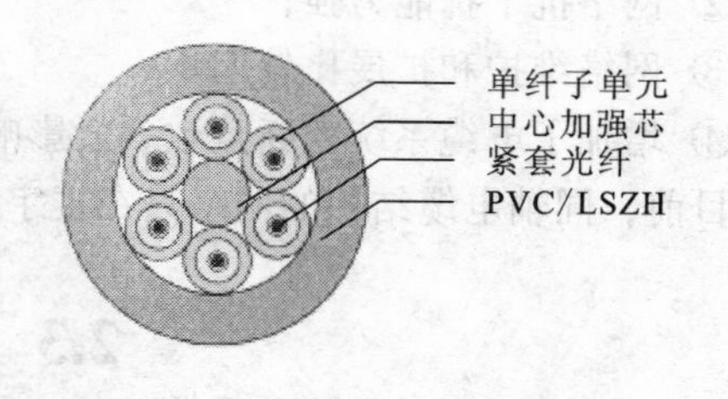

（b）带有芳纶丝与加强芯的多用途室内布线光缆

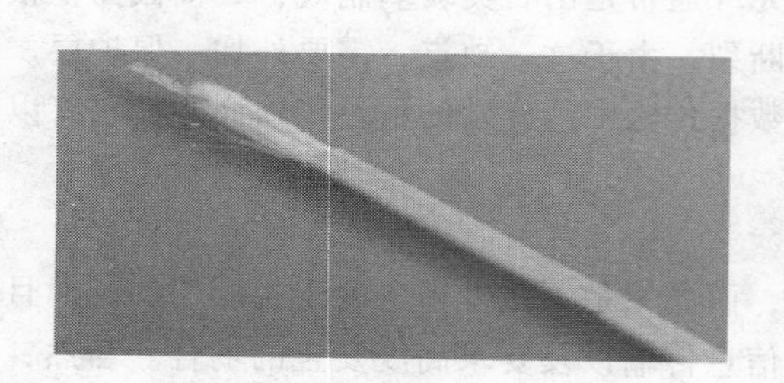

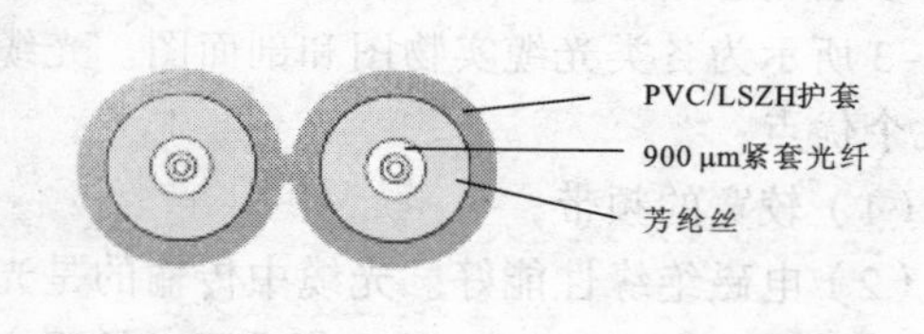

（c）双芯室内光缆

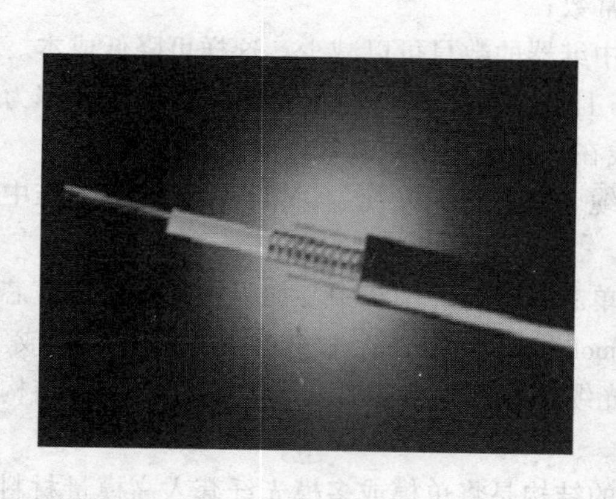

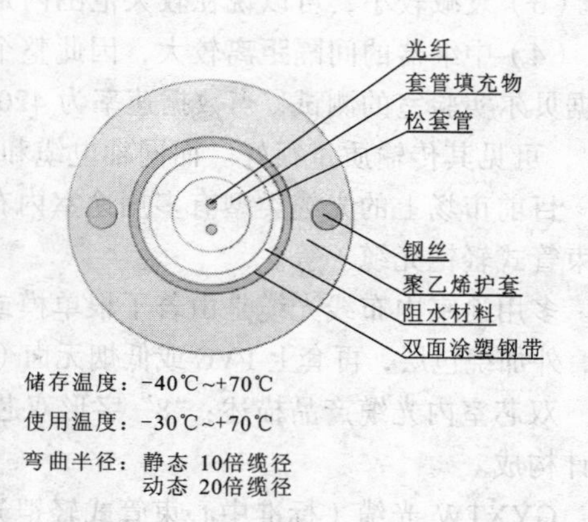

（d）标准中心束管式轻铠光缆

图 2-3　各类光缆实物图和剖面图

上图中各产品特点简单叙述如下：

图 2–3（a）中产品特点：

（1）纤芯数多，结构紧凑，体积小，重量轻，可采用分组式光缆设计；

（2）每个胶合单元内有独立的芳纶加强；

（3）适合直接加工成连接头与设备连接，又方便与户外光缆的多芯对接；

（4）高密度，高强度比，适合高层建筑，办公楼等多信息点的布线场合。

图 2–3（b）中产品特点：

（1）每根子光缆系统内含芳纶增强纤维，强度高，体积小，重量轻，弯曲性能好，不含油膏，易于施工和接续；

（2）每条分支子光缆都可以用标准连接头直接端接；

（3）可直接由主干网接入到建筑物内，避免了其他光缆入户所需的端接；

（4）适合室内水平布线，建筑物内垂直布线，LAN 网，尤其适合多信息点的布线，推荐使用在与终端用户直接连接的场合。

图 2–3（c）中产品特点：

（1）体积小，重量轻，弯曲半径小；

（2）富有弹性韧性，高性能的紧套被覆能够保护光纤避免环境和机械应力的损害；

（3）适合制成带活接头的双芯跳线；

（4）适合用作楼宇内局域网（LAN）或机舱内设备，仪表间的理想连线，仪器或通信设备的尾缆。

图 2–3（d）中产品特点：

（1）精确控制光纤的余长保证了光缆具有很好的机械性能和温度特性；

（2）松套管材料本身具有良好的耐水解性能和较高的强度，管内充以特种油膏，对光纤进行了关键性保护；

（3）良好的抗压性和柔韧性；

（4）双面涂塑钢带（PSP）提高光缆的抗透潮能力；

（5）两根平行钢丝保证光缆的抗拉强度；

（6）PE 护套具有很好的抗紫外线辐射性能；

（7）直径小，重量轻，容易敷设；

（8）较长的绞合长度。

2.3.1 光纤的种类

光纤主要有两大类，即单模/多模和折射率分布类，其中单模用于高速度、长距离、成本高，多模用于低速度、短距离、成本低。

光纤的类型由模材料（玻璃或塑料纤维）及芯和外层尺寸决定，芯的尺寸大小决定光的传输质量。常用的光缆有：8.3 μm 芯/125 μm 外层单模、62.5 μm 芯/125 μm 外层多模、50 μm 芯/125 μm 外层多模、100 μm 芯/140 μm 外层多模光缆。因为光缆只能单向传输，为要实现双向通信，就必须成对出现，一个用于输入，一个用于输出。光缆两端接到光学接口器上。

单模光纤（Single Mode Fiber，SMF）的纤芯直径很小，在给定的工作波长上只能以单一模式传输，传输频带宽，传输容量大。光信号可以沿着光纤的轴向传播，因此光信号的损耗很小，离散也很小，传播的距离较远。单模光纤 PMD（Polarization Mode Dispersion，偏振色散）规范建议芯径为 8～10 μm，包层直径为 125 μm 。

多模光纤（Multi Mode Fiber，MMF）是在给定的工作波长上，能以多个模式同时传输的光纤。多模光纤的纤芯直径一般为 50～200 μm，而包层直径的变化范围为 125～230 μm，计算机网络通常使用纤芯直径为 62.5 μm，包层为 125 μm 的光纤，也就是通常所说的 62.5 μm。与单模光纤相比，多模光纤的传输性能要差。在导入波长上分单模为 1 310 nm、1 550 nm；多模为 850 nm、1 300 nm。

2.3.2 光纤通信系统

1. 光纤通信系统

光纤通信系统是以光波为载体、光导纤维为传输介质的通信方式，起主导作用的是光源、光纤、光发送机和光接收机。

（1）光源——光波产生的根源；

（2）光纤——传输光波的导体；

（3）光发送机——负责产生光束，将电信号转变成光信号，再把光信号导入光纤；

（4）光接收机——负责接收从光纤上传输过来的光信号，并将它转变成电信号，经解码后再作相应处理。

2. 光纤通信系统主要优点

（1）传输频带宽、通信容量大，短距离时达几千兆的传输速率；

（2）线路损耗低、传输距离远；

（3）抗干扰能力强，应用范围广；

（4）线径细、质量小；

（5）抗化学腐蚀能力强；

（6）光纤制造资源丰富。

在网络工程中，一般是 62.5 μm/125 μm 规格的多模光纤，有时也用 50 μm/125 μm 和 100 μm/140 μm 规格的多模光纤。户外布线大于 2 km 时可选用单模光纤。

2.3.3 光缆的种类

（1）单芯互联光缆。主要应用范围包括：

① 跳线；

② 内部设备连接；

③ 通信柜配线面板；

④ 墙上出口到工作站的连接；

⑤ 水平拉线，直接端接。

（2）双芯互联光缆。主要应用范围包括：

① 交连跳线；

② 水平走线，直接端接；
③ 光纤到桌；
④ 通信柜配线面板；
⑤ 墙上出口到工作站的连接。
双芯互联光缆除具备单芯互联光缆的主要性能优点之外，还具有光纤之间易于区分的优点。
（3）分布式光缆。主要应用范围包括：
① 多点信息口水平布线；
② 垂直布线；
③ 大楼内主干布线；
④ 从设备间到无源跳线间的连接；
⑤ 从主干分支到各楼层应用；
⑥ 适于胶水型光纤连接头以及 LIGHTCRIMP 光纤头端接。
分布式光缆分多单元分散型 12 芯光缆和多单元分散式 24～72 芯光缆两种。
（4）分散式光缆。分散式光缆有 4 芯、6 芯、8 芯、12 芯等几种。
（5）室外光缆 4～12 芯铠装型与全绝缘型。主要应用范围包括：
① 园区中楼宇之间的连接；
② 长距离网络；
③ 主干线系统；
④ 本地环路和支路网络；
⑤ 严重潮湿、温度变化大的环境；
⑥ 架空连接（和悬缆线一起使用）、地下管道或直埋、悬吊缆/服务缆。
（6）室外光缆 24～144 芯铠装型与全绝缘型。主要应用范围包括：
① 园区中楼宇之间的连接；
② 长距离网络；
③ 主干线系统；
④ 本地环路和支路网络；
⑤ 严重潮湿、温度变化大的环境；
⑥ 架空连接（和悬缆线一起使用）、地下管道或直埋。
（7）室内/室外光缆（单管全绝缘型）。主要应用范围包括：
① 不需任何互联情况下，由户外延伸入户内，线缆具有阻燃特性；
② 园区中楼宇之间的连接；
③ 本地线路和支路网络；
④ 严重潮湿、温度变化大的环境；
⑤ 架空连接（和悬缆线一起使用时）；
⑥ 地下管道或直埋；
⑦ 悬吊缆/服务缆。
室内/室外光缆有 4 芯、6 芯、8 芯、12 芯、24 芯、32 芯等几种。
在综合布线时，应根据实际情况来选择产品。

2.4 电话通信电缆

电话通信电缆俗称电话线，适用于电信工程布线。室内电话通信电缆供通信系统中楼层布线系统之间的连接，也可用于通信出口（信息插座）与电信设备（如电话、传真等）之间的连接，在干扰严重的区域使用带屏蔽的电缆。电话通信电缆的实物与结构图如图 2-4 所示。

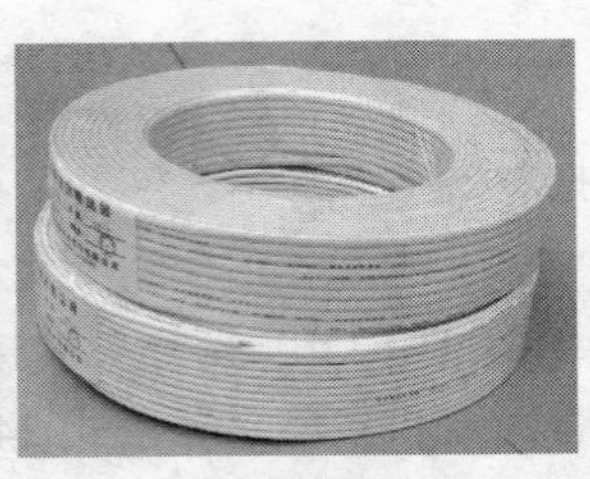

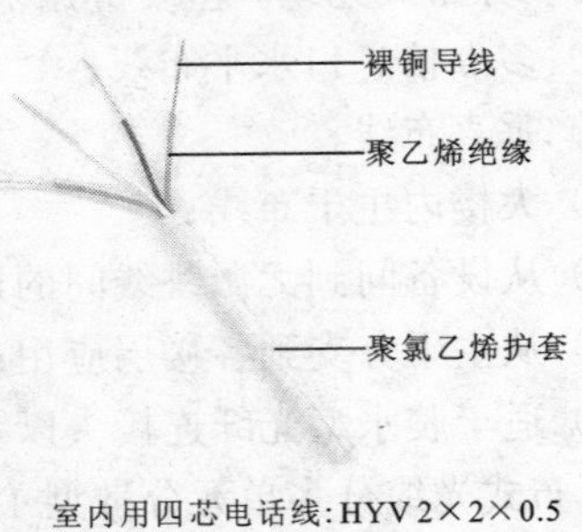

图 2-4　电话通信电缆实物与结构图

语音通信系统楼层之间主干线路的架设，推荐使用 3 类大对数的数字通信电缆，能很好地满足通信系统向未来数字化传输宽带通信（如数字电话）发展的需求。

大对数的局用通信电缆，采用数字电缆标准对绞节距生产，降低了线对间的相互串音干扰，从而使线缆串音衰减减小，功率损耗小。用于程控交换局内总配线架与交换局用户之间的音频连接，也可用作其他交换设备之间的音频连接，可支持低速率的数据传输。连接包括数字电话、传真、程控交换机及其他通信用数字设备。4 对用于电信工程的分支线路的连接，8 对、16 对、25 对、50 对用于主干线路的连接。

思　考　题

1. 在综合布线系统中通常会有哪几种传输介质？
2. 简述双绞线的分类、特点及使用的场合。
3. 屏蔽双绞线与非屏蔽双绞线比较有何区别？
4. 同轴电缆的分类，与双绞线比较有何区别？
5. 光纤的分类与特点，与其他传输介质相比有何优缺点？
6. 简述电话通信线缆的使用场合。

第3章 通信综合布线工具使用

在通信工程实施的过程中会经常使用到一些工具，正确使用这些工具是通信工程师必须掌握的一项技能，也是工程质量的重要前提保障。

通过本章的学习能够让读者认识通信工程常用工具，了解和掌握工具的正确使用方法。通信工具的主要种类有：电动工具、测量工具、吊装工具、安全工具、压接工具、通用工具等。通信安装材料主要有机柜、线槽、走线架等。

3.1 电 动 工 具

3.1.1 电锤

电锤（Hammer Drill）为手持电动工具，常用于混凝土、石块类施工，外形如图 3-1 所示。墙面打膨胀螺钉，对地加固，穿墙，穿地板打孔，穿线。

图 3-1 电锤

1. 电锤锤头的正确选择

首先正确选择锤头，选择锤头时应根据膨胀螺钉的具体规格和型号选择与之相对应规格的锤头。不同规格的锤头如图 3-2（a）所示。在移动通信基站设备安装过程中，一般最常用的锤头规格为：10＃、12＃、14＃、16＃、18＃。

锤头规格与膨胀螺钉之间的关系如图 3-2（b）所示，M8 膨胀螺钉表示螺钉直径为 8 mm，涨管的直径为 12 mm。

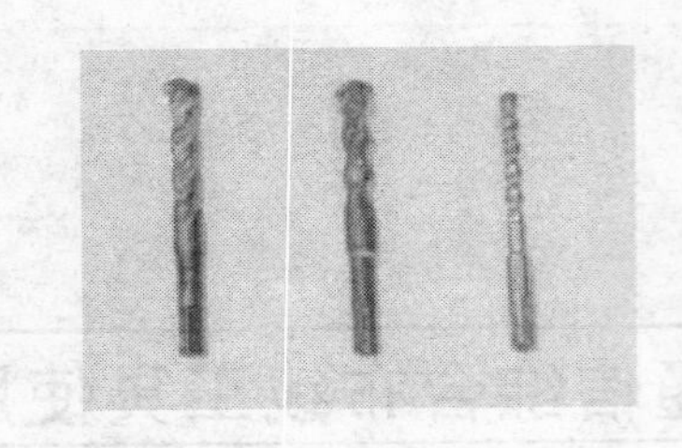

(a) 不同规格的锤头

	型号对比				
锤头	10#	12#	14#	16#	18#
膨胀螺钉	M6	M8	M10	M12	M14

(b) 锤头与膨胀螺钉间的关系图

图 3-2　电锤锤头的正确选择

2. 电锤的正确安装和拆卸

(1) 安装锤头 (见图 3-3 (a))。双手握住电锤，把选择好的锤头尾部插入电锤孔中，并同时转动锤头，待听到“啪”的一声后，表示锤头已安装好。

(2) 拆卸锤头 (见图 3-3 (b))。用力按下电锤上端的橡胶圈，锤头即可拔出。

注意：在安装及拆卸锤头时，一定要确保电源是断开的。

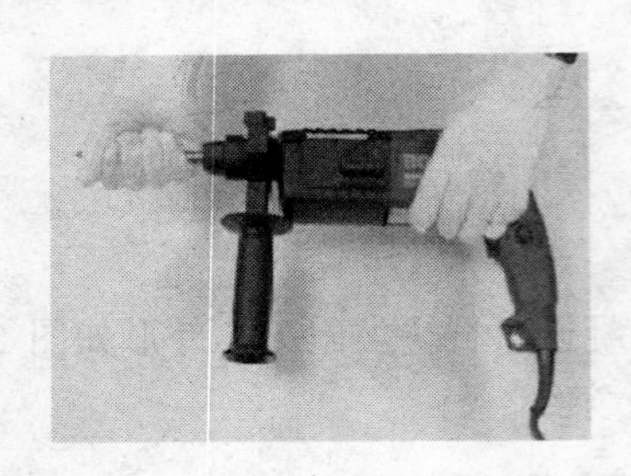

(a) 锤头的安装

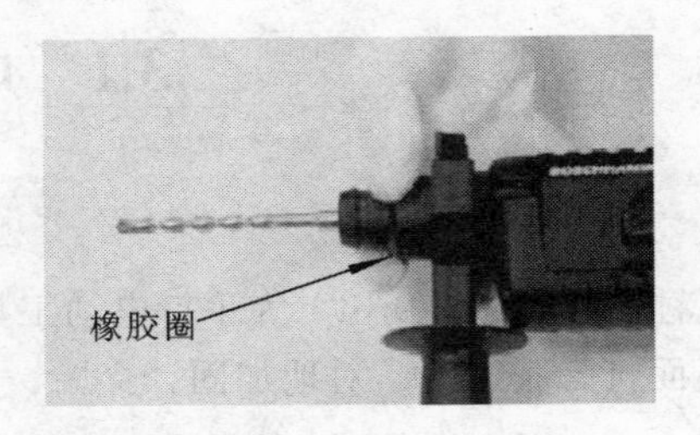

(b) 锤头的拆卸

图 3-3　电锤的正确安装和拆卸

3. 电锤辅助工具

(1) 辅助把手 (见图 3-4 (a))。操作电锤时一定要使用辅助把手。旋拧辅助把手至理想的作业位置以减轻操作者疲劳及能让操作者有安全的立足点。以逆时针方向旋松把手，调至合适的位置，跟着要重新旋紧把手。由于会有回冲力产生，要用双手拿稳电锤，并要确保立足稳固。

(2) 标尺 (见图 3-4 (b))。电锤配有标尺一根，将标尺装在电锤左边的孔中，利用膨胀螺钉的长度测量好标尺长度，拧紧旋钮。

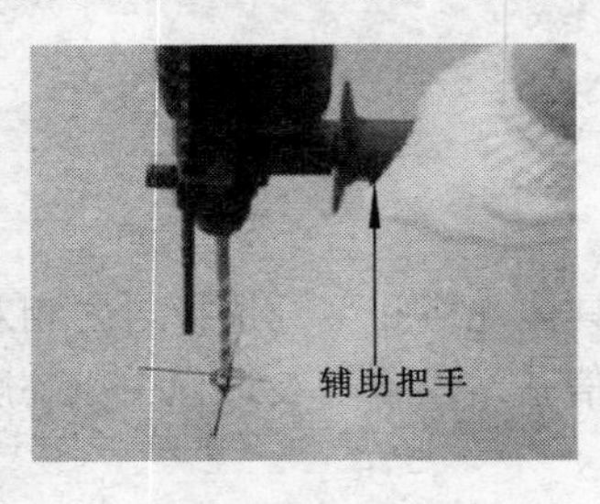

(a) 辅助把手的使用方法

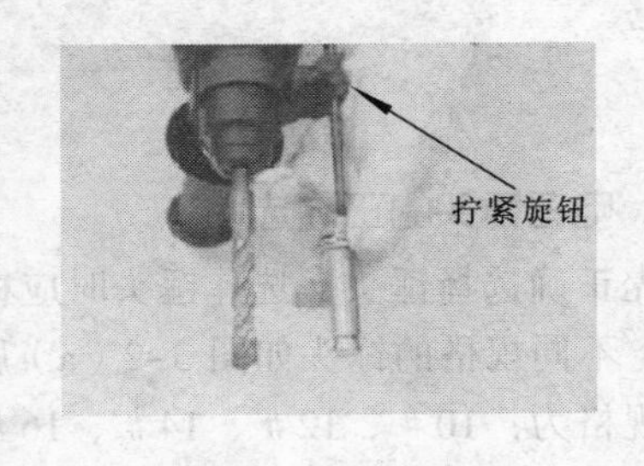

(b) 标尺的使用方法

图 3-4　电锤辅助工具

4．电锤的使用过程（以地面打孔为例）

（1）定位。根据图纸和现场的实际情况及所安装的具体设备的实际尺寸，确定出所安装设备在地面上固定点的位置，并标出该位置。

（2）画十字线。以所确定固定点的中心为交叉点画十字线，确定最终打孔的位置。图 3-5 为定位与画线位置的实际图示。

（3）打孔（见图 3-6）。以十字线的交叉点为中心，用与固定设备所用的膨胀螺钉相匹配的锤头在地面上打孔。在用电锤开始打孔时，要求电锤运转速度一定要非常慢，并同时用手调节电锤位置，以保证所打孔的中心与十字线的交叉点重合，随后可逐渐加快电锤的运转速度，最终完成所打的孔。电锤为无级变速装置，浅按或深按电锤开关即可调节转速。

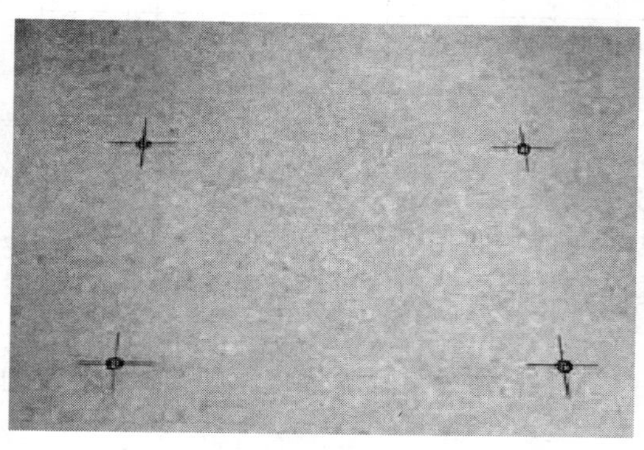

图 3-5　定位与画线

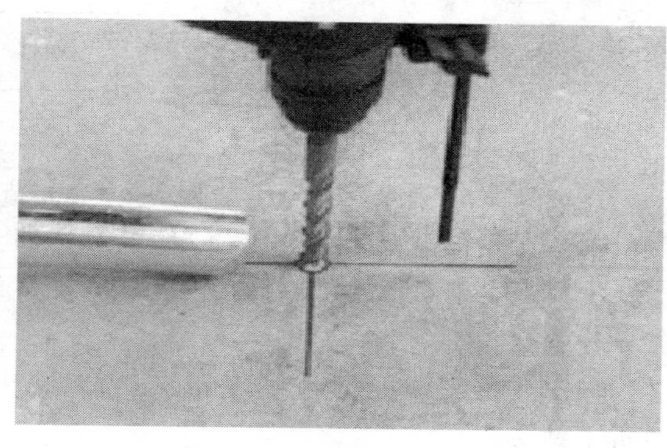

图 3-6　打孔

注意：在地面上打孔的整个过程中应时刻保证电锤与地面垂直，在开始钻孔的定位过程中，电锤的运转速度一定要慢，并随时调节转速和位置，等位置完全定好后，再逐渐加快电锤的运转速度。

安装完成的膨胀螺钉露出地面螺帽部分为 3～5 个丝扣或 5 mm。

3.1.2　电钻

电钻（Electric Drill）为手持电动工具，主要用于钢材、木材类打孔，外形如图 3-7 所示。具体使用场合为走线架的打孔。

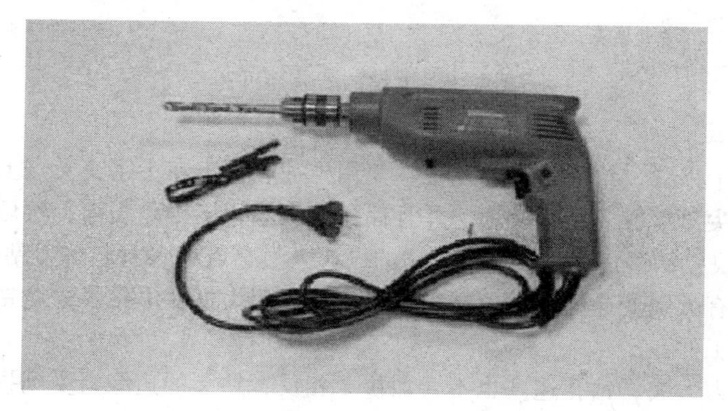

图 3-7　电钻

1．电钻钻头的正确选择

首先正确选择钻头，选择钻头时应根据要钻孔大小选择与之相对应规格的钻头，钻头规格如图 3-8（a）所示。钻头与螺钉间的匹配关系如图 3-8（b）所示。在移动通信基站设备安装过程中，一般常用的钻头规格为：ϕ5.5、ϕ6.5、ϕ9、ϕ11、ϕ13。

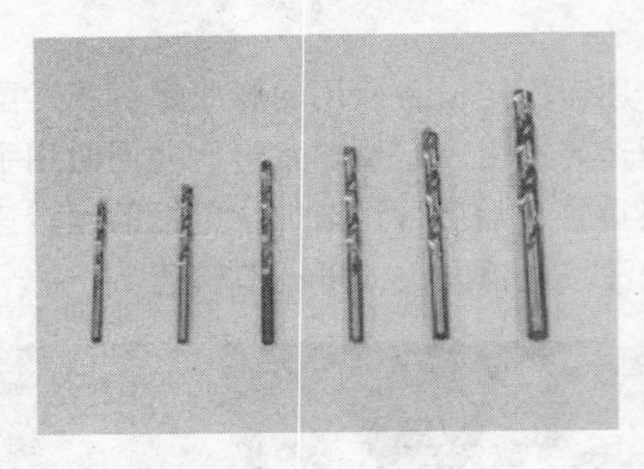

（a）不同规格电钻头

	型号对比				
钻头	ϕ55	ϕ65	ϕ9	ϕ11	ϕ11
螺钉	M5	M6	M8	M10	M12

（b）转头与螺钉间的关系图

图 3-8　电钻钻头的正确选择

（1）安装钻头（见图 3-9（a））。将钻头插入钻头前端的孔中，用卡盘扳手拧紧钻头。在卡盘上有三个卡盘扳手可以插接的孔，固定钻头时，一定要平均用力拧紧三个孔，而不能只拧紧一个孔。

（2）拆卸钻头（见图 3-9（b））。拆卸钻头时，卡盘扳手对准插孔反方向旋转卡盘扳手即可拆下钻头。

注意：在安装及拆卸钻头时，一定要确保电源是断开的。

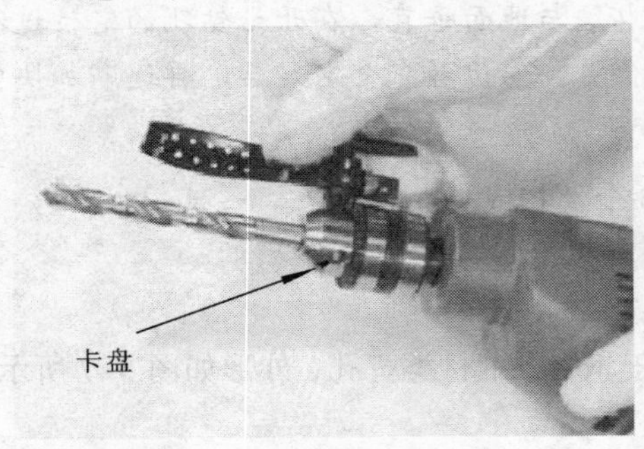

（a）安装钻头

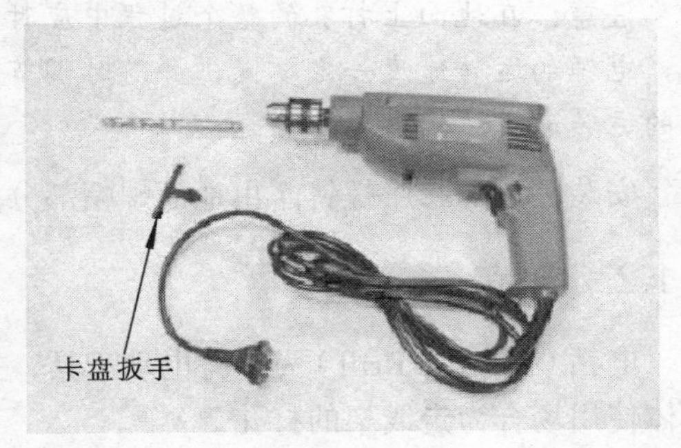

（b）拆卸钻头

图 3-9　电钻的安装与拆卸

3．钻孔方法

（1）首先画十字线，给要打的孔定位。使用样冲和榔头在十字交叉点上冲击定位点。

（2）将钻头尖对准所要钻孔的地方并且保持钻头垂直于工作表面，然后打开开关。

（3）当钻头快要钻透加工件时，持电钻的操作人员会有一种材料将要钻透的感觉，此时，应放慢转速（指有无级变速的电钻）减少进钻压力，用力握住电钻，以防钻透材料的电钻扭矩伤人，损坏加工件。

（4）即使用力太大，钻孔速度也不会加快。相反，钻头的边缘会受到损坏，以致降低工作效率并缩短钻头的使用寿命。

3.1.3 曲线锯

曲线锯（Curve Saw）为手持电动工具，主要用于锯割塑料、木板、薄铁板以及铜、黄铜、铝等有色金属，如机房防静电地板的切割。曲线锯外形如图 3-10 所示。

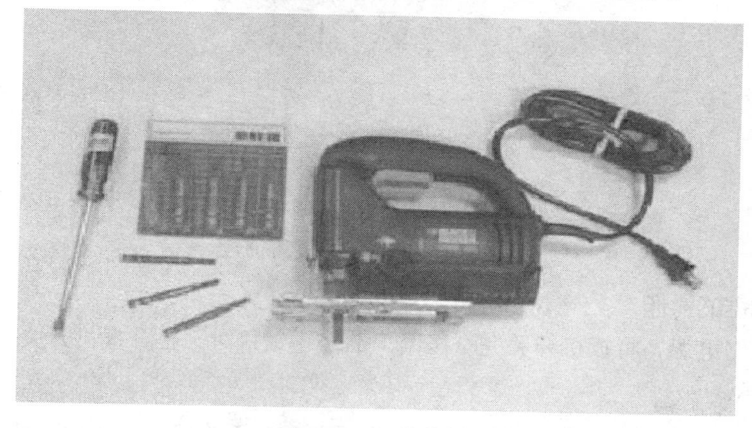

图 3-10 曲线锯

1. 曲线锯的正确装配

曲线锯锯条安装时应关闭曲线锯电源，拧松两个螺钉，在确保锯齿朝前的状态下，尽量把锯条柄杆向锯条座内推进。交替转动两个螺钉，使锯条定好位置，然后再充分旋拧螺钉，螺钉位置如图 3-11 所示。锯条松开时，只需要将两个螺钉逆时针转动一圈。

注意： 为了确保较高的锯割精度，要使锯条背牢牢地接触锯条支撑辊。

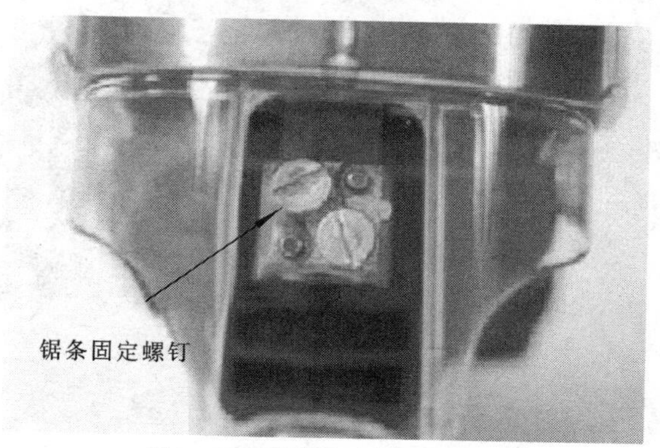

图 3-11 曲线锯锯条的安装

2. 调整锯条支撑辊

为了在锯割时得到可靠的支撑和较高的精度，曲线锯有一个锯条支撑辊，具体位置如图 3-12 所示。此支撑辊应调整到接触锯条背的位置。调整时，松开座板上前面的螺钉。将锯条支撑辊向前推，直到支撑辊接触锯条背边沿后再拧紧螺钉。经常在辊轮处滴一滴油润滑导辊，可延长辊的适用寿命。

注意： 当以蜗旋方式使用曲线锯时，需要将锯条支撑辊退回，使锯自由移动。退回支撑辊时，拧松座板上前面的螺钉，退回支撑辊，再拧紧螺钉。

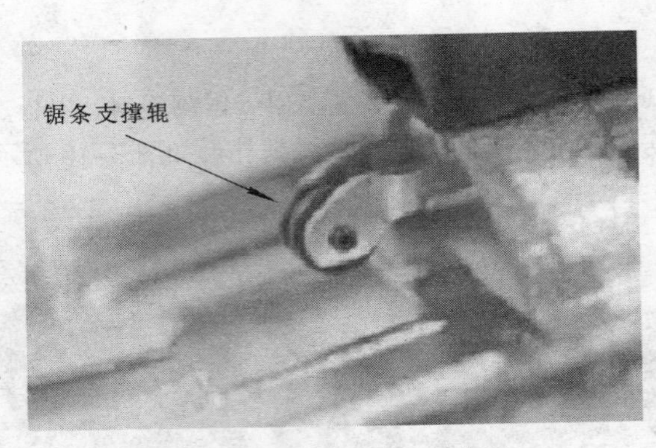

图 3-12　锯条支撑辊的位置

3．曲线锯的操作

接通曲线锯电源，将扳机开关完全压紧。欲停止锯机时，松开扳机开关，扳机开关位置如图 3-13 所示。

注意：在接通曲线锯的电源时，扳机开关一定要置于关闭状态（即松开扳机开关），防止发生意外。

需要连续操作时，压紧扳机，然后压下锁定钮，再松开扳机开关。取消连续操作时，压下锁定钮并松开扳机开关。

注意：在切断电源之前，一定要先松开锁定钮。

图 3-13　扳机开关位置

4．角锯时调整锯座板

锯座板可在任意一侧调整到 45°。调整时，切断电源，抬起或卸下防尘罩，用螺丝刀松开座板上的两个螺钉。稍稍向后拉动一下座板，按刻度调整到要求的角度，或者将座板前推，使其锁定在 0°、15°、30° 或 45° 角处，然后拧紧螺钉，拧紧方式如图 3-14 所示。尽管刻度和各个槽口对于大多数应用是精确的，但进行非常精确的角度锯割时，最好使用量角器来调整座板。在废料上做切割试验，以检查角度的精确性。

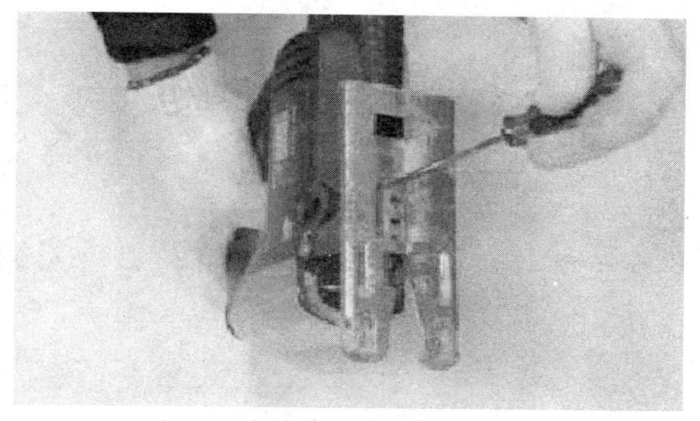

图 3-14　角锯锯座板调整方法

5．吹尘和吸尘

（1）吹尘。为了在锯割时能够看得清楚，曲线锯装有一个可以从正在锯割的材料表面把锯尘吹掉的装置，具体位置如图 3-15 所示。使用时，提起或取下防尘镜，打开吹尘开关。

（2）吸尘。曲线锯带有一个软管配接器，可以连接到一般的便携式真空吸尘器上。使用时，将配接器推入线锯后部的开口中，根据软管的尺寸，将真空软管装在配接器里面或者套在配接器上面。安装防尘罩，呈向下的位置，打开吸尘开关。

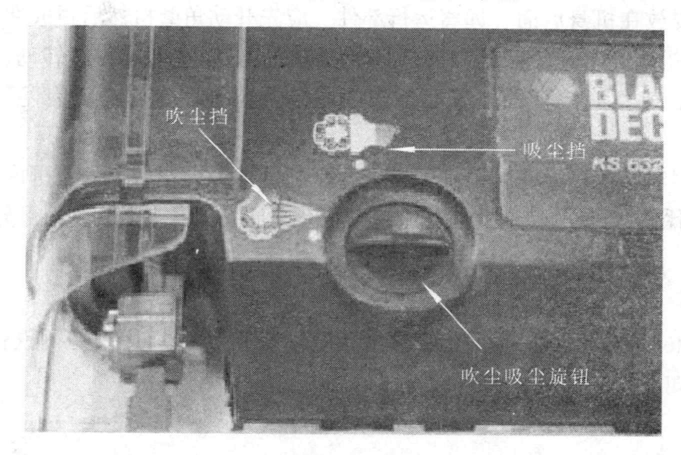

图 3-15　角锯的吸尘与吹尘口

6．锯割层压板

由于曲线锯的锯条向上锯割时，在最靠近锯座的材料表面会产生边缘毛刺。因此，在锯割薄的木质或塑料时，应使用细齿的金属切割锯条并且要从材料的背面锯割。为了减少塑料层压板边缘产生的碎片，可用一块废木板或硬质板夹到层压板的两侧，形成夹层结构，再对整个组件进行锯割。总之，一定要选用正确的锯条进行作业。

3.1.4　角磨机

角磨机（Angle Grinder）为手持电动工具，主要用于钢铁件切割后打磨毛刺和钢铁件复连前打磨油漆。如走线架切割完打磨，机墩、走线架复连前打磨油漆。具体外形图如图 3-16 所示。

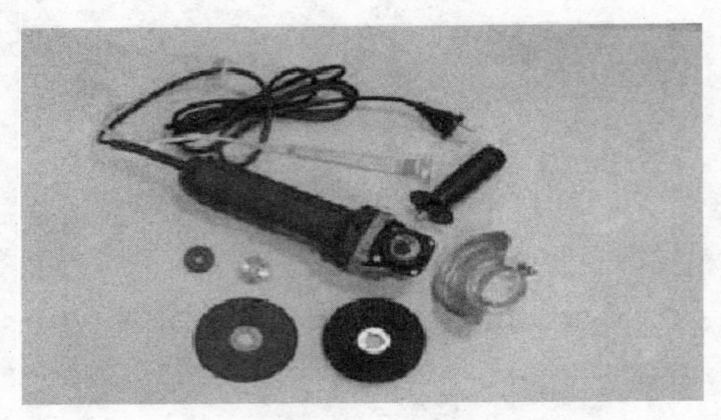

图 3-16　角磨机

角磨机的使用注意事项如下：

（1）无论以角磨机从事任何作业，均应装上辅助把手。使用磨轮或切割轮作业时，应装上护罩。磨轮必须妥当安装，并须能自由转动，法兰底夹盘上的对中凸块必须紧密嵌入磨轮/切割轮的装嵌孔内。

（2）开机前，请检查磨轮是否安装妥善，且能自由转动。新磨轮最少须试行 1 min。角磨机不能用于含有石棉的材料。

（3）电源线要放在机身后面，远离运行部件。应先开动角磨机然后再放在工件上。切勿使用损坏、震动或不平衡的磨轮。双手切勿靠近磨轮。关机后，磨轮仍会继续转动，一定要确保安全。

（4）开始作业前，请检查工件表面，例如用金属监测器查看有没有隐蔽电线、气体及供水管道等物。

（5）打磨金属时会产生火花，请确保无人会受到危害。火花散射的范围内，须无可燃物料，以免发生火灾。请留意磨具的转动方向，避免火花及磨屑飞到身上。切勿对磨轮施压，使其停下。

3.1.5　切割机

切割机（Cutter）为电动工具，可利用交流电动机带动切割片来切割铁件，如走线架的切割。具体外形图如图 3-17 所示。

图 3-17　切割机

1. 切割机使用须知

在使用切割机时，被切割物体一定要固定紧，防止被切割物体在切割过程中滑动而打碎切割片，造成人身伤害。在使用切割机时一定要注意人身安全。切割时应先启动切割机，然后下压切割片与被切割件接触。在切割过程中用力要均匀，在切割时要注意应算上切割片的厚度。

在切割机的使用过程中，切记切割机的前后方向不能对着易燃品及粉刷或装修过的墙面。在室内使用切割机的过程中，切割机的底部一定要垫上非易燃物品，避免切割机使用完后，在地板上留下永久的痕迹。

在切割过程中，应使被切割件与切割片的接触面越小越好。将被切割件放置稳固，进行切割。操作切割轮时，操作人员应用右手握住切割把手开关，并且一定要站立在切割机的安全侧（见图 3-18）。

在切割一些无法固定的器件时（如器件较大、较长或不规则时），要多人协同操作，此时要特别注意安全，尤其是被切割件在切割过程中一定要设法拿稳，不能晃动。在被切割件未被切断之前，若切割机停止转动，则必须将切割片从被切割件中取出，重新启动切割机进行切割。否则，容易打碎切割片，造成意外的人身伤害。

切割完后，应打磨掉切割面上的毛刺。在切割部分冷却之前不要用手触摸，并在冷却之后涂上防锈漆。

图 3-18　切割时工作人员的站立位置

2. 切割机的使用方法

1）垂直切割

当被切割件能被切割机本身所固定时，把被切割件放在如图 3-19 所示位置处，调整被切割件至合适的位置，拧紧图中螺杆把手，紧固被切割件，进行切割。

当被切割件不能被切割机本身所固定时，需要一至二人协同操作，使被切割件稳固，进行切割。

2）非垂直切割

当被切割件能被切割机本身所固定时，先确定被切割件上的切割位置，如图 3-20 所示，并画出切割线，根据被切割件上所确定的切割线，选择合适的切割方向，旋拧切割机的螺杆把手固定被切割件。

图 3-19　垂直切割时被切割件的调整

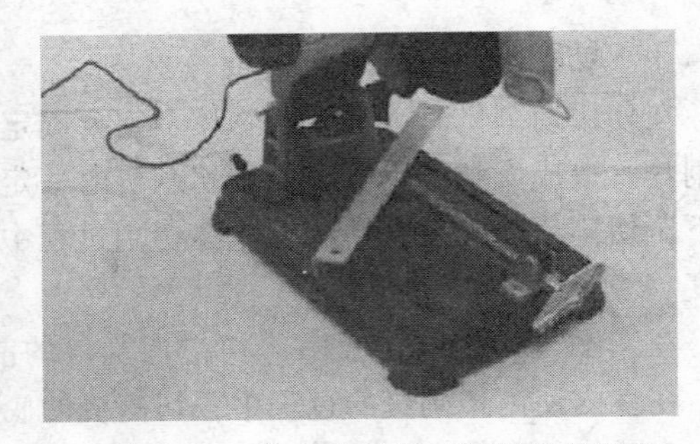

图 3-20　非垂直切割时切割件的调整

3．切割机切割片的更换

（1）更换切割片需要的工具为内六角；

（2）更换切割片前必须要关闭开关或切断电源；

（3）打开保护罩，将内六角插入切割机右边切割片轴心的内六孔中；

（4）另一只手将切割片左边的按钮按下锁住切割片，逆时针转动内角，即可拆下切割片，拆卸方法如图 3-21（a）和图 3-21（b）所示。

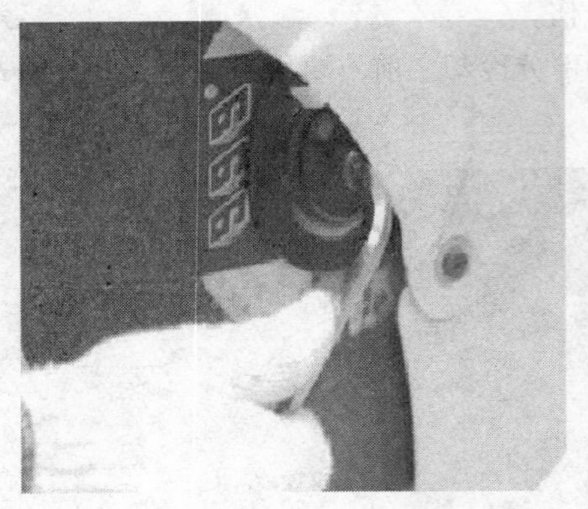

（a）旋动内六角

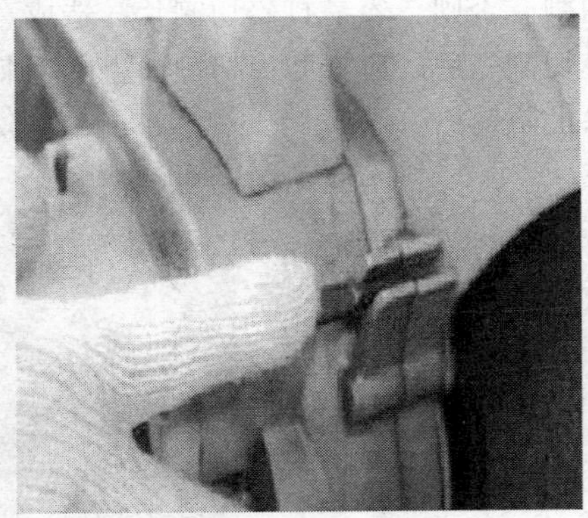

（b）拆下切割片

图 3-21　切割片的拆卸方法

3.1.6　吸尘器

吸尘器（Cleaner）主要用于室内工程的卫生清洁。如打膨胀螺钉时吸取灰尘，清洁机房地板。吸尘器外形图如图 3-22 所示。

图 3-22　吸尘器

3.1.7 电动工具使用注意事项

在使用电动工具时，需要注意以下几点：

（1）操作电动工具前，必须详阅使用说明书，严格遵守各项条款，确保安全；

（2）严禁弄湿机器，不得在潮湿环境下操作；

（3）使用工具前，注意电源电压，检查电线与插座有无损坏；

（4）头发过长时须小心，作业时勿穿宽松衣物；操作旋转的电动工具时不要戴手套，以免卷入受伤。

3.2 测量工具

3.2.1 水平尺

水平尺（Level）主要用于被测物对水平面、垂直面或 45° 倾斜面位置程度的一种计量器具，如图 3-23 所示。

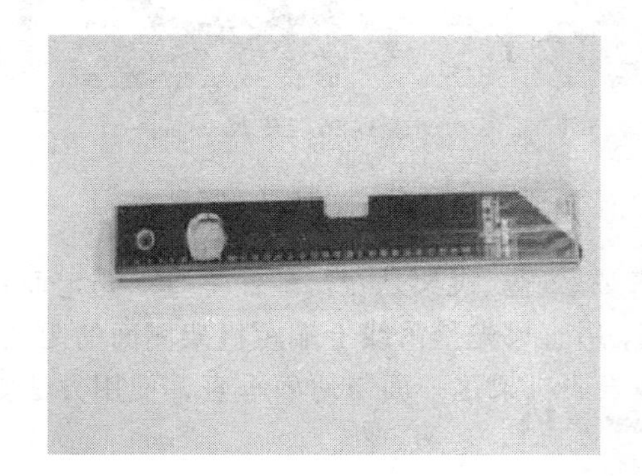

图 3-23 水平尺

3.2.2 直角尺、直尺

直角尺（Square Metre）与直尺（Ruler）主要用于较短长度距离的测量，如图 3-24（a）、和图 3-24（b）所示。

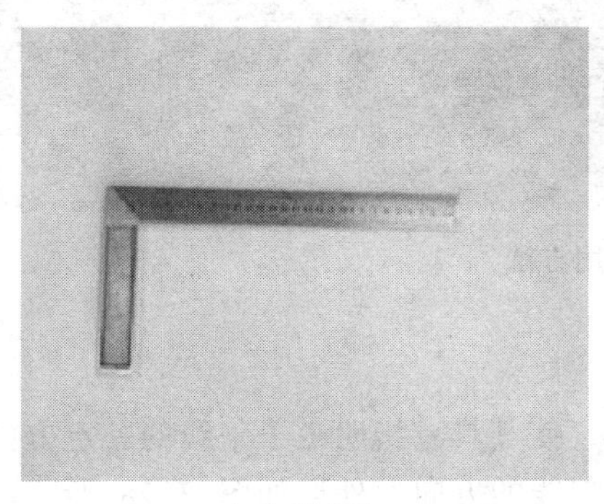

（a）直角尺

（b）直尺

图 3-24 直角尺

3.2.3 卷尺

卷尺（Retractable Metre）一般用于较远距离长度的测量。通常会在室内确定机架位置和安装走线架时用到。常用的有 3 m 盒尺和 5 m 盒尺，如图 3-25 所示。

3.2.4 皮尺

皮尺（Tape）一般用于远距离长度的测量。在做工前检查测量馈线路由长度时会用到，外形如图 3-26 所示。

图 3-25 卷尺

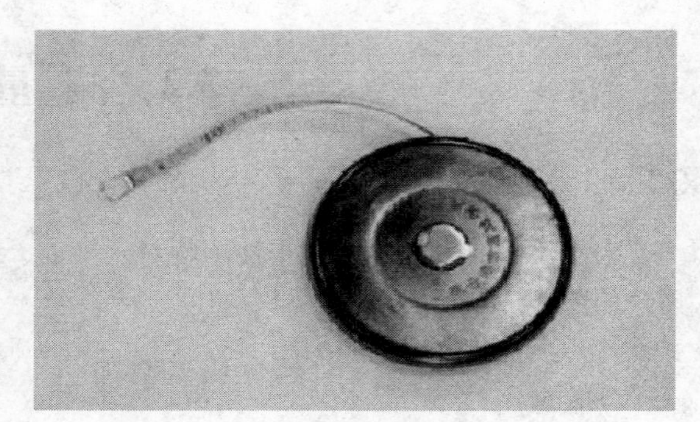

图 3-26 皮尺

3.2.5 吊线锤

吊线锤（Plumb Bob）是利用万有引力原理来观察所立机架是否与地面垂直。测定面距吊线的距离是 5 cm，可测量机架是否与地面垂直，用直尺先量吊线上端距机架侧面的距离，再量吊线下端距机架侧面的距离，如两者相等即表明机架这一面与地面垂直，使用方法如图 3-27 所示。

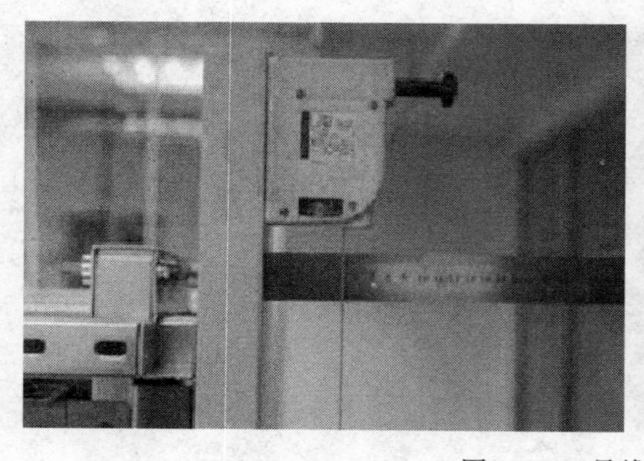

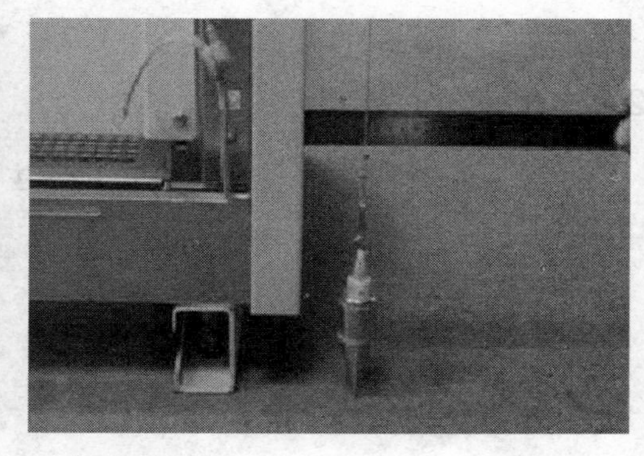

图 3-27 吊线锤的使用方法

3.2.6 罗盘

罗盘（Compass）是利用一个磁性物体（即磁针），使其具有指明磁子午线的一定方向的特性，配合刻度环的读数，可以确定目标相对于磁子午线的方向，外形如图 3-28 所示。根据两个选定的测点（或已知的测点），可以测出另一个未知目标的位置。

图 3-28　罗盘

1．罗盘的使用

（1）注意测方位角时的选点，可使用以下几种方法：

① 站在天线正下方的延长线上，面对天线的发射面；

② 站在天线侧面的延长线上，面对天线的侧面；

③ 站在天线正下方的延长线上，面对天线的背面。

（2）读方位角时应保持罗盘的反射镜中的基准线与天线的侧面平行的同时保证罗盘底部水平。

（3）测一个天线的方位角应该在正面和侧面分别测一次，如两次测得的结果一致，则说明测量正确。

2．罗盘使用的注意事项

（1）磁针和顶针、玛瑙轴承是仪器最主要的零件，应小心保护，保持干净，以免影响磁针的灵敏度，不使用时，应把磁针锁牢，以减少磨损；

（2）开关应按顺时针转动，以免螺纹松动；

（3）所有零件不要轻易拆卸，以免松动而影响精度；

（4）仪器尽量避免高温暴晒，以免水泡漏气失灵；

（5）荷叶转动部分应经常点些钟表油以免干磨而折断；

（6）长期不使用时，应放在通风、干燥地方，以免发霉；

（7）测方位角时，罗盘离建筑物和铁塔不能太近（10 m 以外）；

（8）保证一年对仪表校正一次。

3.2.7　坡度测量仪

坡度测量仪（Rotary Angle Metre）主要用于坡度的测定与设定，也可测定天线的倾角，外形如图 3-29（a）所示，坡度测量仪的使用方式如图 3-29（b）所示。

（1）将测量仪与被测定对象接触；

（2）旋转刻度旋轮，直到水准管气泡居中即可；

（3）读取指针尖端对准刻度盘上的数字。

(a)外形图

(b)使用方法

图 3-29　坡度测量仪外形图及使用方法

3.2.8　万用表

万用表(Multi-metre)可用来测量直流电压/电流、交流电压/电流、电阻、电容、二极管正向压降、晶体三极管参数及电路通断等，如图 3-30 所示。一般用于测量机架电压，电池电压，传输线的短路和断路。

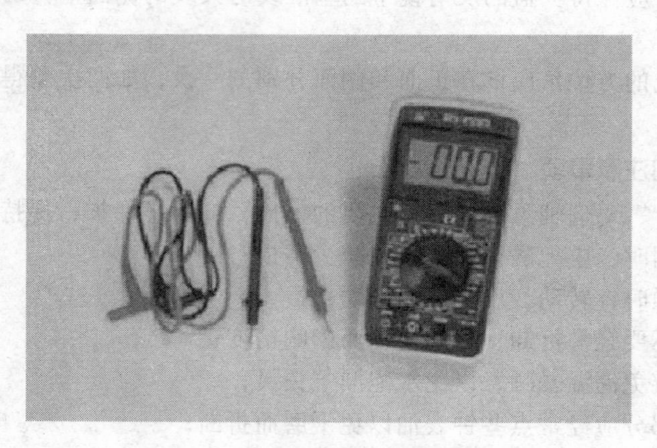

图 3-30　万用表

3.3　吊 装 工 具

吊装工具主要包括滑轮(Block)、千斤顶(Jack)、尼龙绳(Nylon Rope)、尾绳(Trail Rope)、安全帽(Safety Helmet)、安全带(Safety Belt)、安全绳(Safety Rope)，吊装作业如图 3-31 所示。各种吊装工具的主要功能分别为：

(1)滑轮一般采用定滑轮；

(2)千斤顶用于顶起馈线盘，以便馈线的布放；

(3)高空作业中，尼龙绳用于吊装天线；

(4)尾绳用于吊装时稳定和调整被吊装件，也可作为安全绳用于人员上下保护和起吊小件，重量轻的工具，安装材料等。

安全绳在用前必须检查，发现破损时必须停止使用。避开尖刺、钉子物体，不得接触明火和化学药品，经常保持清洁。脏后用温水及肥皂清洗，阴凉处晾干，不可热水浸泡或日晒火烧。

安全帽、安全带和安全绳称为高空施工人员的生命三宝，如图 3-32 所示。要求必须强制使用，以确保施工人员安全。

图 3-31　吊装作业

图 3-32　安全帽、安全带和安全绳

3.4　压 接 工 具

3.4.1　电源线压接钳

电源线压接钳（Power Cable Cramp）主要用于电源线、地线等线缆连接头的压接，如图 3-33 所示。压接钳一共有四种不同直径的压线口，根据所压接连接头的直径大小，可选择不同的位置进行压接，最大可压接直径尺寸为 22 mm。

使用方法：根据所压接连接头的大小，选择合适口径的孔位进行压接，压接钳凸起的部位应该顶在连接头压接管的背部，要保证压接位置和方向的正确性。

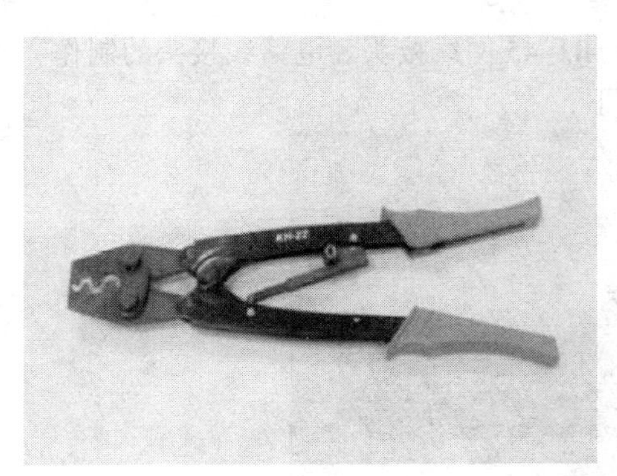

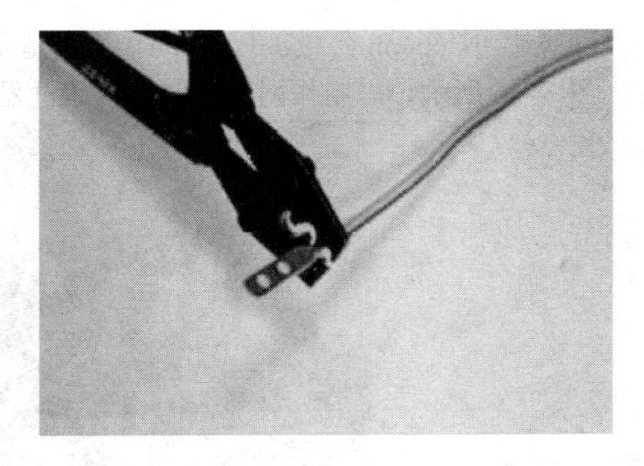

图 3-33　电源线压接钳

3.4.2 机械式压线钳

机械式压线钳（Cramping Tool）主要适用于截面为 6 ~ 240 mm^2 铜导线和 4 ~ 185 mm^2 铝导线的围压连接及封端，外形如图 3-34 所示。

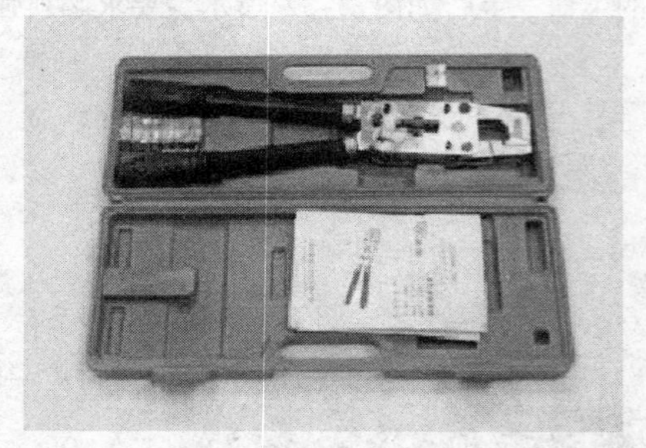
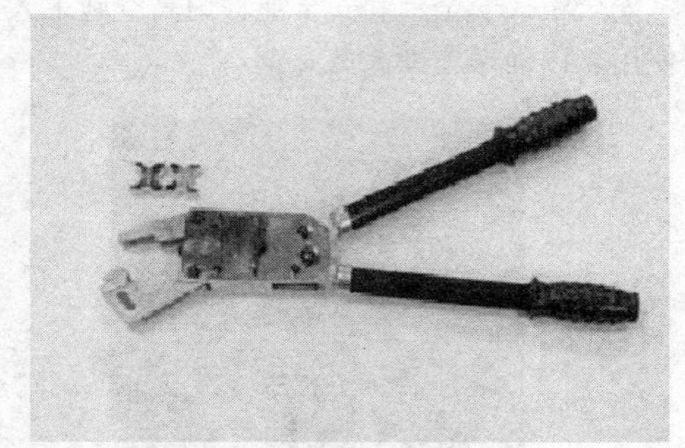

图 3-34　机械式压线钳

3.4.3 同轴压接钳

同轴压接钳（Coax cable cramp）主要用于压制同轴电缆接头。根据所压接连接头的大小，选择合适口径的孔位进行压接，压接钳凸起的部位应该顶在连接头压接管的背部，要保证压接位置和方向的正确性，压接方式如图 3-35 所示。

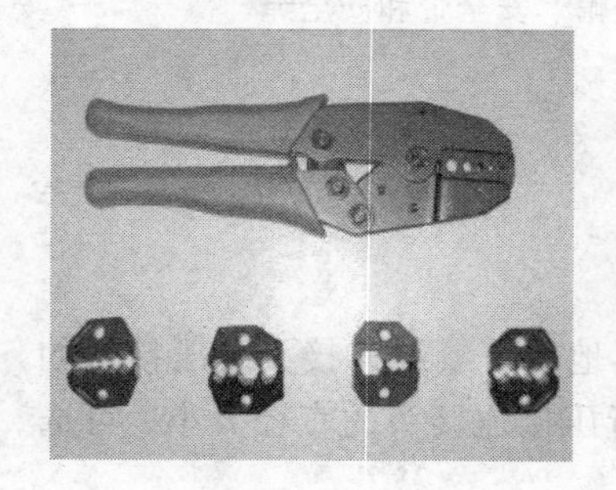
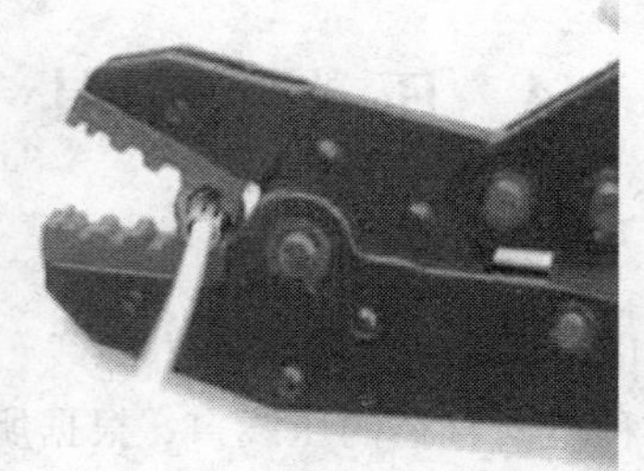

图 3-35　同轴压接钳的使用

3.4.4 网线钳

网线钳（Cramping Modular Plier）主要适用于 RJ-45 网线接头和电话线接头的制作，外形如图 3-36 所示。以制作网线为例，制作过程如下：

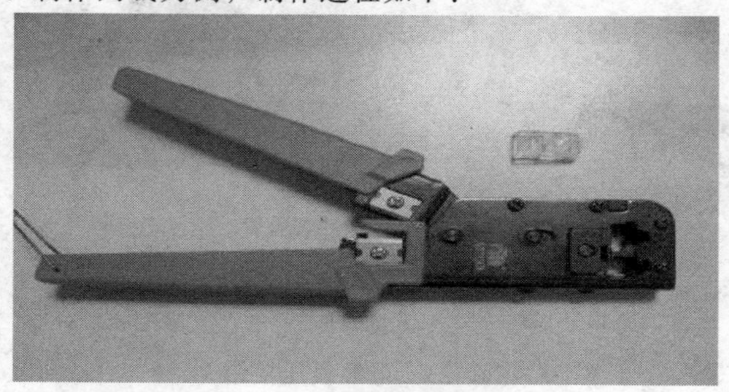

图 3-36　网线钳

（1）剥线：剥线的长度为 13～15 mm（只剥外皮），不宜太长或太短；

（2）理线：双绞线由 8 根有色导线两两绞合而成，将其平行整理，并按橙白、橙、绿白、蓝、蓝白、绿、棕白、棕色排列，整理完毕用剪线刀口将前端修齐；

（3）插线：捏平双绞线，稍稍用力将排好的线平行插入水晶头内的线槽中，8 根导线顶端应插入线槽顶端；

（4）压线：确认所有导线都到位后，将水晶头放入卡线钳夹槽中，用力捏几下卡线钳，压紧线头即可。

3.5 通 用 工 具

3.5.1 老虎钳、尖嘴钳

老虎钳（Lineman's Pliers）与尖嘴钳（Sharp-nose Pliers）主要用于夹持和剪断各种电线，如图 3-37（a）和图 3-37（bs）所示。

（a）老虎钳

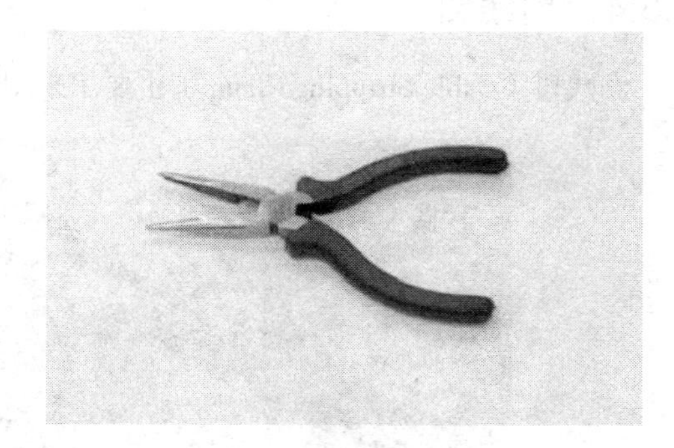

（b）尖嘴钳

图 3-37 老虎钳与尖嘴钳

3.5.2 斜口钳

斜口钳（Diagonal-cutting Pliers）是一种利用特殊钢制成的优良工具，外形如图 3-38 所示。在使用时，为了不伤及断片周围的人或物，应确认断片飞溅方向再进行切断。同时注意以下几点：

（1）不要使用刀刃尖端在物品上挖洞；

（2）不要用手直接接触刀刃尖端；

（3）不能用来切断超过负荷的粗线材料。

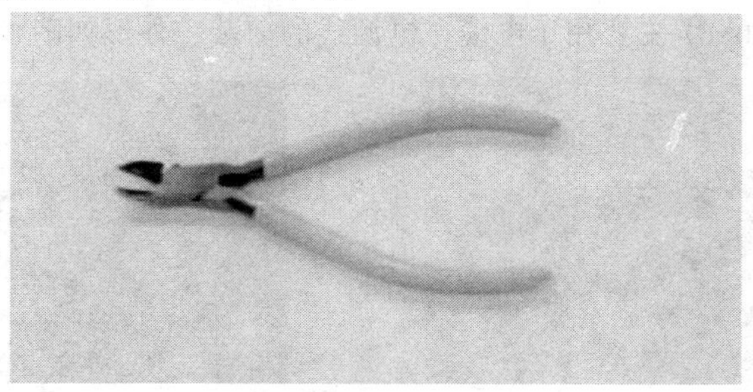

图 3-38 斜口钳

3.5.3 大力钳

大力钳（Pliers）可作普通钳使用，可夹细小铁料打磨、焊接，临时把手等，如图 3-39 所示。使用时通过调节大力钳手柄尾部的旋钮，可以改变夹紧力的大小，以夹紧或松开大力钳的钳口。

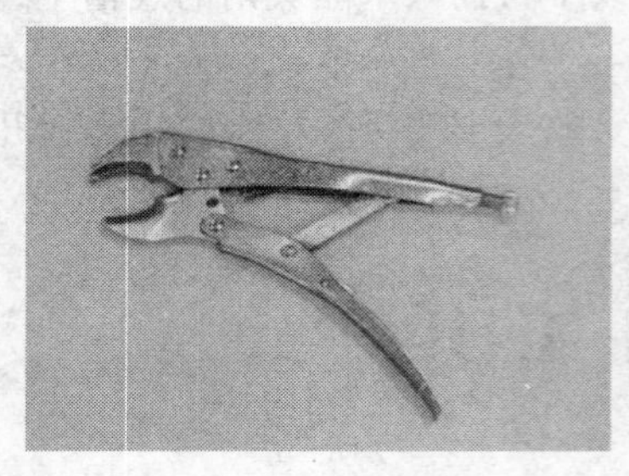

（a）外形

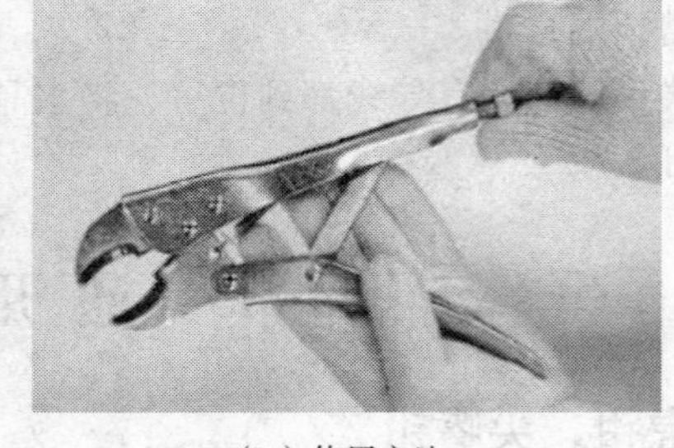

（b）使用方法

图 3-39 大力钳的外形与使用方法

3.5.4 剥线钳

剥线钳（Cable Stripping Clamp）主要用来剥掉细缆导线外部的绝缘层，外形如图 3-40 所示。

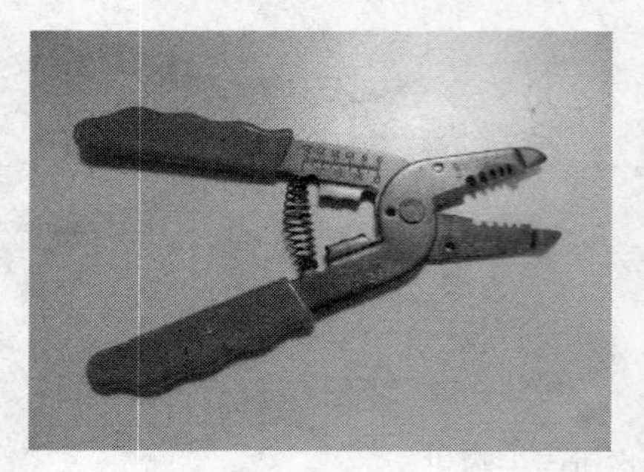

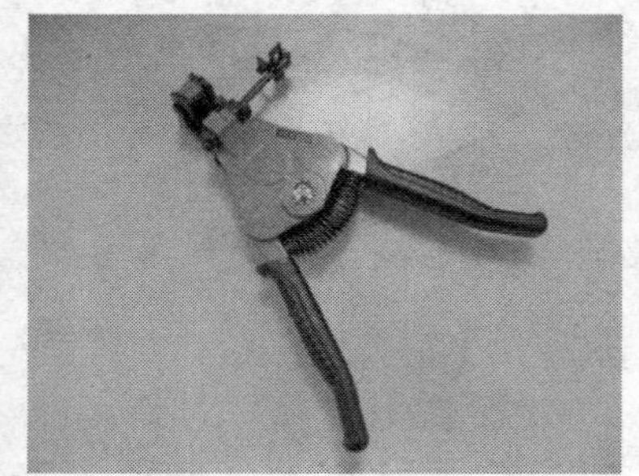

图 3-40 剥线钳

3.5.5 鸭嘴钳

鸭嘴钳（Flat-nose Pliers）在工程中主要用于安装馈线接头。通过改变滑动螺杆的位置可以获得不同口径鸭嘴钳钳口宽度，外形如图 3-41 所示。

3.5.6 剪线钳

剪线钳（Cable Cutter）主要用于电缆，电源线的剪裁，外形如图 3-42 所示。

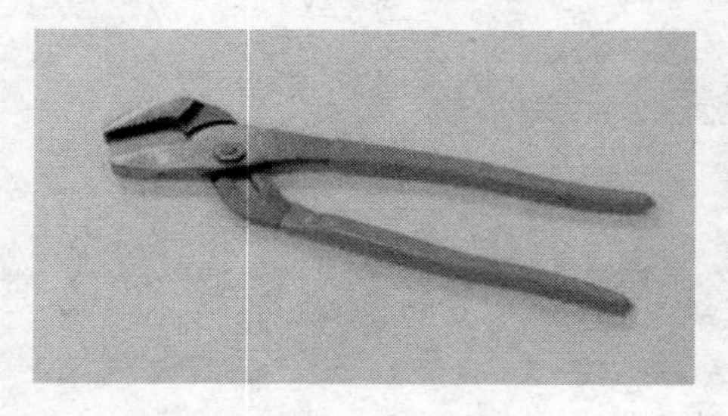

图 3-41 鸭嘴钳

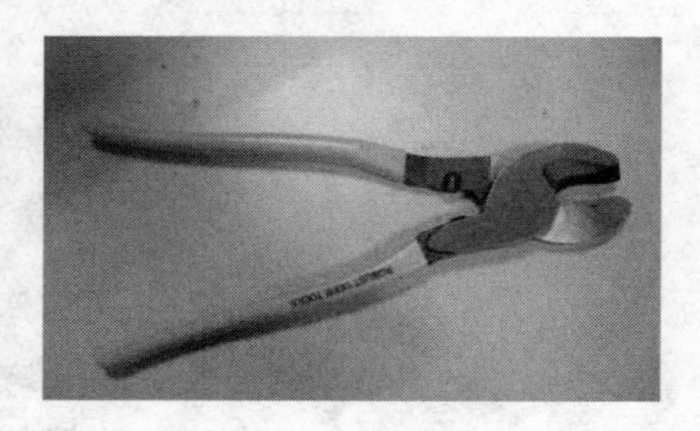

图 3-42 剪线钳

3.5.7 电烙铁

电烙铁（Heating Element）主要用于同轴电缆接头的焊接，外形如图 3-43 所示。在使用前应检查电压是否相符。电烙铁应保持干燥，不宜在过分潮湿的环境下工作或存放。电烙铁首次使用时，可能轻微发烟，10 min 后会自然消失。切勿将烙铁头浸入盐酸中，以免腐蚀而影响使用。在第一次使用前，要给电烙铁头镀锡。严禁用锉刀修整电烙铁头。

注意：电烙铁通电后不能任意敲击，以免缩短使用寿命。

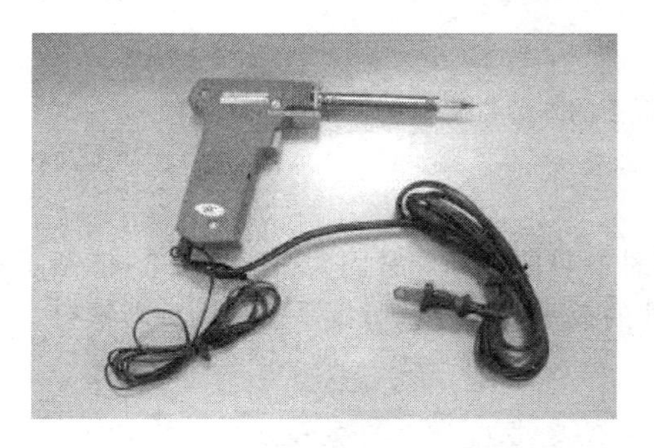

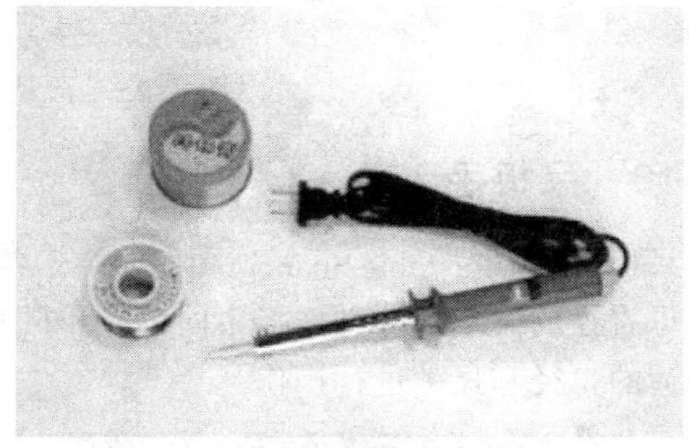

图 3-43 电烙铁

3.5.8 螺丝刀

螺丝刀（Screwdriver）分为十字口螺丝刀（Round-shank screwdriver）和平口螺丝刀（Square-shank Screwdriver），如图 3-44 所示。主要用于各种螺钉的拆装，分为大、中、小三种类型。根据螺钉的大小型号，应使用不同大小的螺丝刀，防止型号、大小使用不当造成螺丝或螺钉刀口损坏。

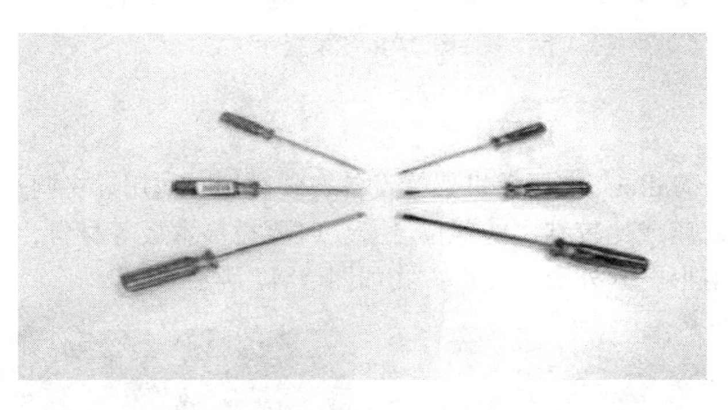

图 3-44 螺丝刀

3.5.9 活动扳手

活动扳手（Adjustable Spanner）主要用于各种螺母的拆卸和紧固，外形与使用如图 3-45 所示。根据螺母直径的大小，分别选择不同口径和尺寸的扳手。通过调节扳手上部的旋转螺钉，来选择合适的口径和尺寸进行操作。

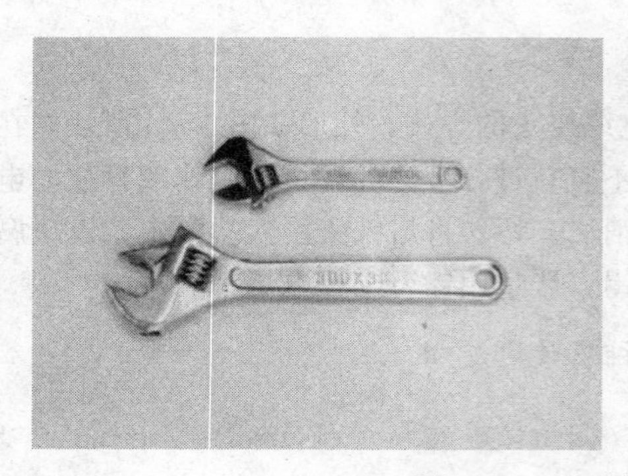

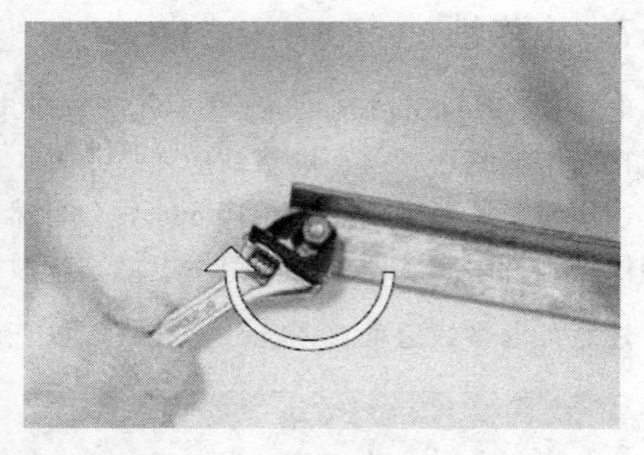

图 3-45　活动扳手的外形与使用

3.5.10　呆扳手

呆扳手（Adjustable Spanner）主要用于各种螺母的拆卸和紧固，外形如图 3-46 所示。根据螺母直径的大小，分别选择不同口径和尺寸的扳手。通过调节扳手上部的旋转螺钉，可选择合适的口径和尺寸进行操作。

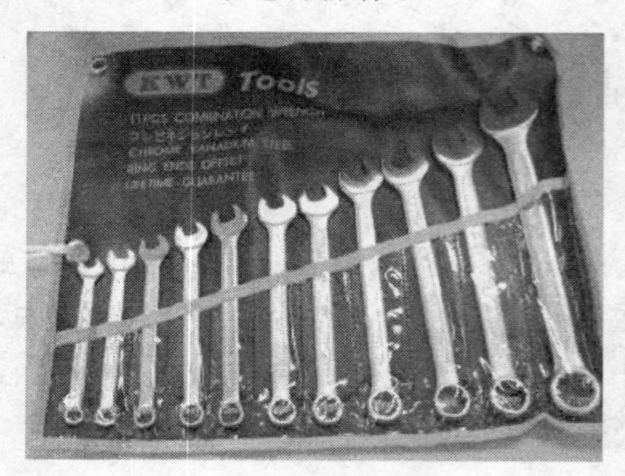

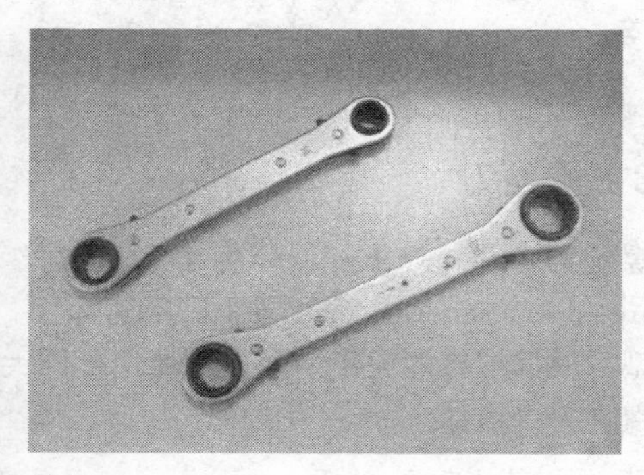

图 3-46　呆扳手

3.5.11　香槟锤

香槟锤（Rubber Mallet）主要在机架等设备安装微调时使用。在调整设备的安装位置时，用香槟锤敲击设备底座或比较结实的部位。必要时要衬垫木板等材料，防止损伤设备表面保护层或将设备敲打变形，其外形与使用方式如图 3-47 所示。

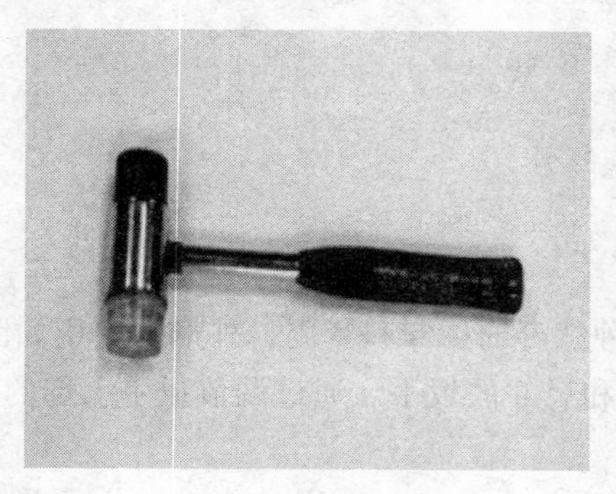

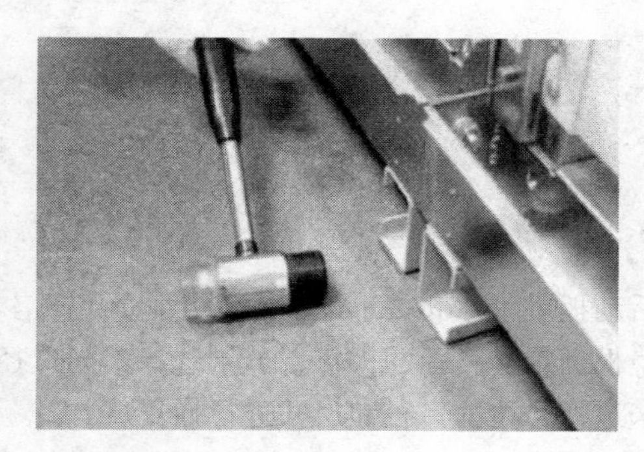

图 3-47　香槟锤

3.5.12 插线板

插线板（Outlet）用于提供可移动的延伸插座，如图 3-48 所示。

3.5.13 紧力夹

紧力夹（Fixture）用于临时紧固，外形如图 3-49 所示。可用在走线架连接时的固定。

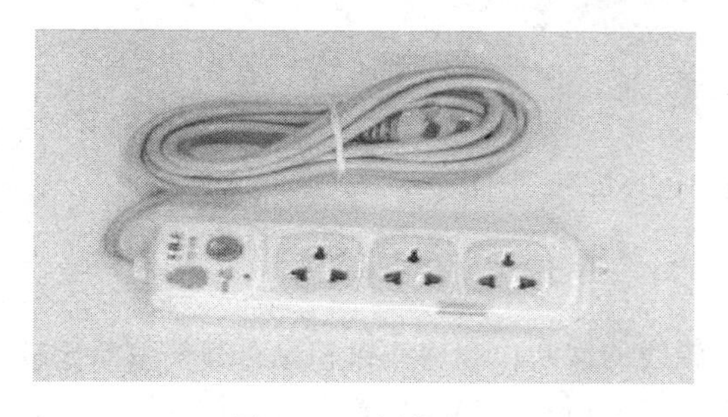

图 3-48 插线板

图 3-49 紧力夹

3.5.14 套筒

套筒（Bolt Sleeve）扳手是由一套尺寸不等的梅花筒组成，使用时手柄连续转动，工作效率较高，外形如图 3-50 所示。当螺钉或螺母的尺寸较大或扳手的工作位置很狭窄时，就可用棘轮扳手。方形的套筒上装有一只撑杆。当手柄向反方向扳回时，撑杆在棘轮齿的斜面中滑出，因而螺钉或螺母不会跟随反转。如果需要松开螺钉或螺母，只须翻转棘轮扳手朝逆时针方向转动即可。

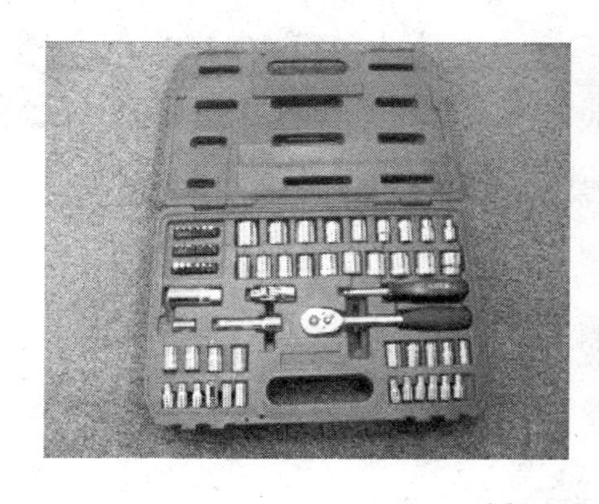

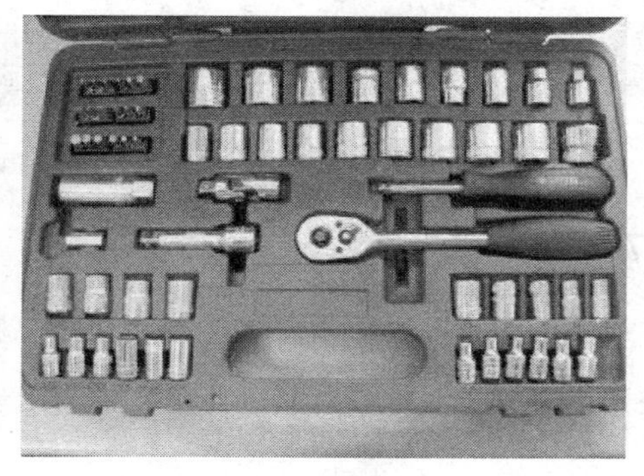

图 3-50 套筒扳手

3.5.15 内六角

内六角（Key）常用于内六方螺钉的拆装和紧固，一般多用于电池条的连接，外形如图 3-51 所示。

注意：在紧固电池条连接条时，应该在手柄处缠上绝缘胶带进行绝缘保护。

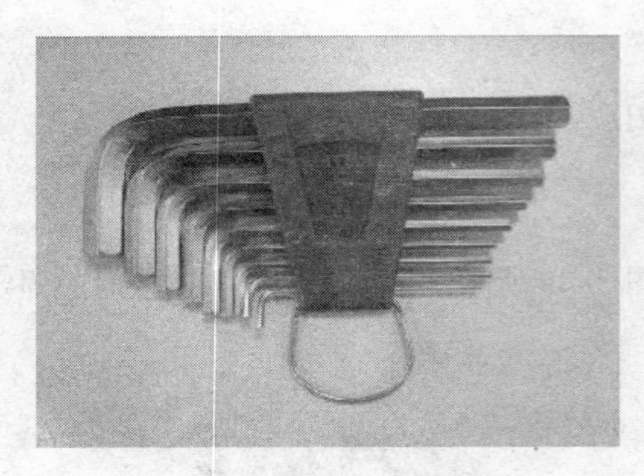
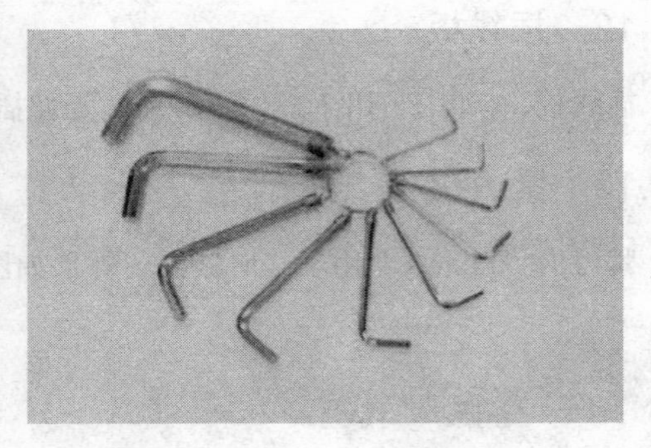

图 3-51　内六角

3.5.16　电缆剪刀

电缆剪刀（Power Cable Cutter）常用于电源线的截断，和剪线钳相比，其能剪断比较粗的电缆，也可用于馈线的粗略裁截，外形如图 3-52 所示。当刀口合上时，按住图中 OPEN 方向下压扳机，即可将钳口退出。

图 3-52　电缆剪刀

3.5.17　介刀

介刀（Snap-blade Knife）通常在制作线缆剥线缆外皮时使用，外形如图 3-53 所示。

注意： 介刀（裁纸刀）的刀片比较锋利，操作时要注意安全，防止刀片将手划伤。

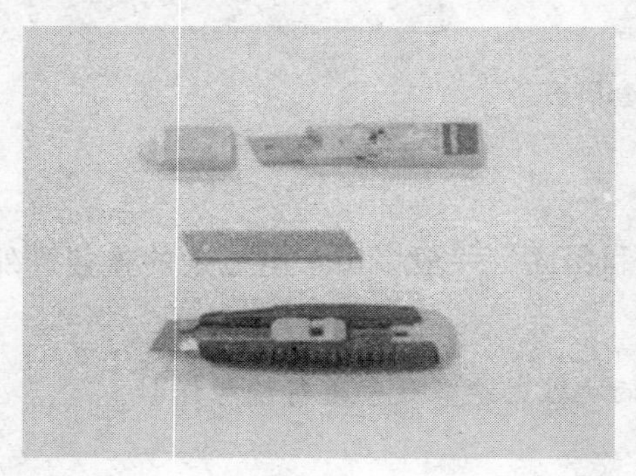

图 3-53　介刀

3.5.18 钟表螺丝刀

钟表螺丝刀（Precision Screw Driver Set）用于小螺钉的安装和拆卸，如图 3-54 所示。

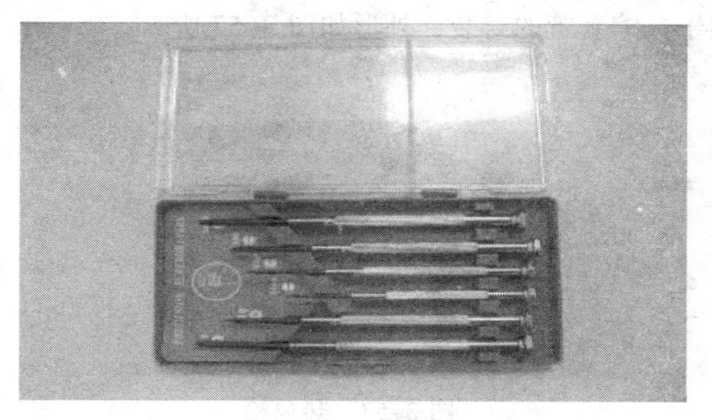

图 3-54　钟表螺丝刀

3.5.19 锯弓

锯弓（Saw）常用于分割各种材料，如裁截馈线，或锯掉工件上多余部分。使用时通过调节锯弓手柄下方的旋钮来拆装锯条。根据受力方向可以将锯条安装在 0° 和 45° 角两个不同的位置上，安装锯条时要注意锯条锯刃的安装方向向前。使用时锯弓运动方向要保持一条直线，且用力不应过猛，其外形与使用如图 3-55 所示。

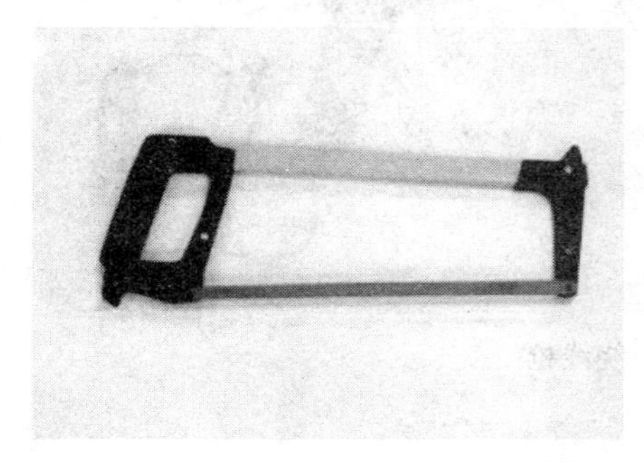

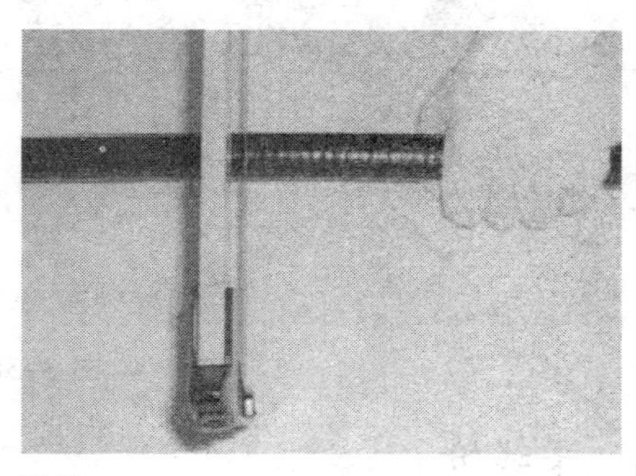

图 3-55　锯弓

3.5.20 对线器

对线器（Line Test Set）用于远距离的市话、电缆对线仪器。一般用于交换机房传输电缆的对线，外形如图 3-56 所示。

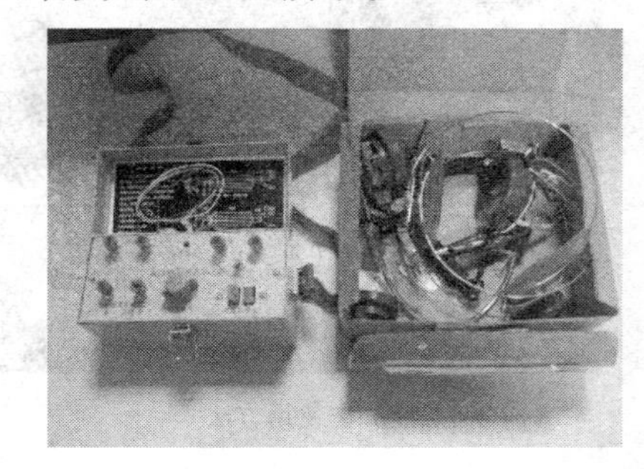

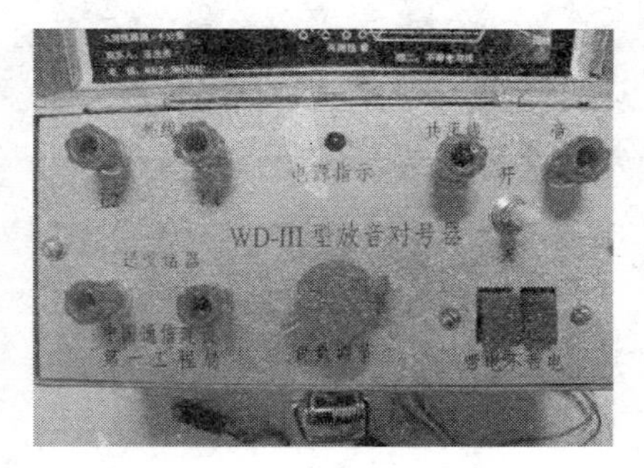

图 3-56　对线器

3.5.21 热风枪

热风枪（Heat Gun）用途广泛，可用于融解、解冻、除漆、器皿干洁、收缩包装、收缩管加热。工程中常用于热缩套管的封装，外形如图 3-57 所示。

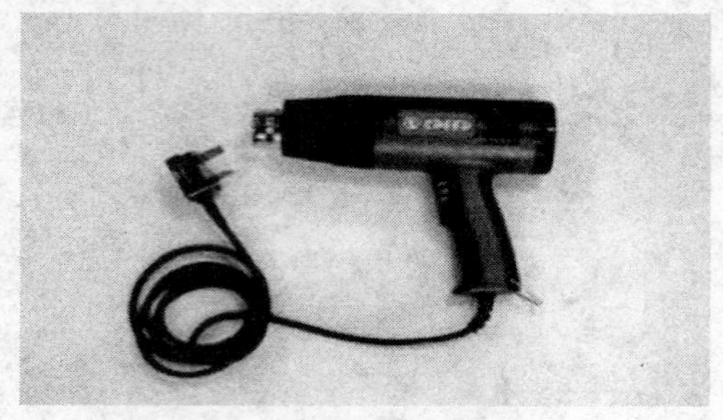

图 3-57 热风枪

3.5.22 绕线枪

绕线枪（Cable Winding Gun）用于告警、监控等信号线缆的安装连接。分为手动和电动两种，外形如图 3-58 所示。

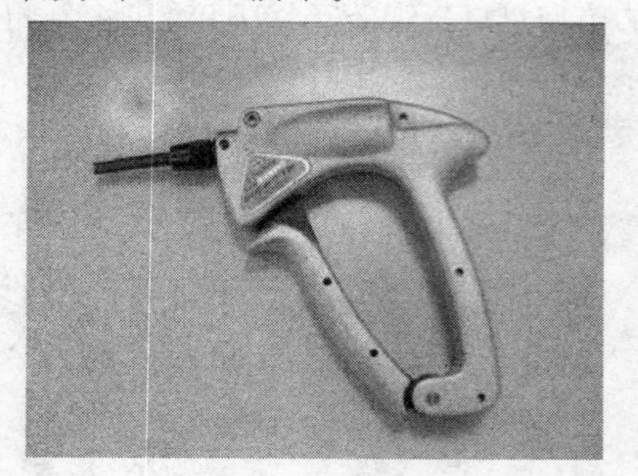

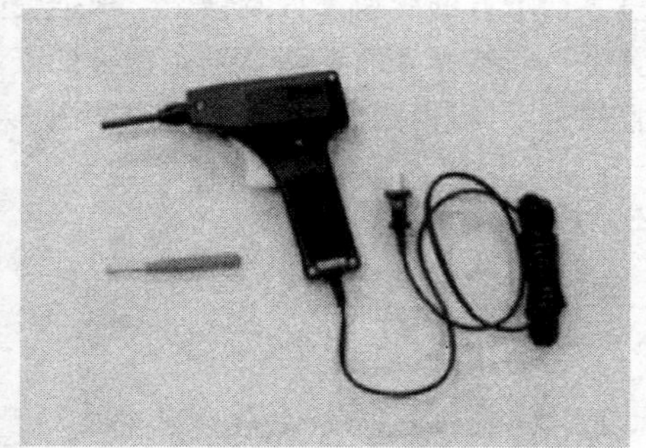

图 3-58 绕线枪

3.5.23 卡线枪

卡线枪（Card Trip Gun）用于告警、监控等信号线缆的安装连接。使用时卡线枪前部的卡线刀用来将线缆打进卡线槽道内。尾部的勾线器用来将打错或不需要的线缆勾出卡线槽外，其外形与使用如图 3-59 所示。

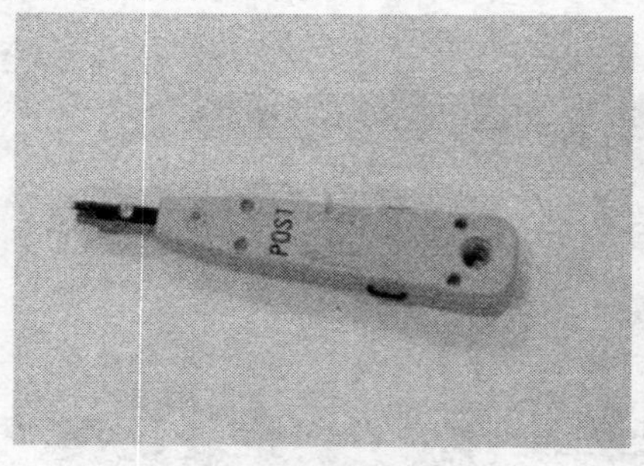

（a）外形

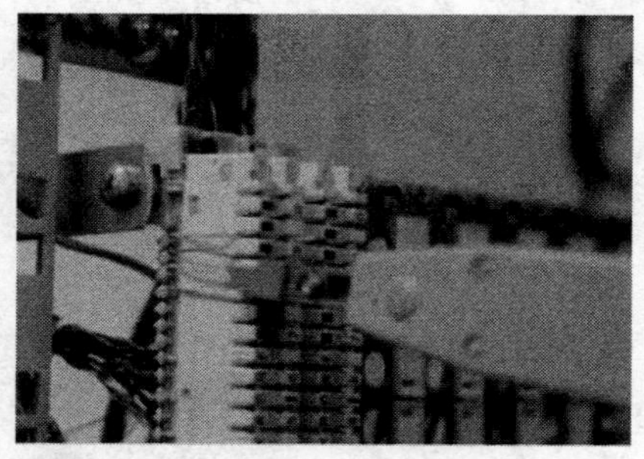

（b）使用方法

图 3-59 卡线枪外形与使用方法

3.5.24 馈线工具

馈线工具（Feeder Tools）主要包括馈线刀（Feeder Cutter）、扩孔器（Reamer）、馈线接头制作的专用工具，其外形与使用如图 3-60 所示。馈线刀是在制作馈线接头时用来剥除馈线的外皮；扩孔器是用来修正馈线内部铜管的形状，以保证馈线头可以很好的装配。

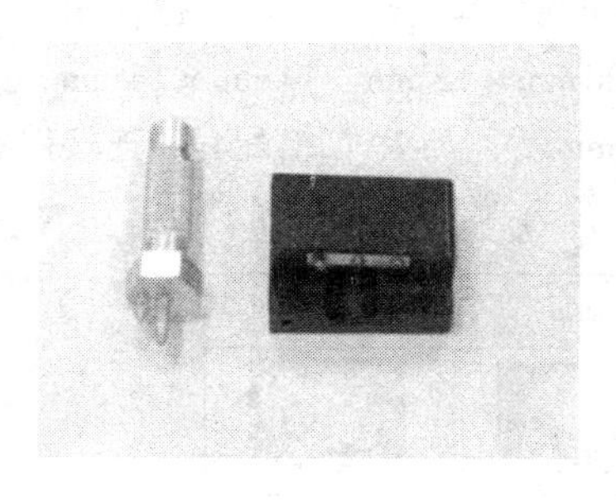
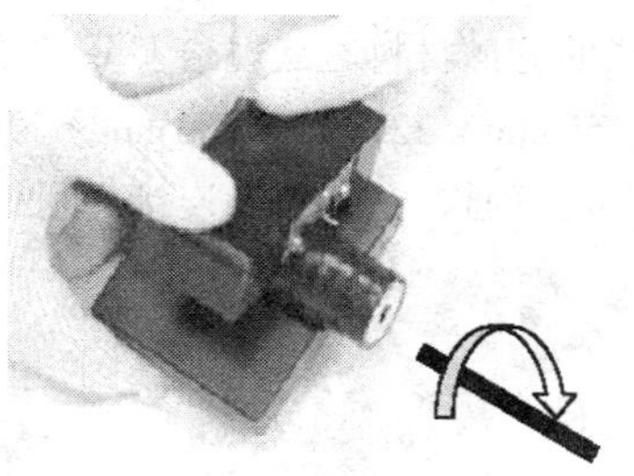
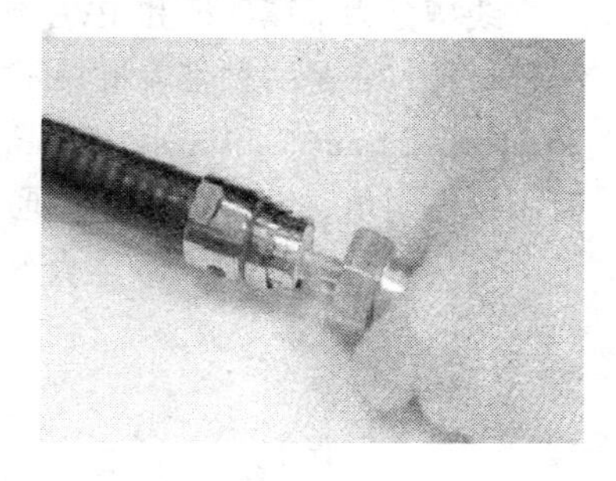

图 3-60 馈线工具及使用方式

3.6 通信安装材料

3.6.1 机柜

1. 机柜的分类

机柜主要分为立式、挂墙式、开放式、服务器式，具体使用哪一种可根据安装现场的要求进行选择，外形如图 3-61 所示。

（a） 立式机柜

（b） 挂墙式机柜

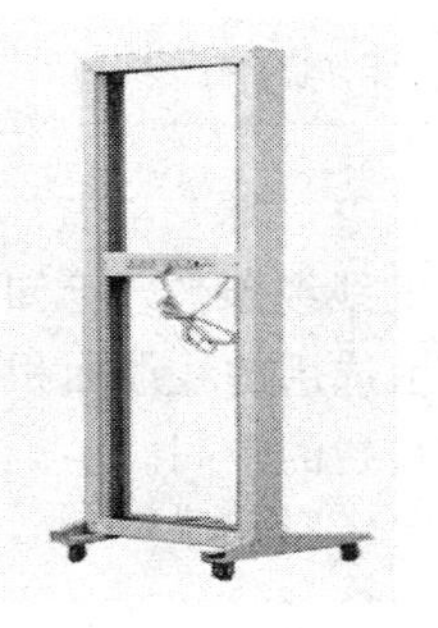

（c） 开放式机架

（d） 服务器型机柜

图 3-61 机柜的分类

2. 机柜的安装

机柜的安装主要考虑以下几点：首先，方便机柜门的开关，特别是前门开关；其次，机柜内设备的摆放位置必须符合通信设备布局的要求，力求合理美观；最后，机柜中电源的配置和接地线也必须注意，这关系整个通信设备的可靠运行。

机柜一般是由冷轧钢板或合金制作的用来存放计算机和相关控制设备的物件，可以提供对存放设备的保护，屏蔽电磁干扰，有序、整齐地排列设备，方便以后维护设备。机柜一般分为服务器机柜、网络机柜、控制台机柜等。高度有 2.0 m、1.8 m、1.6 m、1.4 m、1.2 m、1 m

等；常用宽度为 600 mm、750 mm、800 mm 三种；常用深度为 600 mm、800 mm、900 mm、960 mm、1 000 mm 五种，颜色一般为黑色和白色两种。

3.6.2 线槽

线槽分为金属线槽和 PVC 塑料线槽。PVC 塑料线槽是综合布线工程明敷管槽时广泛使用的一种材料，它是一种带盖板封闭式的管槽材料。从规格上分有 20 mm × 12 mm、24 mm × 14 mm、25 mm × 12.5 mm、39 mm × 19 mm、59 mm × 22 mm 和 100 mm × 30 mm 等。与 PVC 槽配套的连接件有阳角、阴角、直转角、平三通、左三通、右三通、连接头和终端头等，如图 3-62 所示。

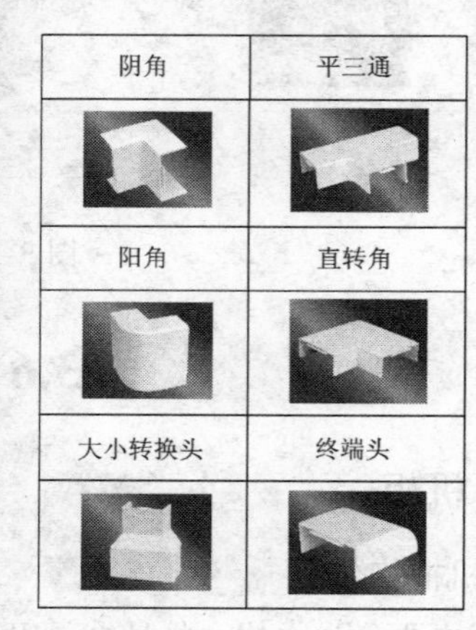

图 3-62　线槽模型

根据工程施工的实践，对槽、管的选择可采用以下简易公式计算：

$$n=\frac{\text{槽（管）截面积}}{\text{线缆截面积}}\times 70\%\times（40\%\sim 50\%）$$

其中：n 表示用户所要安装的线缆条数（已知数）；槽（管）截面积表示要选择的槽管截面积（未知数）；线缆截面积表示选用的线缆面积（已知数）；70%表示布线标准规定允许的空间；40%～50%表示线缆之间浪费的空间。

3.6.3 走线架

走线架是机房专门用于走线的设备，指进入电信、网通、广电的机房后通过走线架布放光、电缆进入终端设备，用于绑扎光、电缆用的铁架。走线架按使用环境分机房（室内）走线架和室外走线架（热镀锌）。

室外走线架一般用角钢、扁钢、多孔 U 型钢组合加工后再在表面热镀锌。

机房（室内）走线架根据要求可以选择铝合金走线架或钢走线架。铝合金走线架根据承载大小预算多少可以选择不同铝合金组合。钢走线架一般分扁钢走线架和多孔 U 型钢走线架，扁钢走线架适合在基站及较小机房使用。多孔 U 型钢走线架分标准的和 U-II 型（轻型）的两种。U-II 型走线架适合在基站及小机房使用（可代替扁钢走线架使用），一般厚度 1.5 mm 和 2 mm；标准多孔 U 型钢走线架适合在大中小型不同机房使用，如图 3-63 所示。材料厚度 2 mm，另外 2.5 mm、3 mm 厚度可定制，结构美观、安装扩容方便、吊挂方式灵活。

图 3-63　室内走线架

思　考　题

1. 电锤与电钻分别使用在哪些场合？
2. 电锤锤头与电钻钻头的分别是如何选择的？
3. 曲线锯使用在哪些场合？使用时有哪些注意点？
4. 角磨机与切割机分别使用在哪些场合？切割机在使用时有哪些注意点？
5. 通信工程中的吊装工具有哪些？各部件分别起什么作用？
6. 通信机柜分为哪几类？如何选择？
7. 通信走线架如何分类？如何选择？

第4章 通信综合布线系统设计与概预算

随着城市建设及信息通信事业的发展，现代化的商住楼、办公楼、综合楼等各类民用建筑及工业建筑对信息的要求已成为城市建设的发展趋势。在过去设计大楼内的语音及数据业务线路时，常使用各种不同的传输线、配线插座以及连接器件等。例如：用户电话交换机通常使用对绞电话线，而局域网络（LAN）则可能使用对绞线或同轴电缆，这些不同的设备使用不同的传输线来构成各自的网络；同时，连接这些不同布线的插头、插座及配线架均无法互相兼容，相互之间达不到共用的目的。而现在将所有语音、数据、图像及多媒体业务的设备的布线网络组合在一套标准的布线系统上，并且将各种设备终端插头插入标准的插座内已属可能之事。

4.1 通信综合布线系统设计

在通信综合布线系统中，当终端设备的位置需要变动时，只需进行一些简单的跳线，就可完成布线系统调整，而不需要再布放新的电缆以及安装新的插座。

通信综合布线系统使用一套由共用配件所组成的配线系统，将各个不同制造厂家的各类设备综合在一起同时工作，均可相互兼容。其开放的结构可以作为各种不同工业产品标准的基准，使得配线系统具有更大的适用性、灵活性，而且可以利用最低的成本在最小的干扰下对设于工作地点的终端设备重新安排与规划。大楼智能化建设中的建筑设备、监控、出入口控制等系统设备在提供满足 TCP / IP 接口时，也可使用通信综合布线系统作为信息的传输介质，为大楼的集中监测、控制与管理打下良好的基础。

通信综合布线系统以一套单一的配线系统，综合通信网络、信息网络及控制网络，可以实现信号相互间的互联互通。

4.1.1 通信综合布线系统设计概述

通信综合布线系统设计一般分为以下几个步骤：首先根据招标合同认真分析用户需求；其次获取建筑物平面图及建筑物电气施工图，在了解建筑物环境的基础上进行布线系统结构设计与布线路由设计；最后进一步考察实际建筑物环境进行可行性论证，在论证的基础上绘制通信综合布线施工图，编制通信综合布线用料清单。

通信综合布线系统工程示意图如图 4-1 所示，可按下列 6 个部分进行设计：

（1）工作区子系统：一个独立的需要设置终端设备的区域被划分为一个工作区。工作区子系统是用户的办公区域，提供工作区的计算机或其他终端设备与信息插座之间的连接，包括从信息插座延伸至终端设备的区域。

（2）水平子系统：通信综合布线水平子系统是将干线系统延伸到用户工作区的部分，包括从配线柜出发连接各个工作区的信息插座。

（3）干线子系统：干线子系统由设备间至电信间的干线电缆和光缆、安装在设备间的建筑物配线设备（Building Distributor，BD）及设备缆线和跳线组成。

（4）建筑群子系统：建筑群子系统应由连接多个建筑物之间的主干电缆和光缆、建筑群配线设备（Campus Distributor，CD）及设备缆线和跳线组成。

（5）设备间：在每幢建筑物的适当地点进行网络管理和信息交换的场地称为设备间。对于通信综合布线系统工程设计，设备间主要安装建筑物配线设备。电话交换机、计算机主机设备及入口设施也可与建筑物配线设备安装在一起。

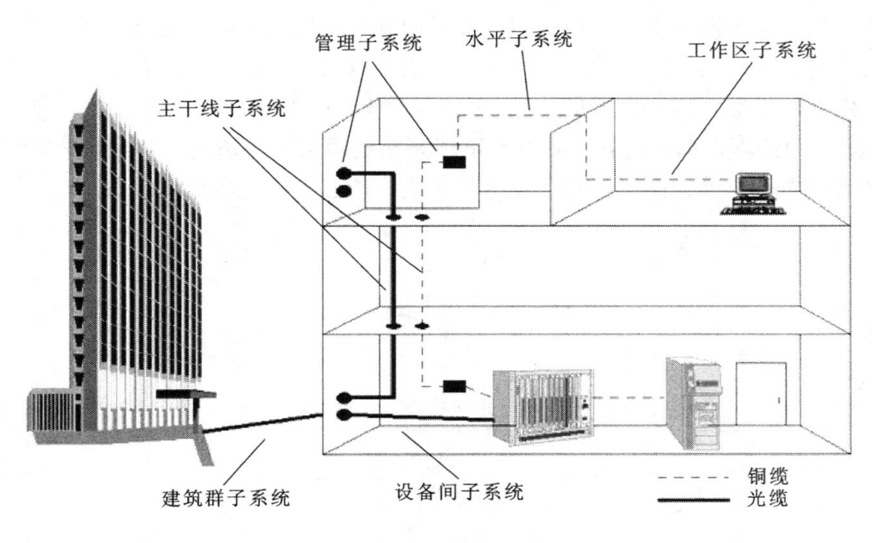

图 4-1　通信综合布线系统工程示意图

（6）管理间：管理间对工作区、电信间、设备间、进线间的配线设备、缆线、信息插座模块等设施按一定的模式进行标识和记录。

通信综合布线系统设计时，应根据工程项目的性质、功能、环境条件和近、远期用户需求进行设计，并应考虑施工和维护方便，确保通信综合布线系统工程的质量和安全，做到技术先进、经济合理。

4.1.2　通信综合布线系统总体设计

1. 根据用户需求分析信息点数目

用户对信息的要求主要包括语音、数据、图像及多媒体业务。通信综合布线时要充分考虑建筑物内每个房间所起的作用，不同功能的房间对信息点的要求不一样。

对于建筑物中的开放性办公室，应根据办公工位的数量进行信息点的预留，一般一个工位 2 个信息点（语音信息点和数据信息点）。

对于有具体功能的房间或办公室，要根据实际需要设置足够多的信息点。建筑物中的标准客房，至少应预留 2 个信息点。领导办公室、销售部门、财务处（室）、消防室等重要部门则需要 1～2 个电话信息点，个别房间根据需要设置计算机网络数据信息点。

对于建筑物中的会议室，影音室要设置网络数据、图像等多媒体业务数据信息点，适应远程网络会议、多媒体讲解的需要。

智能楼宇在现代建筑中越来越多，保卫、监控部门对楼宇的管控也依赖通信综合布线系统的传输介质，以达到语音、图像传输，实时监控的目的。所以，信息点的预留应根据楼宇自控、保安监控系统的要求进行设计。

如建筑物内房间的功能与用途未知，则应根据用户提供的建筑物平面图，计算出每个楼层的面积，换算出工作区的数量，并按照通信综合布线系统设计标准中的规定（每 5 ~ 10m^2 为一个工作区），换算出信息点（每工作区 2 个信息点）的数量。

2. **通信综合布线总体结构设计**

网络拓扑是指局域网络中各结点间相互连接的方式。换句话说，网络中计算机之间如何相互连接的问题，就是网络的拓扑结构问题。构成局域网络的拓扑结构有很多种，其中最基本的拓扑结构为总线形（Bus）、星形（Star）和环形（Ring）。以星形拓扑为例，如图 4-2 所示，网络中所有的计算机都通过各自独立的电缆直接连接至中央系统（集线器或交换机）。集线器位于网络的中心位置，网络中的计算机都从这一中心点辐射出来。

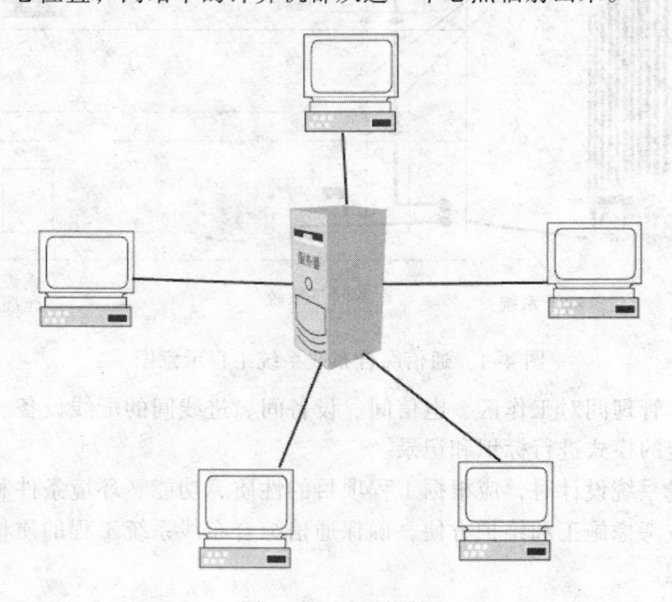

图 4-2　星形拓扑

星形拓扑的优点显而易见，首先易于故障的诊断。集线设备居于网络的中心，这也正是放置网络诊断设备的最佳位置。就实际应用来看，利用附加于集线设备中的网络诊断设备，可以使得故障的诊断和定位变得简单而有效。事实上，除了专用的网络诊断设备外，几乎所有的集线设备上都安装有 LED 指示灯，用户可以直观地通过指示灯是否闪烁、如何闪烁以及所显示的颜色了解网络的通信状态，判断网络通信是否正常。其次，易于网络的升级。由于计算机与集线设备之间分别通过各自独立的缆线进行连接，因此，多台计算机之间可以并行通信而互不干扰，从而成倍地提高了网络传输效率。另外，由于网络的带宽主要受集线设备的影响，因此，只需简单地更换高速率的集线设备即可平滑地从 10 Mbit/s 升级至 100 Mbit/s，1000 Mbit/s 甚至 10 Gbit/s，实现网络的升级。

通信综合布线中应用最为广泛的通信综合布线结构是由星形拓扑演化而来的树形拓扑，如图 4-3 所示。通信综合布线结构的选择往往与通信介质的选择和介质访问控制方法的确定紧密相关，并决定着对网络设备的选择。树形拓扑拥有星形拓扑的所有优点，其可折叠性非常适用于构建网络主干。由于树形拓扑具有非常好的可扩展性，极大地保护了用户的布线投资，因此，非常适宜作为通信综合布线系统的网络拓扑。

布线采用的主要部件有下列几种：建筑群配线架（CD）；建筑群干线（电缆、光缆）；建筑物配线架（BD）；建筑物干线（电缆、光缆）；楼层配线架（Floor Distributor，FD）；水平电缆、光缆；转接点（Transition Point，TP）（选用）；信息插座（Information Outlet，IO）。

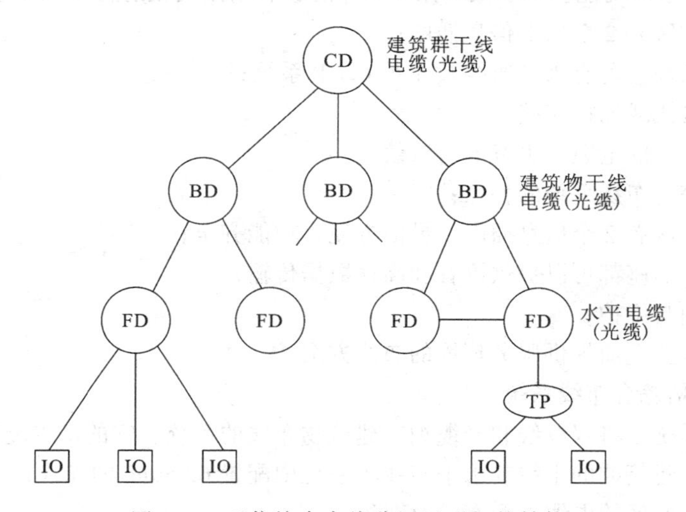

图 4-3　通信综合布线分层星形拓扑结构

3. 建筑通信综合布线的配置

通信综合布线系统的设备配置是工程设计中的重要部分，它涉及工程建设规模的大小、通信（信息）设备数量的多少、工程建设投资的高低以及工程建设质量的优劣，因此，深受各方面的关注和重视。尤其是设备配置在近期与远期如何结合取定更为关键。

在通信综合布线系统进行设备配置设计时，主导思想是应充分考虑用户近期实际需要与远期发展态势相结合，使整个设备配置方案具有通用性和灵活性，尽量避免通信综合布线系统投产后不久又要再次扩建或改建，造成工程建设投资极大的浪费。

4. 通信综合布线系统设计等级

为了满足现有的和未来的语音、数据和视频的需求，使布线系统的应用更具体化，可将其定义为三种不同的设计等级，即基本型、增强型、综合型。

1）基本型通信综合布线系统

基本型通信综合布线系统，是一个经济有效的布线方案。它支持语音或综合型语音/数据产品，并能够全面过渡到数据的异步传输或综合型布线系统。它的基本配置为：

（1）每一个工作区有 1 个信息插座；

（2）每一个工作区有 1 条水平布线及 4 对 U T P 系统；

（3）采用夹接式交接硬件，并与未来的附加设备兼容；

（4）每个工作区的干线电缆至少有 2 对双绞线。

基本型通信综合布线系统方案的特性：

（1）能够支持所有语音和数据传输应用；

（2）支持语音、综合型语音/数据高速传输；

（3）便于维护人员维护、管理；

（4）能够支持众多厂家的产品设备和特殊信息的传输。

2）增强型通信综合布线系统

增强型通信综合布线系统不仅支持语音和数据的应用，还支持图像、影像、影视、视频会议等。它留有为增加功能提供发展的余地，并能够利用接线板进行管理，它的基本配置为：

（1）每个工作区有2个以上信息插座；

（2）每个信息插座均有水平布线及4对UTP系统；

（3）采用直接式或插接交接硬件；

（4）每个工作区的电缆至少有8对双绞线。

增强型通信综合布线系统的特点：

（1）每个工作区有2个信息插座，灵活方便、功能齐全；

（2）任何一个插座都可以提供语音和高速数据传输；

（3）便于管理与维护；

（4）能够为众多厂商提供服务环境的布线方案。

3）综合型通信综合布线系统

综合型布线系统是将双绞线和光缆纳入建筑物布线的系统。它的基本配置为：

（1）在建筑、建筑群的干线或水平布线子系统中配置62.5μm 的光缆；

（2）在每个工作区的电缆内配有4对双绞线；

（3）每个工作区的电缆中应有2对以上的双绞线。

综合型通信综合布线系统的特点：

（1）每个工作区有2个以上的信息插座，不仅灵活方便而且功能齐全；

（2）任何一个信息插座都可供语音和高速数据传输；

（3）具有很好的环境，为客户提供服务。

通信综合布线系统的设计方案不是一成不变的，而是随着环境、用户要求来确定的。其要点为：

（1）尽量满足用户的通信要求；

（2）了解建筑物、楼宇间的通信环境；

（3）确定合适的通信网络拓扑结构；

（4）选取适用的介质；

（5）以开放式为基准，尽量与大多数厂家产品和设备兼容；

（6）将初步的系统设计和建设费用预算告知用户。

在征得用户意见并订立合同书后，再制订详细的设计方案。

4.1.3 工作区子系统设计

工作区子系统布线要求相对简单，这样就容易移动、添加和变更设备。

1. 通信综合布线工作区子系统设计要点

一个独立的需要设置终端设备的区域宜划分为一个工作区，通信综合布线工作区子系统应由水平布线系统的信息插座、延伸到工作站终端设备处的连接电缆、跳线及适配器组成。一个工作区的服务面积可按 5～10 m^2 估算，每个工作区应设置一部电话机或计算机终端设备，或按用户要求设置。

通信综合布线工作区设计要考虑以下几点：

（1）通信综合布线工作区内线槽要布置得合理、美观；

（2）信息插座要设计在距离地面 30 cm 以上；

（3）信息插座与计算机设备的距离保持在 5 m 以内；

（4）购买的网卡类型接口要与线缆类型接口保持一致；

（5）满足工作所需的所有信息模块、信息插座、面板的数量。

2. 工作区内的布线方式

工作区内的布线方式主要包括高架地板布放式、护壁板布放式和埋入布放式等方式：

1）高架地板布放式

服务器机房或其他重要场合一般采用高架防静电地板，现场安装如图 4-4 所示。该方式施工简单、管理方便、布线美观，并且可以随时扩充。先在高架地板下安装布线管槽，然后将缆线穿入线槽，再分别连接至安装于地板的信息插座和配线架即可。采用该方式布线时，应当选用地插型信息插座，并将其固定在高架地板上。

图 4-4　高架防静电地板

2）护壁板布放式

所谓护壁板布放式，是指将布线管槽沿墙壁固定，并隐藏在护壁板内的布线方式。该方式由于无须开挖墙壁和地面，不会对原有建筑造成破坏，主要用于集中办公场所、营业大厅等机房的布线。该方式通常使用桌上信息插座。

当采用隔断分割办公区域时，墙壁上的线槽可以被很好地隐藏起来而不会影响原有的室内装修。

3）埋入布放式

如果欲布线的楼宇还在施工，那么可以采用埋入式布线方式，将线缆穿入 PVC 管槽内，或埋入地板垫层中，或埋入墙壁内。该方式通常使用墙面型信息插座，并将底盒暗埋于墙壁中。

4.1.4 水平子系统设计

通信综合布线水平子系统由每层配线设备至信息插座的水平电缆等组成。水平布线一般处于大楼的某一层，它包括传输介质（双绞线或光缆）、介质终端所连的相应硬件。

1. 通信综合布线水平子系统设计要点

在整个布线系统中，水平布线是工程后期最难维护的子系统之一（特别是采用埋入布放式布线时）。因此，在设计通信综合布线水平子系统时，应当充分考虑到线路冗余、网络需求和网络技术的发展。

设计通信综合布线水平子系统时，应当考虑以下几个方面：

（1）根据工程提出近期和远期的终端设备要求；

（2）每层需要安装的信息插座数量及其位置；

（3）终端将来可能产生移动、修改和重新安排的详细情况；

（4）一次性建设与分期建设的方案比较；

（5）确定线路走向，一般要由用户、设计人员、施工人员到现场根据建筑物的物理位置和施工难易度来确定；

（6）线缆、槽、管的数量和类型；

（7）电缆、线槽的类型和长度；

（8）采用吊杆还是托架方式走线槽；

（9）语音点、数据点互换时，要注意语音水平线缆与数据线缆的类型。

2. 通信综合布线水平子系统的布线方式

水平布线是将线缆从管理间子系统的配线间接到每一楼层的工作区的信息输入/输出插座上，如图 4-5 所示。设计者要根据建筑物的结构特点，从路由（线路）方便、布线规范等几个方面考虑。但建筑物中的管线比较多，由此产生的线路最短、造价最低的施工方式之间的矛盾，所以，设计水平子系统时必须折中考虑，选择最佳的水平布线方案。

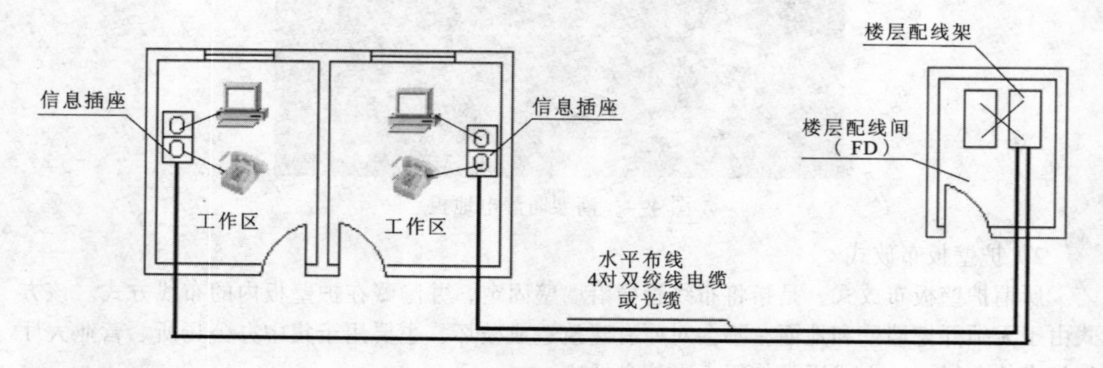

图 4-5 水平子系统布线和工作区终端设备的连接示意图

水平布线一般可采用 3 种类型：

（1）直接埋管式；

（2）先走吊顶内线槽，再走支管到信息出口的方式；

（3）地面线槽方式（适合大开间或需要打隔断的场所）。

3. 水平布线所需要的布线材料

水平布线所需布线材料包括线缆（光缆或双绞线）、信息插座以及桥架、管材等一些辅料。水平子系统布线材料的选择需要遵循以下原则：

（1）线缆——线缆应当按照下列原则选用：

① 水平子系统通常采用 4 对超 5 类线缆或 6 类非屏蔽双绞线；

② 对网络传输速率和安全性有较高要求，由此电磁干扰较严重的场合可选用光缆；

③ 水平电缆长度应为 90 m 以内。

（2）信息插座——信息插座应当按照下列原则选用：

① 信息模块类型应当与水平布线线缆的类型相适应。例如，水平布线选择超 5 类非屏蔽双绞线时，也应当选择超 5 类非屏蔽信息模块；

② 底盒类型应当与所选择的水平布线方式相适应；

③ 单口 8 芯插座宜用于基本型系统，双口 8 芯插座宜用于增强型系统；

④ 通信综合布线系统设计可采用多种类型的信息插座。

（3）其他布线材料——其他网络通信综合布线材料的选用：

线槽、线管、桥架及配件应当根据水平布线方式适当选择。

对于 6 类布线系统而言，应当选择同一厂商的双绞线、信息插座、配线架和跳线，以最大限度地保证产品兼容性，从而符合 6 类布线测试标准。

4.1.5 垂直干线子系统设计

垂直通信综合布线干线子系统用于连接各配线室，以实现计算机设备、交换机、控制中心与各管理子系统之间的连接，如图 4-6 所示。它主要包括主干传输介质以及与介质终端连接的硬件设备。干线子系统应由设备间的配线设备和跳线以及设备间至各楼层配线间的连接电缆组成。

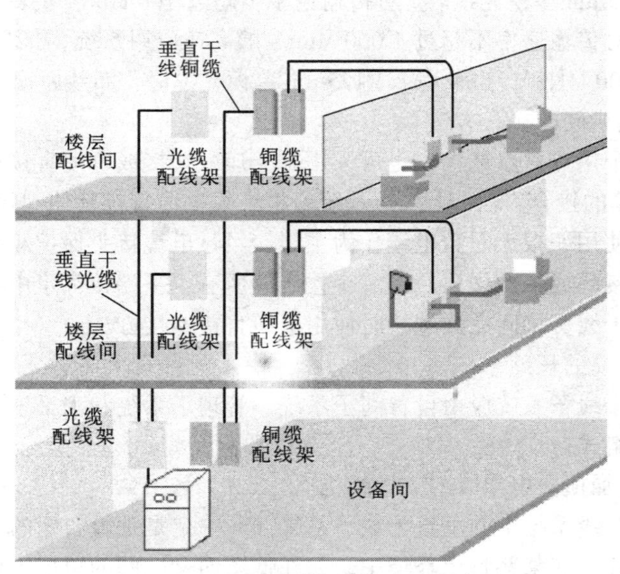

图 4-6 垂直子系统设备连接示意图

通信综合布线干线子系统设计要点：

垂直干线子系统可通过建筑物内部的传输电缆，把各个服务接线间的信号传送到设备间，然后传送到最终接口，再通往外部网络。它必须既满足当前的需要，又适应今后的发展。

设计通信综合布线干线子系统时要考虑以下几点：

1）确定每层楼和整座楼的干线要求

在确定垂直子系统所需要的电缆总对数之前，必须确定电缆中语音和数据信号的共享原则。对于基本型每个工作区可选定 2 对双绞线，对于增强型每个工作区可选定 3 对双绞线，对于综合型每个工作区可在基本型或增强型的基础上增设光缆系统。

2）确定从楼层到设备间的干线电缆路由

布线走向应选择干线电缆最短，确保人员安全和最经济的路由。建筑物有两大类型的通道，封闭型和开放型，宜选择带门的封闭型通道敷设干线电缆。封闭型通道是指一连串上下对齐的交接间，每层楼都有一间，电缆竖井、电缆孔、管道、托架等穿过这些房间的地板层。每个交接间通常还有一些便于固定电缆的设施和消防装置。开放型通道是指从建筑物的地下室到楼顶的一个开放空间，中间没有任何楼板隔开。通风通道或电梯通道不能敷设干线子系统电缆。

3）确定使用的线缆

根据建筑物的高度、楼层面积和建筑物的用途来选择垂直干线子系统的线缆类型。

在垂直干线子系统中可以采用以下类型的电缆：100 Ω 大对数（25 对、50 对等）双绞电缆；150 Ω FTP（Foiled Twisted Pair）双绞电缆；62.5/125 μm 多模光纤；50/125 μm 多模光纤；8.3/125 μm 单模光纤；50 Ω 同轴电缆（有线电视宽带接入）。

在通信综合布线垂直干线子系统中，常用的电缆是 100 Ω 大对数电缆和 62.5/125 μm 多模光缆。主干布线通常应采用光缆，如果主干距离不超过 100 m，并且网络设备主干连接采用 1000Base-T 端口接口时，从节约成本的角度考虑，可以采用 8 芯 6 类双绞线作为网络主干。

当采用 62.5/125 μm 多模光缆时，对传输速率不超过 100 Mbit/s 的高速应用系统，布线距离不应超过 2 km。对传输速率不超过 1 000 Mbit/s 的高速应用系统，布线距离不应超过 275 m（光纤模式带宽在 200 MHz）。当采用 8.3/125 μm 单模光缆时，布线距离不应超过 3 km。

4）确定干线接线间的接合方法

干线电缆通常采用点对点端接，也可采用分支递减端接或电缆直接连接方法。点对点端接是最简单、最直接的接合方法，干线子系统每根干线电缆直接延伸到指定的楼层和交接间。分支递减端接是指使用一根大对数电缆作为主干，经过电缆接头保护箱分出若干根小电缆，分别延伸到每个交接间或每个楼层。当一个楼层的所有水平端接都集中在干线交接间或二级交接间太小时，在干线交接间完成端接时使用电缆直接连接方法。

5）确定干线线缆的长度

通信综合布线干线子系统应由设备间子系统、管理子系统和水平子系统的引入口设备之间的相互连接电缆组成。

6）确定敷设附加横向电缆时的支撑结构

网络通信综合布线系统中的垂直干线子系统并非一定是垂直布置的。从概念上讲它是楼群内的主干通信系统。在某些特定环境中，如在低矮而又宽阔的单层平面的大型厂房中，干线子系统就是平面布置的。它同样起着连接各配线间的作用。而且在大型建筑物中，干线子系统可以由两级甚至更多级组成。

主干线敷设在弱电井内，移动、增加或改变比较容易。很显然，一次性安装全部主干线是不经济也是不可能的。通常分阶段安装主干线。每个阶段为 3 ~ 5 年，以适应不断增长和变化的业务需求。当然，每个阶段的长短还随使用单位的变化情况而定。

在每个设计阶段开始前，需要系统规划一下管理区、设备间和不同类型的服务，应估计出该阶段最大规模的连接，以便确定该阶段所需要的最大规模的主干线总量。

另外，设计通信综合布线干线子系统时还需注意以下几点：

（1）网络线一定要与电源线分开敷设，但是，可以与电话线及有线电视电缆置于同一个线管中。布线时拐角处不能将网线折成直角，以免影响正常使用；

（2）强电和弱电通常应当分置于不同的竖井内。如果不得已需要使用同一个竖井，那么，必须分别置于不同的桥架中，并且彼此相隔 30cm 以上；

（3）网络设备必须分级连接，即主干布线只用于连接楼层交换机与骨干交换机，而不用于直接连接用户端设备；

（4）大对数双绞线电缆容易导致线对之间的近端串扰以及近端串扰的叠加，这对高速数据传输十分不利，除特殊情况不要使用大对数电缆作为主干布线电缆。

4.1.6 建筑群子系统设计

通信综合布线建筑群子系统也称楼宇管理子系统。一个企业或某政府机关可能分散在几幢相邻建筑物或不相邻建筑物内，但彼此之间的语音、数据、图像和监控等系统可用传输介质和各种支持设备连接在一起。连接各建筑物之间的传输介质和各种支持设备组成一个建筑物网络通信综合布线系统。连接各建筑物之间的缆线组成建筑群子系统，它提供不止一个建筑物间的通信连接，包括连接介质、连接器、电子传输设备及相关电气保护设备。

设计建筑群子系统的一般步骤为：

1. 确定敷设现场的特点

包括确定整个工地的大小，确定工地的地界，确定建筑物的数量。

2. 确定电缆系统的一般参数

包括确认起点位置、确认端接点位置、确认涉及的建筑物和每座建筑物的层数、确定每个端接点所需的双绞线对数、确定有多个端接点的每座建筑物所需的双绞线总对数。

3. 确定建筑物的电缆入口

对于现有建筑物，要确定各个入口管道的位置，确定每座建筑物有多少个入口管道可供使用，确定入口管道数目是否满足系统的需要。

如果入口管道不够用，则要确定在移走或重新布置某些电缆时是否能腾出某些入口管道。在不够用的情况下应另装多少入口管道。

如果建筑物尚未建起来，则要根据选定的电缆路由完善电缆系统设计，并标记入口管道的位置。选定入口管道的规格、长度和材料。在建筑物施工过程中安装好入口管道。

建筑物入口管道的位置应便于连接公用设备，根据需要在墙上穿过一根或多根管道。查阅当地的建筑法规，了解对承重墙穿孔有无特殊要求。所有易燃材料（如聚丙烯管道、聚乙烯管道）应端接在建筑物的外面。如果外线电缆延伸到建筑物内部的长度超过 15 m，就应使用合适的线缆入口器材，在入口管道中填入防水和气密性很好的密封胶，如B形管道密封胶。

4. 根据实际环境确定建筑群干线布线方式

在建筑群子系统中，建筑群干线通信综合布线方式有4种：

1）架空布线

架空布线法通常只用于现成的电线杆，而且电缆的走法不是主要考虑的内容，从电线杆至建筑物的架空进线距离不超过30 m为宜。建筑物的电缆入口可以是穿墙的电缆孔或管道。入口管道的最小口径为50 mm。如果架空线的净空有问题，可以使用天线杆型的入口。该天线的支架一般不应高于屋顶1 200 mm。如果再高，就应使用拉绳固定。此外，天线型入口杆高出屋顶的净空间应有2 500 mm，该高度正好使工人可摸到电缆。

2）直埋布线

直埋布线法在初始价格、维护费用及安全和外观方面均优于架空布线法。可以选择埋设7孔梅花管，既可保护光缆，又便于在需要时穿入其他线缆（如电话电缆、有线电视电缆等）。在选择最灵活和最经济的直埋布线线路时，主要的物理因素如下：

（1）土质（沙质土、砾土等）和地下状况；

（2）天然障碍物，如树林、石头及不利的地形；

（3）其他公用设施，如小水道，水、气等管道的位置；

（4）现有或未来的障碍，如游泳池、修路等。

3）管道布线

管道系统的设计方法就是把直埋电缆设计原则与管道设计步骤结合在一起。当考虑建筑群管道系统时，还要考虑接合井。

在建筑群管道系统中，接合井的平均间距约为 180 m，或者在主结合点处设置接合井。接合井可以是预制的，也可以是现场浇注的。应在结构方案中标明使用哪一种接合井。如果有现成电信沟，可以直接将光缆敷设其中。

4）隧道内布线

在建筑物之间通常有地下通道，大多为供暖供水通道，利用这些管道来敷设电缆不仅成本低，而且可利用原有的安全设施。

查清拟定的电缆路由中沿线各个障碍物的位置或地理条件：铺路区、桥梁、铁路、树林、池塘、河流、山丘、砾石土、截留井、人字形孔道和其他。

5. 确定主电缆路由和备用电缆路由

路由的选择，最主要是对网络中心位置的选择。除非特殊需要，网络中心应当尽量位于建筑群中心位置，或建筑物最为集中的位置，从而避免到某一建筑的距离过长。应当尽量避免与原有管道交叉，应与原有管道平行敷设，并且保持不小于1 m的距离，以避免开挖或维护时相互影响。对于每一种待定的路由，确定可能的电缆结构。对所有建筑物进行分组，每组单独分配一根电缆，每座建筑物单用一根电缆。

查清在电缆路由中哪些地方需要获准后才能通过，比较备选路由的优缺点，从而选定最佳路由方案。

6. 选择所需电缆类型和规格

选择每种设计方案所需的专用电缆。建筑群数据网主干线应统一选用多模或单模室外光纤，芯数不小于 12 芯，当使用光缆与电信公网连接时，应采用单模光纤，根据通信业务的需要确定数据网主干线缆，如果选用双绞线，一般应选择高质量的大对数双绞线。对于建筑群语音网主干线缆一般可选用 3 类大对数电缆。

确定电缆长度，画出最终的结构图，画出所选定路由的位置和挖沟详图（包括公用道路图或任何需要经审批才能动用的地区草图），确定入口管道的规格，保证电缆可进入口管道。如果需用管道，应选择其规格和材料。如果需用钢管，应选择其规格、长度和类型。

7. **确定每种选择方案所需的劳务成本**

确定布线时间，包括迁移或改变道路、草坪、树木等所花的时间。如果使用管道区，应包括敷设管道和穿电缆的时间。确定电缆接合时间。确定其他时间，例如拿掉旧电缆、避开障碍物所需的时间。

上述三项布线时间的总和即为总时间。每种设计方案的成本为总时间乘以当地的工时费。

8. **确定每种选择方案的材料成本**

确定电缆成本，参考有关布线材料价格表，将每米的成本乘以所需米数。

确定所有支持结构的成本，查清并列出所有的支持结构，根据价格表查明每项用品的单价，将单价乘以所需的数量。

确定所有支撑硬件的成本，对于所有支撑硬件按照支持结构成本的计算方式计算即可。

9. **选择最经济、最实用的设计方案**

把每种选择方案的劳务成本费加在一起，得到每种方案的总成本。

比较各种方案的总成本，选择成本较低者。

确定比较经济的方案是否有重大缺点，以致会抵消经济上的优点。如果发生这种情况，应取消此方案，考虑经济性较好的其他设计方案。

4.1.7 建筑设备间子系统设计

设备间是在每幢大楼的适当地点设置进线设备，进行网络管理，也是管理人员值班的场所，通信综合布线设备间子系统由通信综合布线系统的建筑物进线设备、集线设备、服务器、计算机等设备组成，是通信综合布线系统中最重要的管理区域。

通信综合布线设备间子系统的设计要点如下：

（1）设备间内的所有进线终端设备应采用色标区别各类用途。设备间的位置及大小，应根据设备的数量、规模、最佳网络中心等内容综合考虑确定。通常情况下，设备间管理子系统建议选择在水平中心位置，可以保证水平布线的距离最短，不会超过双绞线所允许的 100 m 最大传输距离。

（2）设备间既要按照有关标准和技术规范，根据选用设备及安装要求进行设计和规划，又要满足采光、防尘、隔音等工作环境的要求。设备间装修时，应尽量保持室内无尘土，通风良好，应符合有关消防规范，配置有关消防系统。

（3）按照标准的设计要求，设备间（尤其是要集中放置设备的设备间）应尽量满足下面的要求：

① 设备间应当选择设置在电梯附近，以便装运笨重的设备。

② 设备间的最小安全尺寸是 280 cm×200 cm，标准的天花板高度为 240 cm，门的大小至少为 2.1 m×1 m，向外开。尽量将设备柜放在靠近竖井的位置，在柜子上方应装有通风口用于设备通风。房顶吊顶一般要取齐过梁下部，并留足灯具和消防设备暗埋高度。建议吊顶采用铝合金龙骨和防火石棉板。

③ 设备间地板优先使用耐磨防静电贴面的防静电地板，抗静电性能较好，长期使用无变形、褪色等现象。设备间的地板负重能力至少应为 500 kg/m^2。由于设备间多采用下进线方式，地板下要铺设走线槽和通风管道，因此，地板净空高度应当为 10~50 cm。

④ 设备间设备一般按机柜间与操作间相隔离的原则进行安装，特别是对于交换机、光传输设备、集群设备等自动化程度高，网管系统可完成设备大部分调测监控及系统操作的设备，这样可减少人为因素对设备的影响。

⑤ 设备间室温应保持在 10℃~25℃之间，相对温度应保持 60%~80%。为隔音、防尘需装设双层合金玻璃窗，配遮光窗帘，配置专用通风、滤尘设备，保持设备间通风良好。

⑥ 设备间尽量远离存放危险物品的场所和电磁干扰源。无线电干扰场强，在频率范围为 0.15~1 000 MHz 时不大于 120 dB。机房内磁场干扰场强不大于 800 A/m。

⑦ 平行线缆相互隔离的距离不小于 50~60 cm。竖井通过楼层时要尤其注意，尽量保持间距，避免电力线干扰通信传输。在设备间、站区通信、电力线密集人井、电缆房中，更要注意各自的盘绕、路径的最优布设。

（4）设备间的安全设施主要包括以下几方面：

① 电源。设备间应有可靠的交流（220 V，50 Hz）电源供电，应有独立的开关控制电源插座，减少偶然断电的事故发生。每个电源插座的容量不小于 300 W。

② 防火。根据消防防火级别设置确定设备间的设计方案，建筑内首先要求具备常规的消防栓、消防通道等，按设备间面积和设备分布装设烟雾、温度检测装置、自动报警警铃和指示灯、自动/手动灭火设备和器材。设备间火灾报警要求在一楼设有值班室或监控点。

③ 防雷。由于设备间通信和供电电缆多从室外引入设备间，易遭受雷电的侵袭，设备间的建筑防雷设计尤其重要。设备间的建筑防雷除应有效地保护建筑物自身的安全外，还应为设备的防雷及工作接地打下良好的基础。建筑防雷设计施工完成后，应提供准确的系统接地网或接地环带的位置和布局设计图，避免设备接地网与建筑接地网冲突。

4.1.8 管理子系统设计

通信综合布线管理子系统中需设计放置电信布线系统设备，包括水平和主干布线系统的机械终端。管理子系统设置在楼层配线房间、是水平系统电缆端接的场所，也是主干系统电缆端接的场所；由大楼主配线架、楼层分配线架、跳线、转换插座等组成。用户可以在管理子系统中更改、增加、交接、扩展线缆，用于改变线缆路由。建议采用合适的线缆路由和调整器件组成管理子系统。

管理子系统提供了与其他子系统连接的手段，使整个布线系统与其连接的设备和器件构成一个有机的整体。调整管理子系统的交接则可安排或重新安排线路路由，因而传输线路能够延伸到建筑物内部各个工作区，是通信综合布线系统灵活性的集中体现。

对于小型建筑而言，为了节约费用和便于管理，往往只设置一个管理间。随着楼宇信息点数的不断增加和智能建筑的兴起，几层共享一个管理间子系统的做法已经不能满足通信综合布线的需要。对于高层建筑而言，通信综合布线时而要考虑在每一楼层都设立一个管理间，用于管理该层的信息点。

作为管理间一般有以下设备：

（1）机柜或机架；

（2）楼层配线架；

（3）跳线；

（4）光纤收发器、UPS 电源等。

配线架选用应当按照下列原则：

（1）配线架类型应当与水平布线线缆的类型相适应。例如，水平布线选择 6 类非屏蔽双绞线时，也应选择 6 类非蔽配线架。

（2）应当根据信息点的数量选择最合适数量端口的配线架；

（3）如果水平布线中部分采用光缆，也应当同时提供光缆终端。

跳线应当按照下列原则选用：

（1）跳线应当与水平布线所使用缆线的类型一致；

（2）当采用模块化配线架时，根据端子的不同，接插软线的接头类型也应有所不同；

（3）跳线的长度不得超过 5 m。

作为管理间子系统，应根据管理的信息点的多少安排房间的大小和机柜的大小。如果信息点多，就应该考虑用一个房间来放置；信息点少时，就没有必要单独设立一个管理间，可选用墙上型机柜来处理该子系统。

管理子系统三种应用：水平/干线连接；主干线系统互相连接；入楼设备的连接。线路的色标标记管理可在管理子系统中实现。

通信综合布线管理子系统设计要点如下：

（1）管理子系统建议采用单点管理双交连方式。交接场的结构取决于工作区、通信综合布线系统规模和选用的硬件。在管理规模大、复杂及有二级交接间的情况下，才采用双点管理双交连方式。在管理点，建议依据应用环境，使用标记插入条标识各个端接场。

（2）在每个交接区实现线路管理的方式是在各色标场之间接入跨接线或插接线，这些色标可标识该场的干线电缆、配线电缆或设备端接点。这些场通常分别分配给指定的接线块，而接线块则按垂直和水平结构进行排列。

（3）交接区应有良好的标记系统，如建筑物名称、建筑物位置、区号、起始点和功能等。通信综合布线系统使用了 3 种标记：电缆标记、场标记和插入标记，其中插入标记最常用。这些标记通常是硬纸片或其他标识物，由安装人员在需要时取下来使用。

（4）交接间及二级交接间的配线设备宜采用色标，用以区别各类用途的配线区。

（5）交接设备连接方式的选用应注意在对楼层上的线路进行较小修改、移位或重新组合时，应使用夹接线方式；在经常需要重组线路时，使用插接线方式。

（6）在交接场之间应留出空间，以便容纳未来扩充的交接硬件。

4.2 工程概、预算

在生产过程中，为了完成某一合格产品，就要消耗一定的人工、材料、机械设备和资金，但这些消耗量受企业的技术水平、管理水平和其他客观条件的影响，其消耗水平并不一致，为了便于统一管理与核算，就必须制订一个统一的平均消耗标准，这个标准就是定额。

4.2.1 概、预算定额

1）概、预算定额的定义

概、预算定额是编制建设工程概、预算时使用的定额。

概算定额确定了以单位工程为标准计量单位的人工（工日），机械（台班）和材料的消耗数量。

预算定额确定了以分部、分项工程为标准计量单位的人工（工日），机械（台班）和材料的消耗数量。

概、预算定额包含劳动的消耗定额，机械消耗定额，材料消耗定额。

劳动消耗定额：是指活劳动的消耗，即完成一定量的合格产品，规定活劳动的消耗的数量标准。

材料消耗定额：是指完成一定的合格产品所消耗材料数量标准。

机械消耗定额：是指完成一定量的合格产品，所规定的机械消耗数量标准。

2）概、预算定额的特点

（1）科学性：定额必须与生产力发展水平相适应，反映工程消耗的普遍客观规律；

（2）系统性：工程建设具有庞大的系统性，类别多、层次多，要求有与之相适应的多种类，多层次的定额；

（3）统一性：国民经济的发展，需要借助某些标准、定额、参数等，对工程进行规划、组织、调节、控制，所以要求这些标准、定额、参数等在一定范围内是统一的尺度，才能实现上述职能；

（4）时效性：定额反映的是一定时期的生产力水平，一旦与生产力发展不相适应时就必须修改。从一段时间来看，定额是稳定的，从长期来看，定额是变动的。

3）概、预算定额的作用

（1）概算定额的作用。概算定额是初步设计阶段编制建设项目概算和技术设计阶段编制修正概算的依据，也是设计方案比较的依据。所谓设计方案比较，目的是选出技术先进可靠、经济合理的方案，在满足使用功能的条件下，达到降低造价和资源消耗的目的。概算定额又是编制主要材料需求量的计算基础。根据概算定额所列材料消耗指标计算工程用料数量，可在施工图设计之前提出供应计划，为材料的采购、供应做好准备，是编制概算指标和投资估算指标的依据。

（2）预算定额的作用。预算定额是编制施工图预算，确定和控制建筑安装工程造价的计价基础，是落实和调整年度建设计划，对设计方案进行技术经济比较、分析的依据；同时也是施工企业进行经济活动分析的依据，也是编制标底、投标报价、编制概算定额和概算指标的基础。

4）现行通信工程预算定额的构成

预算定额由总说明、册说明、章节说明、定额项目表、项目注释和附录构成，必须综合使用。

4.2.2 工程量的计算

工程量是编制概、预算的基本数据，准确的统计、计算出工程量是做好概、预算文件的基础。编制初步设计概算，技术设计补充概算、施工图预算和施工预算均需要计算工程量。

（1）工程量的计算应按工程量的计算规则进行，即工程量项目的划分，计量单位的取定以及有关系数的调整换算等，都应按各专业计算规则确定。

（2）工程量的计算主要依据为设计图纸，现行工程概、预算定额，施工组织设计和有关文件。

（3）计量单位要和预算定额中的计量单位相一致，否则无法套用定额。工程量的计量单位有物理计量单位和自然计量单位。物理计量单位按国家法定的计量单位表示。如长度用米、千米；重量用克、千克；体积用立方米；面积用平方米等。自然计量单位有台、套、部、端、系统等。

（4）各种不同设备的安装工程量，应按设备的不同类别、名称、规格、型号分别计算。

（5）工程量的计算方法一般按照图纸顺序由上而下，由左至右，依次进行，防止漏算、误算、重复计算，最后将同类项加以合并，并编制工程量汇总表。

（6）工程量计算应以设计规定的所属范围和设计界线为准，布线走向和部件设置以施工验收规范为准。

（7）工程量应以安装数量为准，所用材料数量不能作为安装工程量。

4.2.3 工程价款的结算

1）工程价款结算的基本原则

通信建设工程价款的结算，应以国家和信息产业部（原邮电部）发布的各种预算定额、费用定额和批准的设计文件为依据。

通信工程发包单位和承包单位应根据批准的计划，设计文件和概、预算或中标通知书的内容签订工程合同。在工程合同中明确工程的名称，工程造价，开、竣工日期，材料供应方式，工程价款的结算事项等内容。

工程价款结算必须符合国家政策和有关法律、法规，严格按合同规定办理。承包商应缴或代缴的营业税及缴税地点应按国家财政部、国家税务局的规定办理。有关房屋土建工程价款的结算，应按土建工程所在地及地方的有关规定办理。工程承包、发包双方应严格履行合同，工程结算中如发生经济纠纷，应协商解决，也可仲裁或起诉。

2）工程预付款

通信工程一般采用包工包料、包工不包料、或包工包部分材料三种形式，如管道工程常用的是包工包料的方式，目前大多数工程采用的是包工不包料的形式。其预付款方式如下：

（1）采用包工包料方式承包时，可按合同总价值的60%以内控制预付款；

（2）包工不包料或包工包部分材料时应根据工程的性质控制预付款，通信管道工程预付款不超过合同总价值的40%，通信线路工程不超过合同总价值的30%，通信设备工程不超过合同总价值的20%；

（3）地上、地下障碍物处理及各种赔偿不得作为承包内容；

（4）预付款应在合同生效后十天内，由业主向承包商拨付。

3）工程价款结算

业主应根据承包商编报的进度日报表或按季度编报的工程价款按季度拨付，拨付至合同总价值的95%为止，其余剩余款应在工程竣工验收后结清，业主接到承包商报表后的十天内应按规定拨付。

工程价款结算的时限要求如下：按合同交工验收后十天以内，由承包商编报工程结算，业主接到承包商的工程价款结算文件后十五天内审核完毕，送有关单位复审，业主接到复审后的工程价款结算文件后，十五天内付清工程总价款。

业主对工程价款有争议时，应在时限要求内通知承包商，并就争议进行协商。业主与承包商要协商工程保修费用，保修费用由业主在合同总价款中扣留，待保修期满后，将金额保修款或保修后剩余的保修款拨给承包商。保修款一般不超过合同总价的5%。

凡施工合同中明确规定按合同价款一次包死时，原则上工程价款不予调整，但由于自然灾害，国家计划调整、政策性调价和设计变更引起的增减，使工程造价超过合同价值 2%以上时，双方可进行合同的调整。

凡施工合同中规定按施工图预算承包的工程，施工中由于自然灾害造成的损失，国家统一调价及设计变更追加减的费用，结算时应按实际结算。

由于业主的原因造成的停工，应根据双方签证，按实结算，停工损失由业主承担。计算办法为损失的人工工日×（1+现场管理费率），工期顺延。由承包商原因造成的停工，损失由承包商负担，工期不得顺延。

施工期间，业主委托承包商承担了合同规定之外的工作，业主应付给费用。有定额的按定额计算，没定额的按实际发生付给劳务费。设备、材料的采购保管费应按以下方法处理：工程采用总承包或包工包料时，采购保管费由承包商全额收取。工程采用包工不包料时，采购保管费由承包商最多收取 50%。

保修期间由于承包商的原因造成的质量缺陷，应由承包商无偿修复。工程价款结算文件应包括工程价款结算编制说明、工程价款结算表格。工程价款编制说明的内容应包括：工程结算总价款、工程款结算的依据、工程变更的原因，这是使工程价款增减的主要原因。

思考题

1. 通信综合布线系统设计大致分哪几个步骤？
2. 通信综合布线分哪几个子系统？简述各子系统的功能。
3. 通信综合布线系统的设计等级如何划分？设计等级如何确定？
4. 通信综合布线系统各子系统如何进行设计？各设计要点是什么？
5. 工程概、预算的特点与作用分别是什么？
6. 如何计算工程量？如何进行工程量的结算？

第5章 通信综合布线基本技能训练

在通信综合布线系统工程中，动手制作网线、电话线、光纤及中继线是一线通信工程师必须要掌握的一项基本技能，通过本章的学习可使读者比较系统地学习并掌握通信线缆接头的制作，管道布设等基本技能。

5.1 网络水晶头制作

RJ-45 水晶头由金属触片和塑料外壳构成，其前端有 8 个凹槽，简称“8P”（Position，位置），凹槽内有 8 个金属触点，简称“8C”（Contact，触点），因此 RJ-45 水晶头又称“8P8C”接头。端接水晶头时，要注意它的引脚次序，当金属片朝上时，1～8 的引脚次序应从左往右排列。

连接水晶头虽然简单，但它是影响通信质量的非常重要的因素：开绞过长会影响近端串扰指标；压接不稳会引起通信的时断时续；剥皮时损伤线对线芯会引起短路、断路等故障。

RJ-45 水晶头连接按 T568A 和 T568B 排序。T568A 的线序是：白绿、绿、白橙、蓝、白蓝、橙、白棕、棕。T568B 的线序是：白橙、橙、白绿、蓝、白蓝、绿、白棕、棕。下面以 T568B 标准为例，介绍 RJ-45 水晶头连接步骤。T568A 和 T568B 没有本质的区别，只是在颜色上的区别，即用的线不同。重要的是要保证：1、2 线对是一个绕对；3、6 线对是一个绕对；4、5 线对是一个绕对；7、8 线对是一个绕对。

水晶头压接制作步骤示意图如图 5-1 所示。

（1）剥线：用双绞线剥线器将双绞线塑料外皮剥去 2～3 cm。

（2）排线：将绿色线对与蓝色线对放在中间位置，而橙色线对与棕色线对放在靠外的位置，形成左一橙、左二蓝、左三绿、左四棕的线对次序。

（3）理线：小心地剥开每一线对（开绞），并将线芯按 T568B 标准排序、特别是要将白绿线芯从蓝和白蓝线对上交叉至 3 号位置，将线芯拉直压平、挤紧理顺（朝一个方向紧靠）。

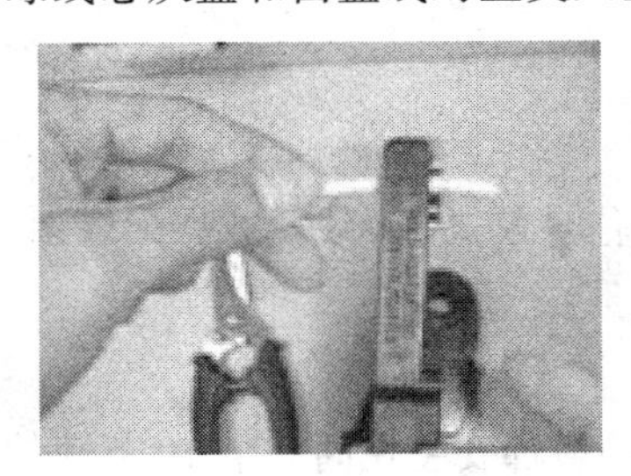

（a）剥线

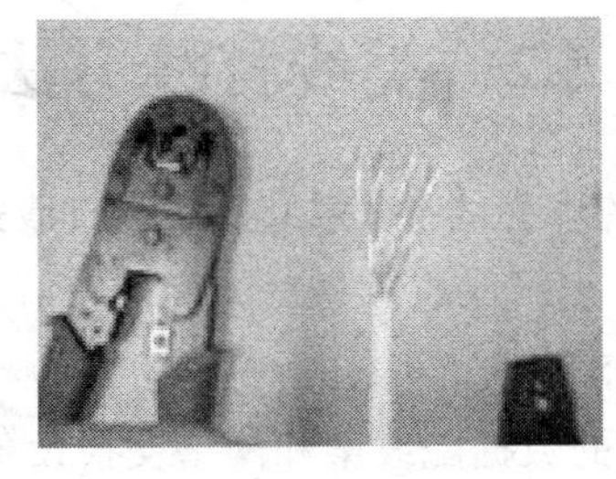

（b）排线

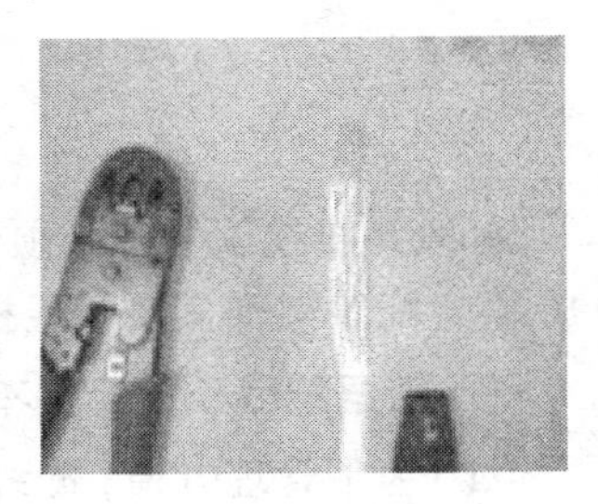

（c）理线

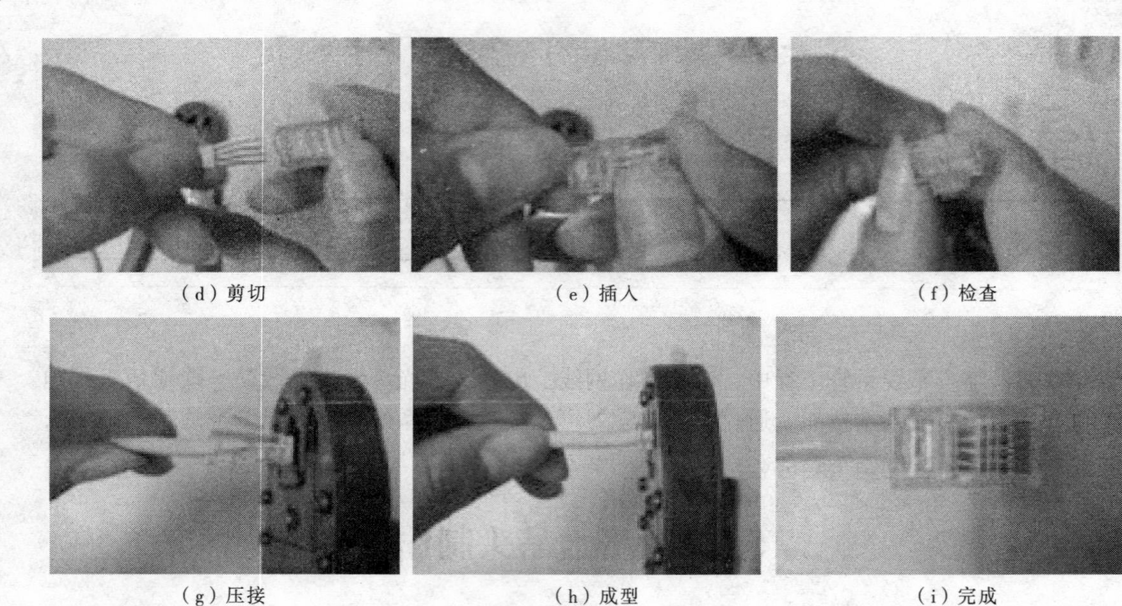
（d）剪切　（e）插入　（f）检查

（g）压接　（h）成型　（i）完成

图 5-1　络水晶头的制作过程

（4）剪切：将裸露出的双绞线芯用压线钳、剪刀、斜口钳等工具整齐地剪切，只剩下约 13 mm 的长度。

（5）插入：一手以拇指和中指捏住水晶头，并用食指抵住，水晶头的方向是金属引脚朝上、弹片朝下。另一只手捏住双绞线，用力缓缓将双绞线 8 条导线依序插入水晶头，并一直插到 8 个凹槽顶端。

（6）检查：检查水晶头正面，查看线序是否正确；检查水晶头顶部，查看 8 根线芯是否都插到顶部。

（7）压接：确认无误后，将 RJ-45 水晶头推入压线钳夹槽后，用力握紧压线钳，将突出在外面的针脚全部压入 RJ-45 水晶头内，RJ-45 水晶头压接完成。

（8）制作跳线：用同一标准在双绞线另一侧安装水晶头，完成直通网络跳线的制作。另一侧用 T568A 标准安装水晶头，则完成一条交叉网线的制作。

（9）测试：用综合布线实训台上的测试装置或工具箱中简单线序测试仪对网络线进行测试，会有直通网线通过、交叉网线通过、开路、短路、反接、跨接等显示结果。

RJ-45 水晶头的保护胶套可防止跳线拉扯时造成接触不良，如果水晶头要使用这种胶套，需在连接 RJ-45 水晶头之前将胶套插在双绞线电缆上，连接完成后再将胶套套上。

5.2　类线打线方法

打线是布线工程师必须熟练掌握的基本技能，安装打线式信息模式、打线式数据配线架、110 语音配线架都需要打线操作。打线质量直接影响到通信质量。

1．数据配线架安装基本要求

（1）为了管理方便，配线间的数据配线架和网络交换设备一般都安装在同一个 19 英寸的机柜中；

（2）根据楼层信息点标识编号，按顺序安放配线架，并画出机柜中配线架信息点分布图，便于安装和管理；

（3）线缆一般从机柜的底部进入，所以通常配线架安装在机柜下部，交换机安装在机柜上部，也可根据进线方式作出调整；

（4）为美观和管理方便，机柜正面配线架之间和交换机之间要安装理线架，跳线从配线架面板的 RJ-45 端口接出后通过理线架从机柜两侧进入交换机间的理线架，然后再接入交换机端口；

（5）对于要端接的线缆，先以配线架为单位，在机柜内部进行整理、用扎带绑扎、将多余的线缆盘放在机柜的底部后再进行端接，使机柜内整齐美观、便于管理和使用。

2. 配线架打线实训步骤

（1）准备：每人一次准备 6 条 UTP 双绞线线段，长约 10 cm（可以更长）；

（2）剥皮：用双绞线剥线器将线段一端的双绞线塑料外皮剥去 1.5 ~ 2 cm；

（3）开绞：小心地剥开每一线对，按打线装置上规定的线序排序；

（4）打线：左起第一个接口开始打线，先打上排接口，按打线装置上规定的线序打线：先将 8 根线芯按序轻轻卡入槽口中，右手紧握 110 打线工具（刀口朝外），将线芯一一打入槽口的卡槽触点上，每打一次都有一声清脆的响声，同时将多余的线头剪断。然后打接下排接口，每根线芯打接至下排对应槽口，每完成一根打接，对应指示灯亮起。

配线架是配线子系统关键的配线接续设备，安装在配线间的机柜（机架）中，配线架在机柜中的安装位置要综合考虑机柜线缆的进线方式、有源交换设备散热、美观、便于管理等要素。

数据配线架有固定式（横、竖结构）和模块化配线架。下面分别给出两种配线架的安装步骤，同类配线架的安装步骤大体相同。

3. 固定式配线架安装步骤

（1）将配线架固定到机柜合适位置，在配线架背面安装理线环。

（2）从机柜进线处开始整理电缆，电缆沿机柜两侧整理至理线环处，使用绑扎带固定好电缆，一般 6 根电缆作为一组进行绑扎，将电缆穿过理线环摆放至配线架处。

（3）根据每根电缆连接接口的位置，测量端接电缆应预留的长度，然后使用压线钳、剪刀、斜口钳等工具剪断电缆。

（4）根据选定的接线标准，将 T568A 或 T568B 标签压入模块组插槽内。

（5）根据标签色标排列顺序，将对应颜色的线对逐一压入槽内，然后使用打线工具固定线对连接，同时将伸出槽位外多余的导线截断，如图 5-2 所示。

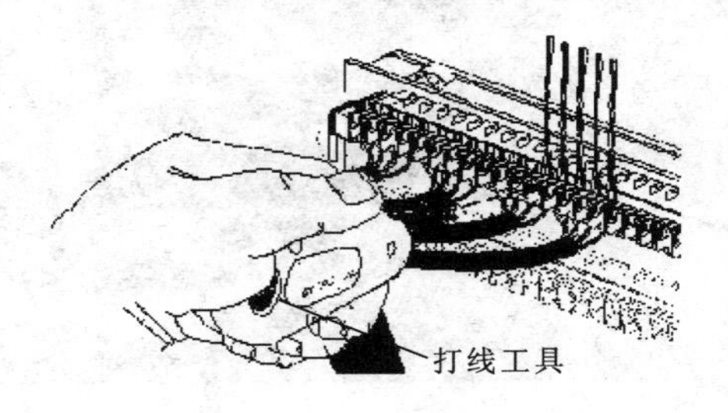

图 5-2　将线对逐次压入槽位并打压固定

（6）将每组线缆压入槽位内，然后整理并绑扎固定线缆，固定式配线架安装完毕。图 5-3（a）所示为固定式配线架（横式）端接后机柜内部示意图，图 5-3（b）所示为固定式配线架（竖式）端接后配线架背部示意图。

（a）固定式配线架（横式）端接后机柜内部示意图

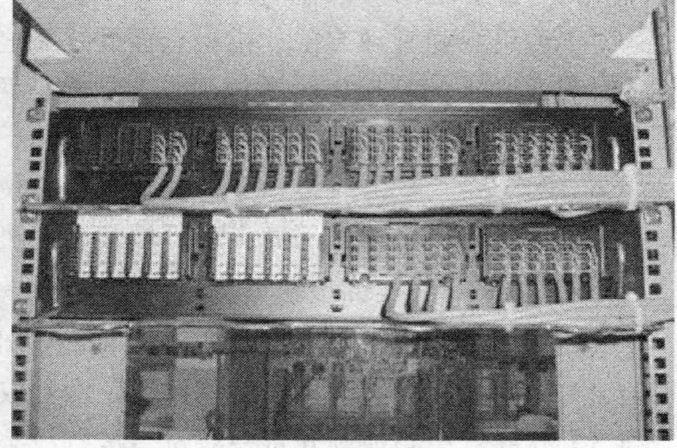

（b）固定式配线架（竖式）端接后配线架背部示意图

图 5-3　固定式配线架安装示意图

4. 模块化配线架的安装步骤

（1）将配线架固定到机柜合适位置，在配线架背面安装理线环；

（2）从机柜进线处开始整理电缆，电缆沿机柜两侧整理至理线环处，使用绑扎带固定电缆，一般 6 根电缆作为一组进行绑扎，将电缆穿过理线环摆放至配线架处；

（3）根据每根电缆连接接口的位置，测量端接电缆应预留的长度，然后使用压线钳、剪刀、斜口钳等工具剪断电缆；

（4）按照上述信息模块的安装过程端接配线架的各信息模块；

（5）将端接好的信息模块插入到配线架中；

（6）模块式配线架安装完毕。图 5-4 所示为模块化配线架端接的机柜内部示意图（信息点多）。

图 5-4　模块化配线架端接后机柜内部示意图

5.3　网络信息模块安装

网络信息模块的安装主要指的是 RJ-45 信息模块的安装，满足 T-568A 超 5 类传输标准，符合 T568A 和 T568B 线序，适用于设备间与工作区的通信插座连接。信息模块的端接方式的主要区别在于 T568A 模块和 T568B 模块的内部固定联线方式。两种端接方式所对应的接线顺序如表 5-1 所示。

表 5-1　RJ-45 信息模块的线序模式

引脚号	1	2	3	4	5	6	7	8
T586A 模式	白绿	绿	白橙	蓝	白蓝	橙	白棕	棕
T586B 模式	白橙	橙	白绿	蓝	白蓝	绿	白棕	棕

1. 需打线型 RJ-45 信息模块安装

RJ-45 信息模块前面插孔内有 8 芯线针触点分别对应着双绞线的 8 根线；后部两边分列各四个打线柱，外壳为聚碳酸酯材料，打线柱内嵌有连接各线针的金属夹子；有通用线序色标清晰注于模块两侧面上，分两排。A 排表示 T586A 线序模式，B 排表示 T586B 线序模式。

具体的制作步骤如下：

（1）将双绞线从暗盒里抽出，预留 40 cm 的线头，剪去多余的线。用剥线工具或压线钳的刀具在离线头 10 cm 长左右将双绞线的外包皮剥去，如图 5-5 所示。

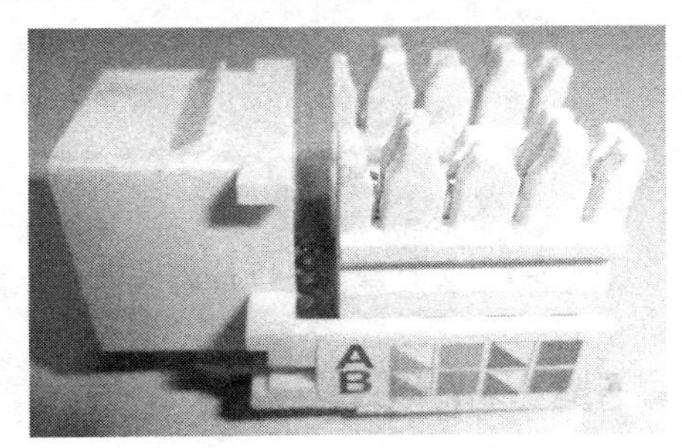

图 5-5　RJ-45 信息模块

（2）把剥开双绞线的线芯按线对分开，但先不要拆开各线对，只有在将相应线对预先压入打线柱时才拆开。按照信息模块上所指示的色标选择已编好的线序模式（在一个布线系统中最好只统一采用一种线序模式，否则接乱后，网络不通则很难查），将剥皮处与模块后端面平行，两手稍旋开绞线对，稍用力将导线压入相应的线槽内，如图 5-6 所示。

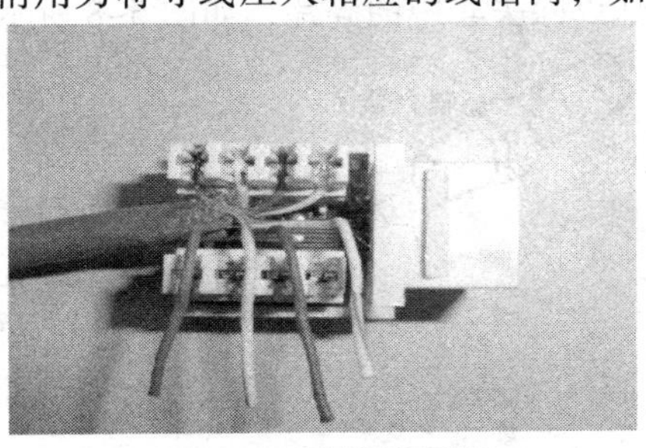

图 5-6　导线的压接

（3）全部线对都压入各槽位后，就可用 110 打线工具将一根根线芯进一步压入线槽中。110 打线工具的使用方法是：切割余线的刀口永远是朝向模块的外侧，打线工具与模块垂直插入槽位，垂直用力冲击，听到“咔嗒”一声，说明工具的凹槽已经将线芯压到位，已经嵌入金属夹子中，金属夹子已经切入结缘皮咬合铜线芯形成通路。这里千万注意以下两点：刀口向外——若忘记变成向内，压入的同时也切断了本来应该连接的铜线；垂直插入——刀口如果打斜，将使金属夹子的口撑开，不具备咬合的能力，并且打线柱也会歪掉，难以修复，模块将会报废。新买的刀具在冲击的同时，应能切掉多条的线芯，若不行，再冲击几次，并可以用手拧掉。

（4）将信息模块的塑料防尘片扣在打线柱上，并将打好线的模块扣入信息面板上。

2. **免打线型 RJ-45 信息模块安装**

免打线型 RJ-45 信息模块的设计无须打线工具而能准确快速地完成端接，没有打线柱，而是在模块的里面有两排各四个的金属夹子，而锁扣机构集成在扣锁帽里，色标也标柱在扣锁帽后端，端接时，用剪刀裁出约 4 cm 的线，按色标将线芯放进相应的槽位扣上，再用钳子压一下扣锁帽即可（有些可以用手压下，并锁定）。扣锁帽确保铜线全部端接并防止滑动，扣锁帽多为透明，以方便观察线与金属夹子的咬合情况，免打线型 RJ-45 信息模块如图 5-7 所示。

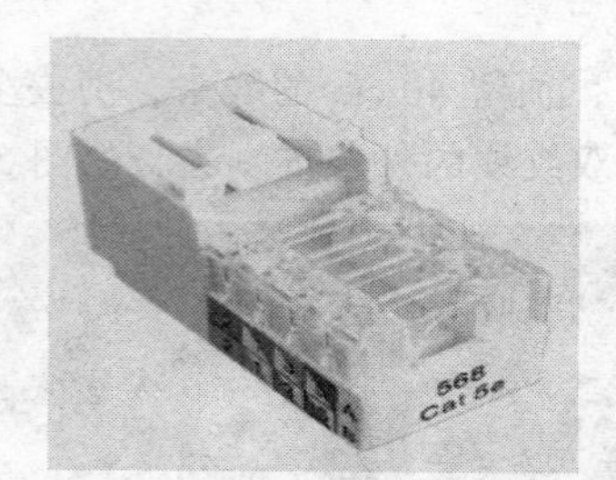

图 5-7　免打型 RJ-45 信息模块

5.4　光纤连接器互连

光纤连接器的互连端接比较简单，下面以 ST 光纤连接器为例，说明其互连方法。

（1）清洁 ST 连接器。拿下 ST 连接器头上的黑色保护帽，用沾有光纤清洁剂的棉签轻轻擦拭连接器头。

（2）清洁耦合器。摘下光纤耦合器两端的红色保护帽，用沾有光纤清洁剂的杆状清洁器穿过耦合器孔擦拭耦合器内部以除去其中的碎片，如图 5-8 所示。

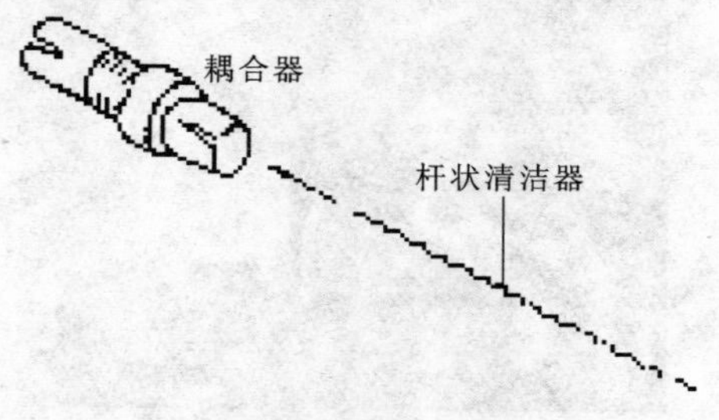

图 5-8　用杆状清洁器除去碎片

（3）使用罐装气，吹去耦合器内部的灰尘，如图 5-9 所示。

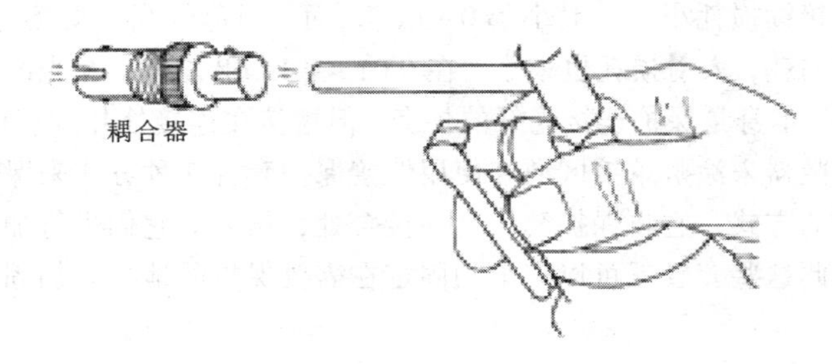

图 5-9 用罐装气吹除耦合器中的灰

（4）ST 光纤连接器插到一个耦合器中。将光纤连接器头插入耦合器的一端，耦合器上的突起对准连接器槽口，插入后扭转连接器以使其锁定。如经测试发现光能量耗损较高，则需摘下连接器并用罐装气重新净化耦合器，然后再插入 ST 光纤连接器。在耦合器的两端插入 ST 光纤连接器，并确保两个连接器的端面在耦合器中接触，如图 5-10 所示。

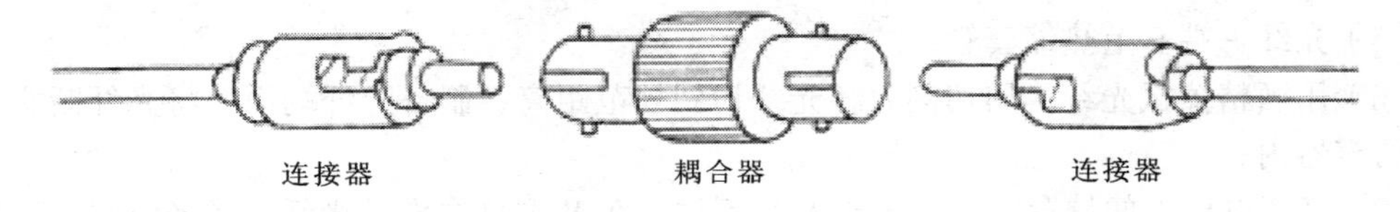

图 5-10 将 ST 光纤连接器插入耦合器

注意：每次重新安装时，都要用罐装气吹去耦合器的灰尘，并用沾有试剂级的丙醇酒精的棉花签擦净 ST 光纤连接器。

（5）重复以上步骤，直到所有的 ST 光纤连接器都插入耦合器为止。

注意：若一次来不及装上所有的 ST 光纤连接器，则连接器头上要盖上黑色保护帽，而耦合器空白端或未连接的一端（另一端已插上连接头的情况）要盖上红色保护帽。

5.5 光纤熔接

光纤熔接是目前普遍采用的光纤接续方法，光纤熔接设备称为光纤熔接机，如图 5-11 所示。

图 5-11 光纤熔接机外形图

光纤熔接机通过高压放电将接续光纤端面熔化后，将两根光纤连接到一起形成一段完整的光纤。这种方法接续损耗小（一般小于0.1 dB），而且可靠性高。熔接光纤不会产生缝隙，因而不会引入反射损耗，入射损耗也很小，在0.01 ~ 0.15 dB之间。在光纤进行熔接前要把涂敷层剥离。机械接头本身是保护连接光纤的护套，但熔接在连接处却没有任何的保护。因此，熔接光纤机采用涂敷器来涂敷熔接区域和使用熔接保护套管2种方式来保护光纤。现在普遍采用熔接保护套管的方式，它将保护套管套在接合处，然后对它们进行加热，套管内管是由热材料制成的，因此这些套管就可以牢牢的固定在需要保护的地方。加固件可避免光纤在这一区域弯曲。

1. 光纤熔接步骤

（1）开启光纤熔接机，确定要熔接的光纤是多模光纤还是单模光纤；

（2）测量光纤熔接距离；

（3）用开缆工具去除光纤外部护套及中心束管、剪除凯弗拉线，除去光纤上的油膏；

（4）用光纤剥离钳剥去光纤涂覆层，其长度由熔接机决定，大多数熔接机规定剥离的长度为2 ~ 5 cm；

（5）光纤一端套上热缩套管；

（6）用酒精擦拭光纤，用切割刀将光纤切到规范距离，制备光纤端面，将光纤断头放在指定的容器内；

（7）打开电极上的护罩，将光纤放入V型槽，在V型槽内滑动光纤，在光纤端头达到两电极之间时停下来；

（8）两根光纤放入V型槽后，合上V型槽和电极护罩，自动或手动对准光纤；

（9）开始光纤的预熔；

（10）通过高压电弧放电把两光纤的端头熔接在一起；

（11）光纤熔接后，测试接头损耗，作出质量判断；

（12）符合要求后，将套管置于加热器中加热收缩，保护接头；

（13）光纤熔接完后放于接续盒内固定。

开缆就是剥离光纤的外护套、缓冲管。光纤在熔接前必须去除涂覆层，为提高光纤成缆时的抗张力，光纤有两层涂覆。由于不能损坏光纤，所以剥离涂覆层是一个非常精密的程序，去除涂覆层应使用专用剥离钳，不得使用刀片等简易工具，以防损伤纤芯。去除光纤涂覆层时要特别小心，不要损坏其他部位的涂覆层，以防在熔接盒内盘绕光纤时折断纤芯。光纤的末端需要进行切割，要用专业的工具切割光纤以使末端表面平整、清洁，并使之与光纤的中心线垂直。切割对于接续质量十分重要，它可以减少连接损耗。任何未正确处理的表面都会引起由于末端的分离而产生的额外损耗。

在光纤熔接中应严格执行操作规程的要求，以确保光纤熔接的质量。

2. 光纤熔接时熔接机的异常信息和不良接续结果

光纤熔接过程中由于熔接机的设置不当，熔接机会出现异常情况，对光纤操作时，光纤不洁、切割或放置不当等因素，会引起熔接失败。具体情况如表5-2所示。

表 5-2　光纤熔接时熔接机的异常信息和不良接续结果

信　息	原　因	提　示
设定异常	光纤在 V 形槽中伸出太长	参照防风罩内侧的标记，重新放置光纤在合适的位置
	切割长度太长	重新剥除、清洁、切割和放置光纤
	镜头或反光镜脏	清洁镜头、升降镜和防风罩反光镜
光纤不清洁或者镜不清洁	光纤表面、镜头或反光镜脏	重新剥除、清洁、切割和放置光纤清洁镜头、升降镜和风罩反光镜
	清洁放电功能关闭时间太短	如必要时增加清洁放电时间
光纤端面质量差	切割角度大于门限值	重新剥除、清洁、切割和放置光纤，如仍发生切割不良情况，可确认切割刀的状态
超出行程	切割长度太短	重新剥除、清洁、切割和放置光纤
	切割放置位置错误	重新放置光纤在合适的位置
	V 形槽脏	清洁 V 形槽
气泡	光纤端面切割不良	重新制备光纤或检查光纤切割刀
	光纤端面脏	重新制备光纤端面
	光纤端面边缘破裂	重新制备光纤端面或检查光纤切割刀
	预熔时间短	调整预熔时间
太细	锥形功能打开	确保“锥形熔接”功能关闭
	光纤送入量不足	执行“光纤送入量检查”指令
	放电强度太强	不用自动模式时，应减小放电强度
太粗	光纤送入量过大	执行光纤送入量检查指令

5.6　中继接头制作

同轴电缆是由中心导体、绝缘材料层、网状织物构成的屏蔽层以及外部隔离材料层组成，其结构如图 5-12 所示。

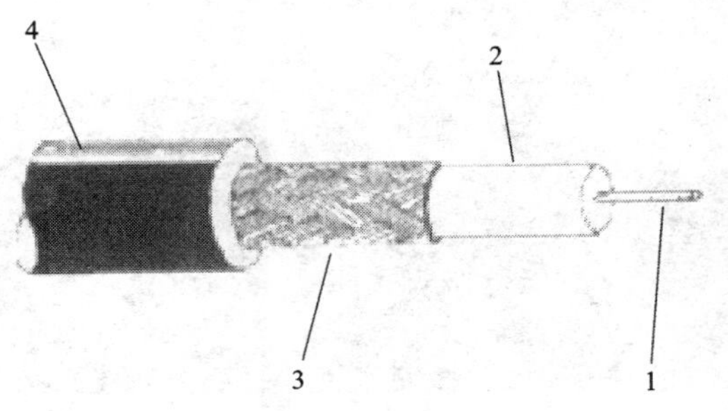

图 5-12　同轴电缆结构示意图

1—中心导体；2—绝缘材料层；3—屏蔽层；4—外部隔离材料层

在传输日常维护中经常需要制作多种同轴电缆头，如卡口式的 BNC 同轴接头，插拔式同轴接头 L9（仿西门子）、C3（仿 AT&T）等。现以常见 BNC 同轴接头制作为例。制作时需要使用的工具和材料有压线钳、剥线钳、剪刀、电烙铁和焊锡丝、BNC 接头一套、75 Ω 同轴线缆一根，如图 5-13 所示。

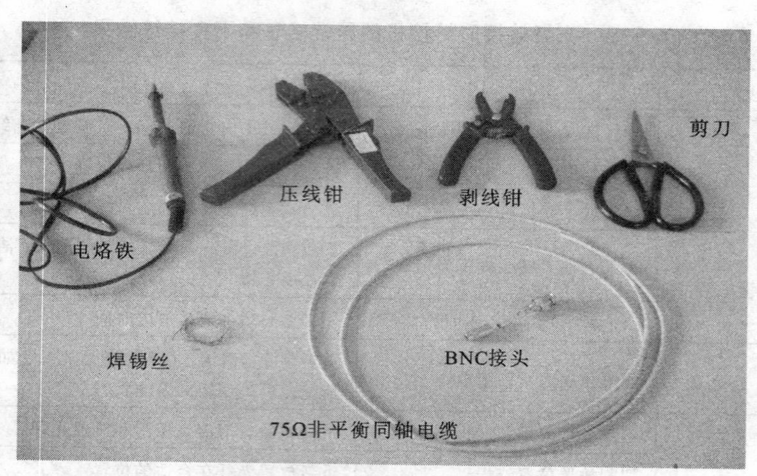

图 5-13　BNC 头制作工具和材料

1．同轴电缆具体制作步骤

（1）根据连接距离的要求，用剪刀剪取一定长度的同轴电缆，然后将 BNC 专用接头的大小金属套筒都套到电缆上。

（2）用剥线钳剥去电缆外部的隔离材料层（胶体保护层），长度与 BNC 接头的长度相当，约 2 cm。注意在剥去保护层时不要切断与保护层相隔的金属屏蔽层（金属网），如图 5-14 所示。

（3）拨开金属网层，并利用剥线钳将金属网层与中心铜导线之间的半透明绝缘体剥去一段，长度大约为 0.4 ~ 0.5 cm。

（4）将中心铜导线插入 BNC 头中铜质针头的小孔内，直到半透明绝缘层紧靠铜质针头时为止。用剪刀将多余长度金属网剪掉，让金属小套管完全包裹住剩下的金属网和胶体保护层，然后使用电烙铁将中心铜导线焊接到 BNC 头的小孔内，要求焊点饱满圆润，无虚焊、毛刺、短路等现象，如图 5-15 所示。

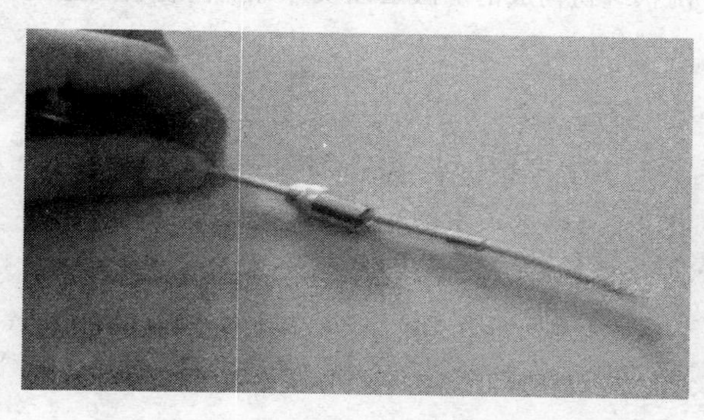

图 5-14　剥去外部保护层

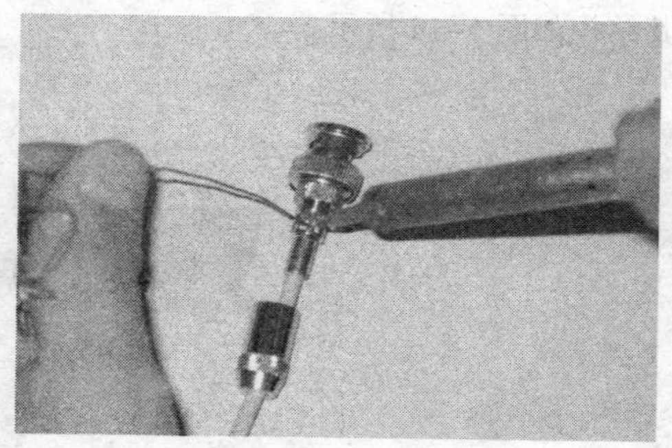

图 5-15　焊接 BNC 接头

（5）用压线钳把用于固定 BNC 接头的金属小套管捆紧，小金属套管正好将金属网反向压紧在最外面的胶体保护层上，注意压接后不能有金属网外露，如图 5-16 所示。

（6）将大金属套筒向上旋入 BNC 接头，制作结束。如图 5-17 所示。

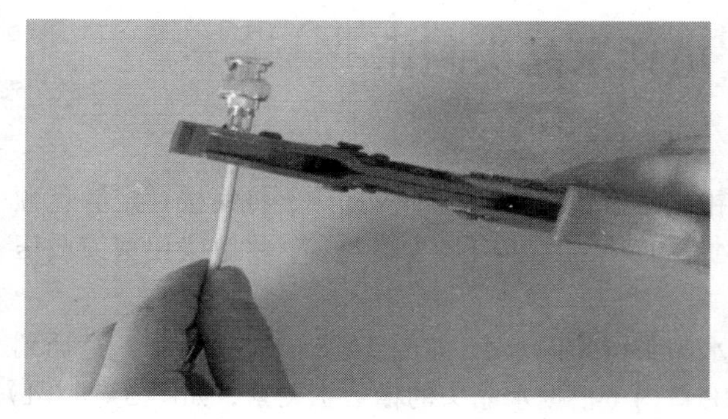

图 5-16　固定 BNC 接头

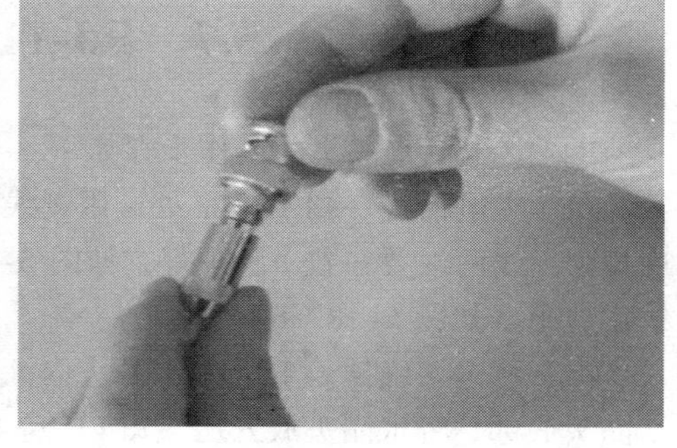

图 5-17　旋紧 BNC 金属帽

（7）使用万用表测试两端同轴电缆头的皮 - 皮、芯 - 芯层通路，皮 - 芯间开路，即表明制作的同轴头正常。

2. 同轴电缆使用注意事项

（1）在核准欲调和欲用电路槽路和位置后，要保证欲用电路完好，确保调度塞绳完好。在实施调度操作时，调度双方应协调一致、迅速、准确，调度完毕，询问用户、查看网管确保电路正常。

（2）对电路做环路或调度操作前，要清楚数字配线架 DDF（Digital Distribution Frame）架上高端侧（传输）和低端侧（交换）及跳线的分布情况，进行插拔塞绳时，不能直接拉塞绳，要拿住塞绳头进行相关操作，防止损坏塞绳。

（3）环路操作在进行电路障碍的分析判断时根据需要实施，环路操作用调度塞绳，一般在高端侧（传输）完成，一般下塞孔对传输线路侧做环回，上塞孔对交换用户侧做环回。

（4）调度操作分临时应急调度和固定调度，临时调度在作应急障碍抢修时实施，一般用塞绳实施（将 U 型同轴连接器或塞子拔除），固定调度操作根据业务需要，用跳线焊接完成，作调度操作时要注意信号收发（In 和 Out）。

（5）在 DDF 架上进行焊接操作时，防止屏蔽层与芯线短路；烙铁温度不能高，防止烫坏绝缘层；焊接点的焊锡不能过多或过少，且保证焊点光滑、无尖锐凸起。

3. 同轴电缆测试

在施工和维护工作中，经常需要对同轴中继电缆进行测试，以判断电缆是否有虚焊、漏焊、短路，以及中继电缆在 DDF 处的连接位置是否正确。同轴电缆电路测试分在线监测和离线终端测试，在线监测通过 DDF 架监测孔进行，一般不影响业务；离线终端测试时将 DDF 架 U 型同轴连接器（塞子）拔除，将待测电路收发和测试仪表端子相连测试，此时业务中断。

同轴电缆测试时通常会提及对线的概念，测量对线的操作如下：

（1）将同轴电缆一头的信号芯线和屏蔽层短接（可以用短导线或镊子），在同轴电缆另一头用万用表测试信号芯线和屏蔽层之间的电阻，电阻应该约为 0 Ω。

（2）然后取消信号芯线和屏蔽层的短接，再在另一头用万用表测试，电阻应该为无穷大。

（3）如果测试结果与上面的描述相符，说明测试的两头是同一根电缆的两头，且此电缆正常。如果测试结果与上面的描述不相符，说明电缆中间存在断点或电缆接头处存在虚焊、漏焊、短路，或者这两头不是同一根电缆的两头。

5.7　RJ-11 电话水晶头制作

RJ-11 电话水晶头的制作步骤如下：

（1）在电话线一端 12 mm 处，用剥线钳或压线钳将电话线外皮剥除，将线按一定颜色顺序排列（线两端要一致）整理好，如图 5-18（a）所示。留下 8 mm 左右，将电线用剪刀或压线钳剪平，如图 5-18（b）所示。

（2）将电话线插入 RJ-11 水晶头内（水晶头铜片向上），如图 5-18（c）所示，一直插到水晶头底部，将水晶头放入压线钳 6P 或 4P 口内（根据水晶头的槽数）夹紧，如图 5-18（d）所示，使铜片能插入电线内，固定片压住电话线，如没固定好则是不规范的。用同样方法制作电话线另一端。

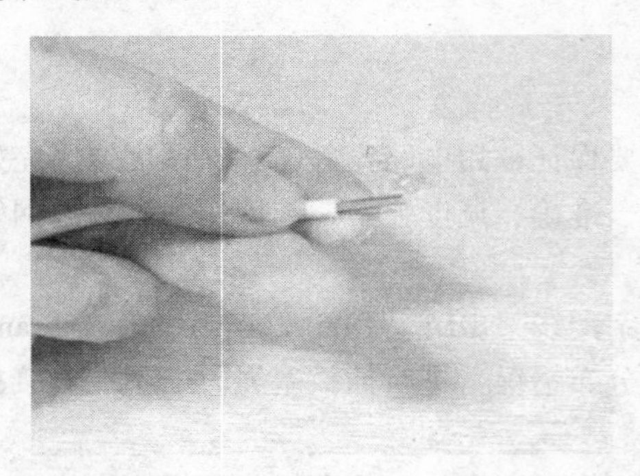

（a）待处理电话线端面处理

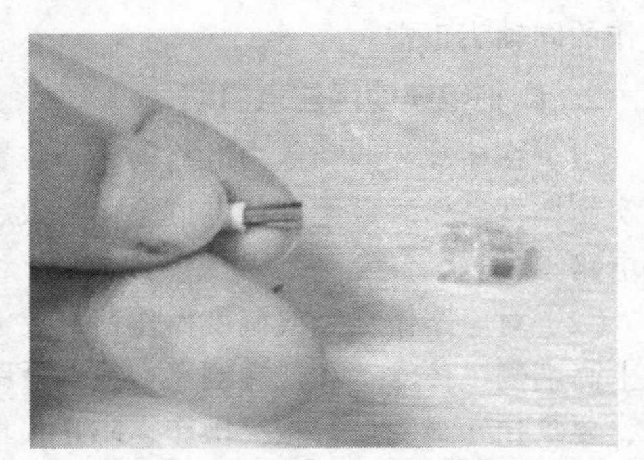

（b）处理后的线头断面

（c）端面插入水晶头

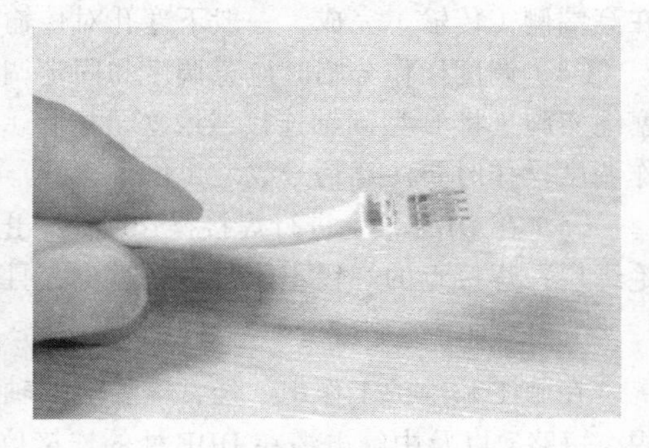

（d）利用压线钳压紧

图 5-18　RJ-11 电话水晶头的制作步骤

（3）检测。将电话线用网络测试仪进行通路测试，如有电路不通将重复上述过程进行。

5.8　RJ-11 电话信息模块安装

RJ-11 电话信息模块主要装在具有固定电话信息模块安装槽的位置。信息模块的卡线步骤如下：

（1）在电话线一端 12 mm 处，用剥线钳或压线钳将电话线外皮剥除，将线按一定颜色顺序排列（线两端要一致）整理好，留下 8 mm 左右，将电线用剪刀或压线钳剪平，如图 5-19

（a）所示。电话线的端面处理过程与电话线水晶头制作时的电话线端面处理过程一样。

（2）将准备好的卡线按照线序放置到电话模块上，如果是普通语音用户，只需要用 2 芯即可，将其放置于模块上，将其中不用的 2 芯剪去。注意刀口朝内，可将线直接卡断，如图 5-19（b）所示。

（3）利用卡刀用力将置于模块上的两根电话线卡入模块卡槽内，如图 5-19（c）所示。卡线完成后的效果如图 5-19（d）所示。必须要注意的是卡入卡槽的电话线颜色，即为电话通信用信号线的颜色，且必须要与电话线另外一端所用线的颜色要一致。

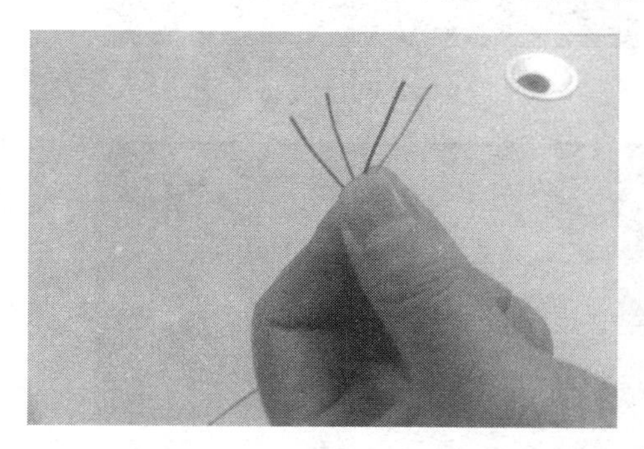

（a）电话线的端面处理

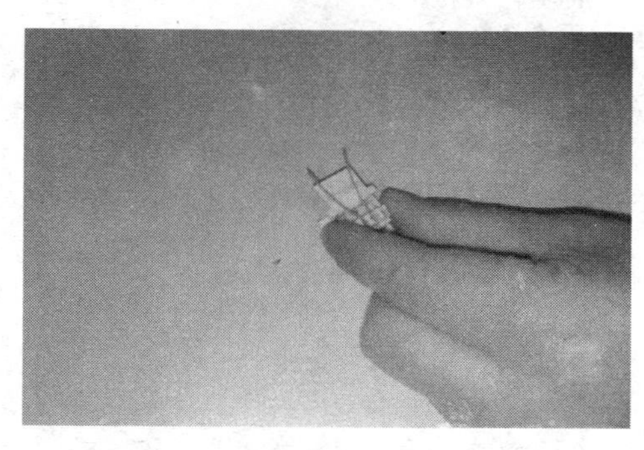

（b）将 2 线嵌入模块卡槽

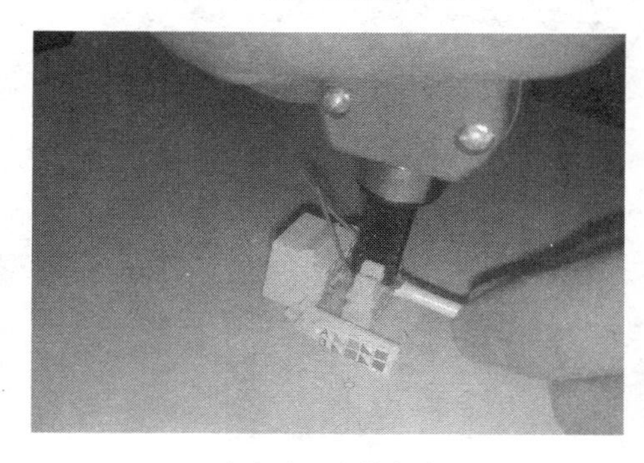

（c）卡刀卡线方式

（d）卡线完成后的模块

图 5-19　RJ-11 电话信息模块的卡线步骤

5.9　电话内外线模块安装

为更好理解内外线模块安装的方式，通过接续内外线模块，分别将两部电话机接至程控交换机（PBX），然后通过拨分机号实现通话，以实现测试电话内外线模块安装是否成功。

电话内外线模块安装步骤如下：

（1）先在一通信机柜平台上安装一个小型电话程控交换机，如图 5-20（a）所示。

（2）将电话水晶头接出，沿着机柜接到内线模块上，如图 5-20（b）所示。

（3）线缆从对应端口穿出，用卡线刀将其卡断，安装跳线从内线模块到外线模块当中。按照相同方式卡线，完成后接出水晶头，并插上保安模块，图 5-20（c）~ 图 5-20（f）所示。

（4）完成内外线模块接线后，即可摘机测试电话是否正常，电话正常摘机时，通常会有拨号音，拨通对方分机号即可实现两部话机的通话。

（a）小型电话程控交换机

（b）接入内线模块

（c）线缆从对应端口穿出

（d）用卡刀完成卡线操作

（e）输出端接上水晶头

（f）插上保安模块

图 5-20　电话内外线模块安装步骤

5.10　常用电动工具操作

1. 电动旋具（电动起子）操作规程

（1）检查电动起子电池是否有电，安装上适合大小的螺钉批头并检查批头是否按紧，如图 5-21（a）和 5-21（b）所示。

（2）安装螺钉时先要调整好电动起子的工作方向（电动起子有顺/逆时钟方向），如图 5-21（c）和 5-21（d）所示。

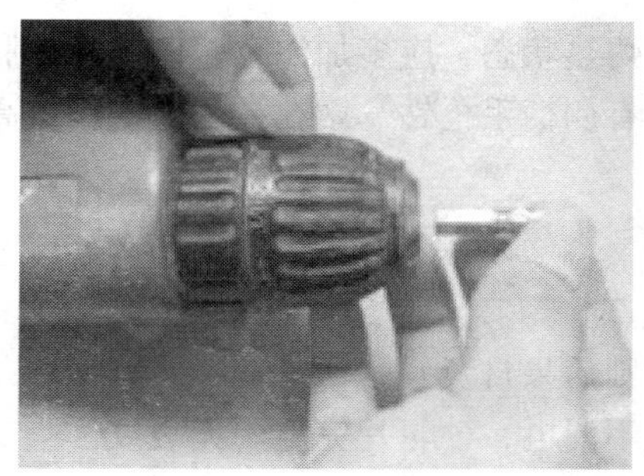

（a）安装合适的螺钉批头

（b）把螺钉批头拧紧

（c）调整好电动起子的工作方向

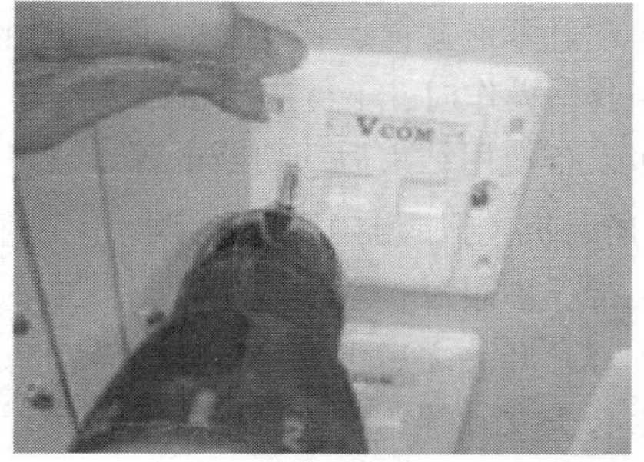

（d）安装信息面板

图 5-21　电动旋具（电动起子）操作规程

2. 冲击电钻操作规程

冲击电钻有三种工作方式：第一种为“单钻”模式。电钻只具备旋转方式，特别适合于在需要很小力的材料上钻孔，例如软木、金属、砖、瓷砖等。第二种为冲击钻模式。冲击钻依靠旋转和冲击来工作。单一的冲击是非常轻微的，但每分钟 40 000 多次的冲击频率可产生连续的力。冲击钻可用于天然的石头或混凝土。前两者是通用的，既可以用“单钻”模式，也可以用“冲击钻”模式，所以对专业人员和自己动手者，它们都是值得选择的基本电动工具。第三种模式为电锤模式。电锤依靠旋转和捶打来工作。单个捶打力非常高，并具有每分钟 1 000 到 3 000 的捶打频率，可产生显著的力。与冲击钻相比，电锤需要最小的压力来钻入硬材料，例如石头和混凝土，特别是相对较硬的混凝土。

操作电钻时，根据空洞的尺寸安装合适的钻头，根据钻孔的深度调节深浅辅助器，如图 5-22（a）和 5-22（b）所示。使用电钻时要注意个人防护，具体有以下几点：

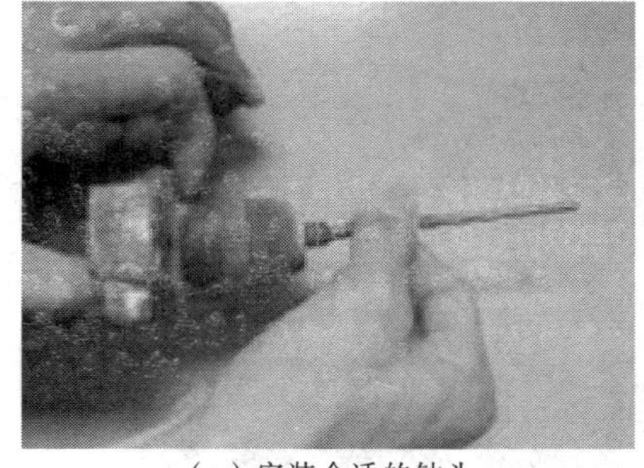

（a）安装合适的钻头

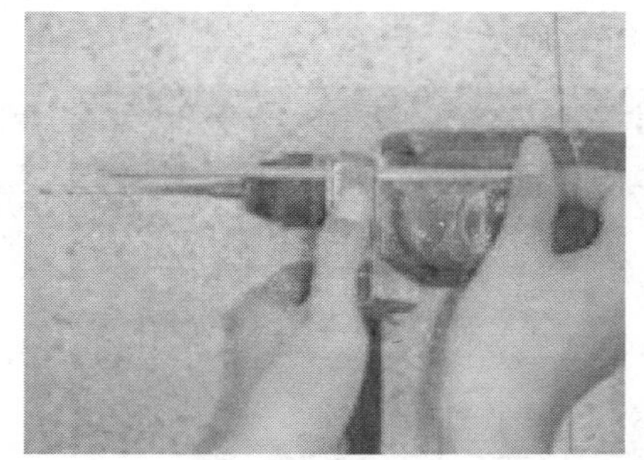

（b）调节深浅辅助器

图 5-22　冲击电钻操作方法

（1）面部朝上作业时，要戴上防护面罩。在生铁铸件上钻孔要戴好防护眼镜，以保护眼睛。

（2）钻头夹持器应妥善安装。作业时钻头处在灼热状态，应多加注意，以免灼伤肌肤。

（3）钻 ϕ12 mm 以上的手持电钻钻孔时应使用有侧柄手枪钻。站在梯子上工作或高处作业应做好高处坠落措施，梯子应有地面人员扶持。

3. 切割机、台钻操作规程

（1）切割机、台钻必须按使用说明规范操作。

（2）学生使用须经指导教师同意方可操作，否则后果自负。

（3）使用前应检查机器，保证机器接地良好、不漏电，砂轮片完整、无裂纹。

（4）开机后先空运转一分钟左右，判断运转正常后方可使用。

（5）注意不能碰撞、移动切割机。使用时，注意周围环境，不许打闹。

（6）台钻操作时，工件应用台钳夹持好，装好钻头，注意速度。单人操作，不能戴手套。

（7）设备使用结束后，切断电源，放好工具，打扫干净方可离去。

4. 角磨机（打磨器）操作规程

（1）带保护眼罩；

（2）打开开关之后，要等待砂轮转动稳定后才能工作；

（3）长头发同学一定要先把头发扎起；

（4）切割方向不能向着人；

（5）连续工作半小时后要停 15 min；

（6）不能用手捏住小零件对角磨机进行加工；

（7）工作完成后自觉清洁工作环境。

5.11 桥架与 PVC 线槽安装

1. 通信综合布线管线系统的主材

1）桥架

电缆桥架分为槽式、托盘式和梯架式等结构，由支架、托臂和安装附件等组成。选型时应注意桥架的所有零部件是否符合系列化、通用化、标准化的成套要求。桥架可以独立架设，也可以附设在其他建筑物和支架上，但必须体现结构简单、造型美观、配置灵活和维修方便等特点。同时，材质最好具有防腐、耐潮、附着力好、耐冲击、强度高的性能，如图 5-23（a）和图 5-23（b）所示。

（a）不锈钢网格桥架

（b）不锈钢槽式桥架

图 5-23 桥架

2）线槽

线槽有金属线槽和 PVC 线槽两种，PVC 线槽是布线工程中使用最为广泛的材料，它是一种带盖板、封闭式的管槽材料。常见的型号包括 PVC-20 系列、PVC-25 系列、PVC-30 系列、PVC-40 系列、PVC-60 系列等，宽度规格有 20 mm、25 mm、30 mm、40 mm 等。与线槽配套的连接件有各种转角、连线盒（单通、二通、三通等）以及连接头和封堵材料等。在实际施工过程中可通过剪接线槽来制作简易的连接件，下面介绍几种简单连接件的制作方法。

（1）PVC 线槽水平直角成型：在工程中简易弯曲角的做法是需要转弯的地方用角尺画出一根竖直线，再以该直线为直角画一等边三角形，然后用线槽剪沿着线条位置剪开，再将线槽弯曲搭接并固定；步骤如图 5-24 所示。

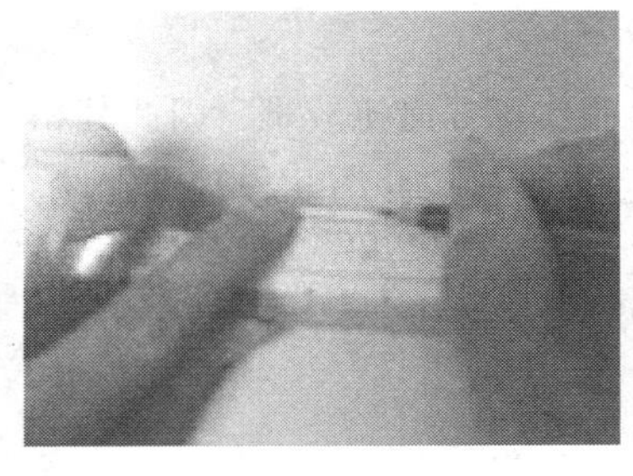
（a）对线槽的长度进行测量

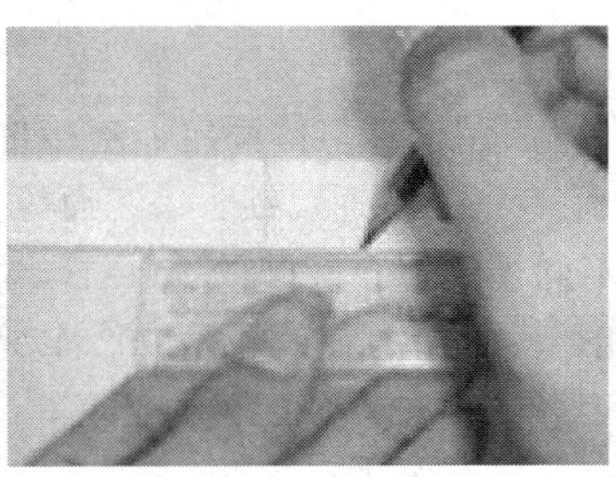
（b）以点为顶画一直线

（c）在线槽一侧画上线定点

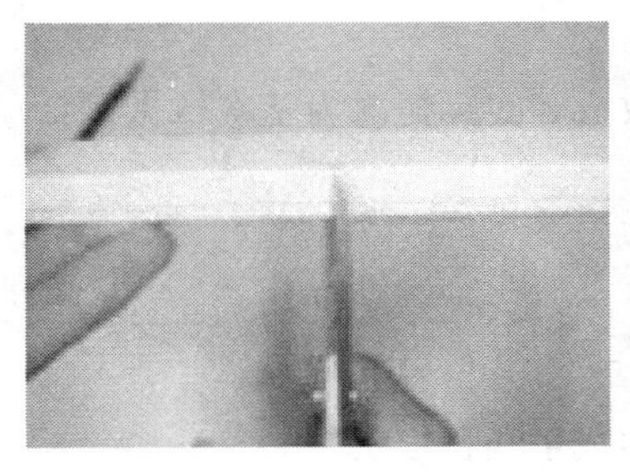
（d）以线为边进行裁剪

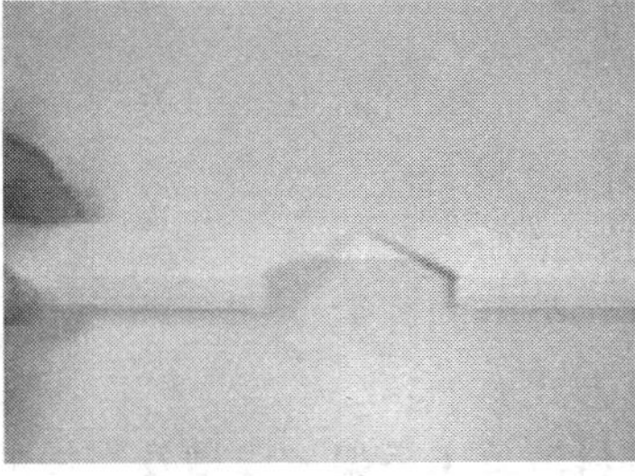
（e）裁剪后的效果

（f）把线槽弯曲成型

图 5-24　PVC 线槽水平直角成型步骤

（2）PVC 线槽非水平直角成型：以内弯角的制作为例，先是对线槽的长度进行定点，以点为顶画一直线，以这直线为直角线画一个等边三角形，另一侧也画一等边三角形，再用线槽剪剪掉两侧三角形，最后把线槽弯曲成形，步骤如图 5-25（a）~ 图 5-25（b）所示。

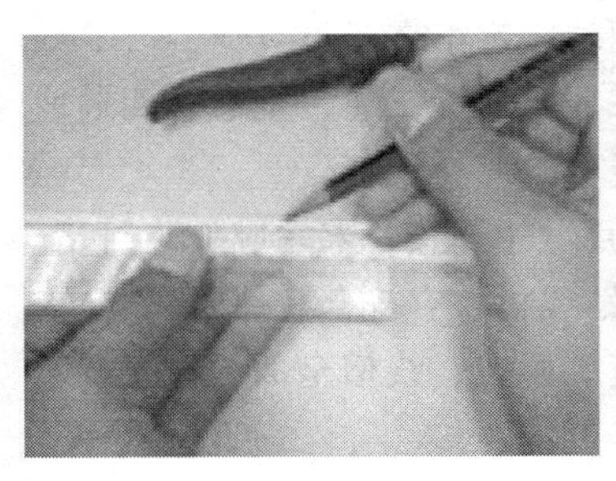
（a）对线槽的长度进行定点

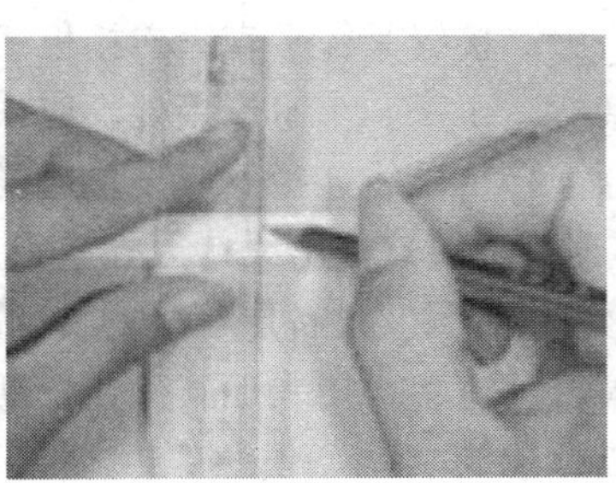
（b）以点为顶画一直线

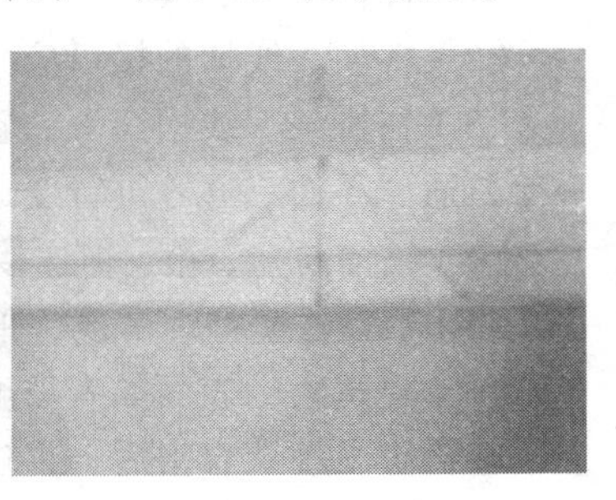
（c）画一个等边三角形

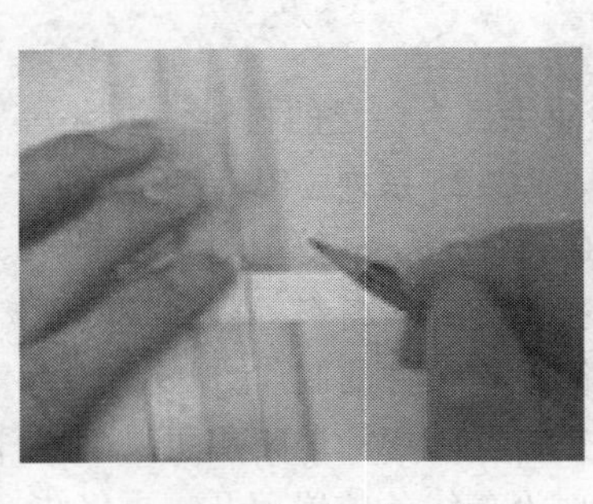

（d）在线槽另一侧画线

（e）剪去两侧三角形

（f）把线槽弯曲成型

图 5-24　PVC 线槽非水平直角成型步骤

3）PVC 管

PVC 管相对于线槽来说，在弯头制作、整体固定、连接件制作等方面比较难，因此其相关的配件比较多，具体包括管卡、弯通、直通、锁头、三通等。以下简单介绍几种常见配件。

管卡：用于固定 PVC 管，不同规格适合不同的 PVC 管。

弯通：用于连接两根口径相同的线管，使线管呈 90° 转弯。

直通：连接两根口径相同的线管，延续 PVC 管的长度。

锁头：用于将 PVC 管与桥架、底盒等进行连接。

三通：主要用于形成三个方向（相互垂直）的 PVC 管连通。

2. 管线系统的设计与安装流程

桥架、管线系统的设计过程应以工程所需电缆的类型、数量等实际情况为基本依据，合理选用。管线系统的设计与安装流程如下：

（1）确定桥架、线槽的走向和路径；

（2）确定桥架、线槽的宽度、类型和容量；

（3）选择桥架、线槽的安装方式；

（4）设计布线图纸，整理材料清单（桥架、线槽及附件的数量和长度）；

（5）桥架、线槽的安装，涉及强电类工程需要考虑接地保护；

（6）在安装好的桥架、线槽中布线。

3. 桥架、线槽安装注意事项

在进行桥架、管线系统的安装过程中需要注意以下几点：

（1）确保桥架、线槽平整，无扭曲变形，内壁无毛刺，各种附件齐全。

（2）桥架、线槽的接口应平整，接缝紧密平直，连接板两端固定牢靠。

（3）在桥架、线槽交叉、转弯、丁字、十字连接处，应采用单通、二通、三通、四通或平面二通、平面三通等进行变通连接，导线连接处应设置连线盒。

（4）线槽与盒、箱、柜连接时，进线口与出线口等处应采用翻边连接，末端应加装封堵。

（5）敷设在竖井、吊顶、通道、夹层及设备层等处的桥架、线槽、应符合有关防火要求。

（6）建筑物的表面如有坡度时，桥架、槽线随其变化坡度。桥架、线槽全部敷设完毕，应调整检查，确认合格后，再进行配线。

5.12 线缆的布放

1. 线槽内配线要求和操作步骤

桥架、管线系统设计施工完成后，就可以开始桥架、管线内的配线操作，在进行配线前需要注意以下几点要求，具体包括：

（1）线槽内配线前应清楚线槽内的积水和污物；

（2）在同一线槽内的导线截面积总和应该不超过内部截面积 40%；

（3）线槽口向下配线时，应将分支导线分别用尼龙绑扎带绑扎成束，并固定在线槽地板上，以防导线下坠；

（4）同一线槽内若有不同电压、不同回路、不同频率的导线，应增加隔板；

（5）导线较多时，除采用导线外皮颜色区分顺序外，也可在导线端头处做标记来区分；

（6）在穿越建筑物的变形缝时，导线应留有补偿余量；

（7）线槽两端线缆应留有一定余量；

（8）从室外引入室内的导线，穿过墙的部分应采用橡胶绝缘导线，不允许采用塑料绝缘导线，并应具有防水措施。

2. 线槽内配线操作步骤

线槽内配线的步骤可分为清扫线槽和放线。具体步骤如下：

（1）清扫线槽。可用抹布擦净线槽内残存的杂物和积水，使线槽内外保持清洁。若清扫墙面或地面内的暗线槽时，可先将带线穿通至出线口，然后将布条绑在带线一端，从另一端将布条拉出，反复多次就可将线槽内的杂物和积水清理干净。也可用空气压缩机将线槽内的杂物和积水吹出。

（2）放线。在架设好的桥架、管、槽等线缆支撑系统后就可以考虑实施电缆的布放。布线在宏观上体现了整体的工艺水平。

线缆布放前应该核对规格、程式、路由及位置是否与设计规定相符合。布放的线缆应平直，不得产生扭绞、打圈等现象，不应受到外力挤压和损伤。在布放前，线缆两端应贴有标签，标明起始和终端位置以及信息点的标号，标签书写应清晰、端正和正确。信号电缆、电源线、双绞线缆、光缆和建筑物内其他弱电线缆应分离布放。

从线缆箱中拉出线缆时，除去塑料塞拉出所要求长度的线缆并割断，将线缆滑回到槽中去，留数厘米伸出在外面，重新插上塞子以固定线缆。线缆处理（剥线）时，使用斜口钳在塑料外衣上切开“1”字型长的缝，找出尼龙的扯绳。将电缆紧握在一只手中，用尖嘴钳夹紧尼龙扯绳的一端，并把它从线缆的一端拉开，拉的长度根据需要而定。

布放线缆应有冗余。在二级交接间、设备间双绞电缆预留长度一般为 3 ~ 6 m，工作区为 0.3～0.6 m。特殊要求的应按设计要求预留。布放线缆，在牵引中吊挂线缆的支点相隔间距不应大于 1.5 m。

线缆布放过程中为避免受力和扭曲，应制作合格的牵引端头。如果采用机械牵引，应根据线缆布放环境、牵引的长度、牵引张力等因素选用集中牵引或分散牵引等方式。有的电缆布放是单独占用管线，有的则是需要和不同途径不同路由的电缆共同使用同一条管线。特别是几根电缆要共同穿越同一根管线时，最好同时一起穿越，否则要在管内留有拉线，以便今后要穿越的电缆穿线使用，同时还要留有一定的空间。

在布设电话线时，由于二芯护套电话线的护套和四芯电话线的外护套相对比较薄，在穿插塑料管的过程中，若塑料管的弯曲角小于90° 或塑料管的弯头处有棱角，容易擦伤划破外护套线，甚至造成电话线的断路现象。四芯电话线由于具有外护套，相对比较厚实，加上外径尺寸大于二芯电话线，不容易被擦伤划破。从通信功能上比较，每一对线路上都有一个用户信号通往交换机完成通信交换功能，而四芯电话线可同时安装两部号码不同的电话，扩充功能方便，而且又可以避免二芯电话线施工中的断路故障。因此四芯护套线是通信类电话发展的方向，也是布电话线中常要用到的。

在布设电缆和光缆时，通常在金属槽中布放 4 根 5 类线和 2 根光缆，线槽中在一定的距离要有绑扎工序。学会用棉线对电缆进入配线架前进行单扎和双扎整理。

布放线缆时还要要注意以下几点：

（1）整盘电缆布放时，电缆要放在托架上。线头要从电缆托盘架的上方抽出，防止电缆与地面摩擦。

（2）如果是小捆的 5 类双绞线电缆，线头要从整捆的轴线方向从里向外抽出。

（3）在进行光纤接续或制作光纤连接器时，施工人员必须戴上眼镜和手套，穿上工作服，保持环境洁净。

（4）不允许观看已通电的光源、光纤及其连接器，更不允许用光学仪器观看已通电的光纤传输通道器件。只有在断开所有光源的情况下，才能对光纤传输系统进行维护操作。

思　考　题

1. 如何制作 RJ-45 网络水晶头，需要注意什么？
2. 如何制作 RJ-11 电话线水晶头？与制作 RJ-45 有什么区别？
3. 配线架有哪几类？如何在配线架上打线？
4. 光纤连接器如何实现互连？光纤熔接采用什么方法？如何熔接？
5. 如何制作中继接头？
6. 在使用电动工具如电钻、角磨机、切割机时有哪些注意点？
7. 如何进行桥架与线槽的选择与安装？
8. 进行通信线缆布线时有哪些注意点？

第6章 常用通信测试工具使用

万用表、误码仪、网络测试仪、光功率计是通信工程中专用的测试工具。在实际工程中，熟练掌握这些测试工具是通信工程师必须具备的技能。通过本章学习，可使读者比较系统地掌握这些工具的使用。

6.1 万用表的使用

6.1.1 MF47 型万用表基本功能

MF47 型万用表是设计新颖的磁电整流式多量程万用电表，如图 6-1 所示。可供测量直流电流，交直流电压，直流电阻等，具有 26 个基本量程和电平、电容、电感、晶体管直流参数等 7 个附加参考量程。

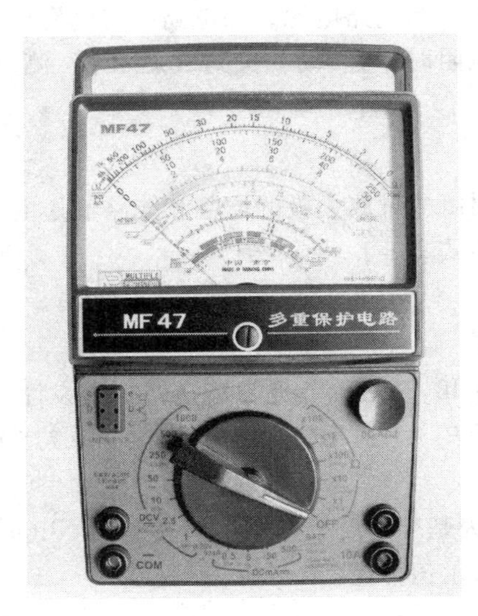

图 6-1 MF47 型指针万用表

刻度盘与挡位盘印制成红、绿、黑三色。表盘颜色分别按交流红色、晶体管绿色、其余黑色对应制成，使用时读数便捷。刻度盘共有 6 条刻度，第一条专供测电阻用；第二条供测交直流电压、直流电流之用；第三条供测晶体管放大倍数；第四条供测量电容用；第五条供测电感用；第六条供测音频电平。刻度盘上装有反光镜，以消除视差。

除交直流 2 500 V 和直流 5 A 分别有单独插座之外，其余各挡只须转动一个选择开关，使用方便。

6.1.2 MF47 型万用表使用方法

在使用前应检查指针是否指在机械零位，如不指在零位时可旋转表盖的调零器使指针指在零位。

将测试棒红黑插头分别插入“+”、“–”插座中，如测量交直流 2 500 V 或直流 5 A 时，红插头则应分别插到标有“2 500 V”或“5 A”的插座中。具体测量方法如下所述：

1. 直流电流测量

测量 0.05 ~ 500 mA 时转动开关至所需电流挡。测量 5 A 时转动开关可放在 500 mA 直流电流量程上而后将测试棒串接于被测电路中。

2. 交直流电压测量

测量交流 10 ~ 1 000 V 或直流 0.25 ~ 1 000 V 时，转动开关至所需电压挡。测量交直流 2 500 V 时，开关应分别旋转至交流 1 000 V 或直流 1 000 V 位置上，然后将测试棒跨接于被测电路两端。

3. 直流电阻测量

装上电池（R14 型 2 号 1.5 V 及 6F22 型 9 V 各一只）。转动开关至所需测量的电阻挡，将测试棒两端短接，调整零欧姆调整旋钮，使指针对准欧姆“0”位上，（若不能指示欧姆零位，则说明电池电压不足，应更换电池），然后将测试棒跨接于被测电路的两端进行测量。

准确测量电阻时应选择合适的电阻挡位，使指针尽量能够指向表刻度盘中间三分之一区域。测量电路中的电阻时应先切断电路电源，如电路中有电容应先行放电。

当检查电解电容器漏电电阻时，可转动开关到 R × 1K 挡，测试棒红笔必须接电容器负极，黑笔接电容器正极。

4. 音频电平测量

在一定的负荷阻抗上，用以测量放大极的增益和线路输送的损耗，测量单位以 dB 表示。音频电平电压与功率的关系为式（6–1）。

$$N = 10\ln\frac{P_2}{P_1} = 20\ln\frac{V_2}{V_1} \tag{6-1}$$

音频电平的刻度系数按 0 dB=1 mW、600 Ω 输送线标准设计。

因此式（6–1）中，V_1=（P_2）1/2=（0.001 × 600）1/2=0.775 V，P_2、V_2 分别为被测功率或被测电压。

音频电平是以交流 10 V 为基准刻度，如指示值大于+22 dB 时，可以在 50 V 以上的各量限测量，其示值可按表 6–1 所示值修正。

表 6–1 音频电平测量

量限（单位：V）	按电平刻度增加值（dB）	电平的测量范围（dB）
10 V	0	–10 ~ +22 dB
50 V	14 dB	+4 ~ +36 dB
250 V	28 dB	+18 ~ +50 dB
500 V	34 dB	+24 ~ +56 dB

测量方法与交流电压基本相似，转动开关至相应的交流电压挡，并使指针有较大的偏转。如被测电路中带有直流电压成分时，可在“+”插座中串接一个 0.1μF 的隔离电容器。

5. **电容测量**

转动开关至交流 10 V 位置，被测量电容串接于任一测试棒，而后跨接于 10 V 交流电压电路中进行测量，测量范围为 0.001 ~ 0.3 μF。

6. **电感测量**

电感测量与电容测量方法相同，测量范围为 20 ~ 1 000 H。

7. **晶体管参数的测量**

1）直流放大倍数 hFE 的测量

先转动开关至晶体管调节 ADJ 位置，将红黑测试棒短接，调节电位器，使指针对准 300 hFE 刻度线上，然后转动开关到 hFE 位置，将要测的晶体管脚分别插入晶体管测试座的 ebc 管座内，指针偏转数值约为晶体管的直流放大倍数值。N 型晶体管应插入 N 型管孔内，P 型晶体管应插入 P 型管孔内。

2）反向截止电流 Iceo，Icbo 的测量

Iceo 为集电极与发射极间的反向截止电流（基极开路），Icbo 为集电极与基极间的反向截止电流（发射极开路）。转动开关 Ω × 1K 挡将测试棒二端短路，调节零欧姆上，（此时满度电流值约 90 μA）。分开测试棒，然后将欲测的晶体管插入管座内，此时指针的数值约为晶体管的反向截止电流值。指针指示的刻度值乘上 1.2 即为实际值。

当 Iceo 电流值大于 90 μA 时可换用 Ω × 100 挡进行测量（此时满度电流值约为 900 μA）。N 型晶体管应插入 N 型管座，P 型晶体管应插入 P 型管座。

3）三极管管脚极性的辨别（将万用表置于 Ω × 1K 挡）

（1）判定基极 b：由于 b 至 c、b 至 e 分别是两个 PN 结，它的反向电阻很大，而正向电阻很小。测试时可任意取晶体管一脚假定为基极。将红测试棒接“基极”，黑测试棒分别去接触另两个管脚，如此时测得都是低阻值，则红测试棒所接触的管脚即为基极 b，并且是 P 型管，（如用上法测得均为高阻值则为 N 型管）。如测量时两个管脚的阻值差异很大，可另选一个管脚为假定基极，直至满足上述条件为止。

（2）判定集电极 c：对于 PNP 型三极管，当集电极接负电压，发射极接正电压时，电流放大倍数才比较大；而 NPN 型管则相反，测试时假定红测试棒接集电极 c，黑测试棒接发射极 e，记下其阻值，而后红黑测试棒交换测试，将测得的阻值与第一次阻值相比，阻值小的红测试棒接的是集电极 c，黑的是发射极 e，而且可判定是 P 型管（N 型管则相反）。

4）二极管极性判别

测试时选 R × 10K 挡，黑测试棒一端测得阻值小的一极为正极。万用表在欧姆电路中，红测试棒为电池负极，黑的为电池正极。

注意：以上介绍的测试方法，一般都用 R×100，R×1K 挡，如果用 R×10K 挡，则因该挡用 15 V 的较高电压供电，可能将被测三极管的 PN 结击穿，若用 R×1 挡测量，因电流过大（约 90 mA），也可能损坏被测三极管。

6.1.3 万用表使用注意事项

（1）万用表虽有双重保护装置，但使用时仍应遵守下列规程，避免意外损失。

① 测量高压或大电流时，为避免烧坏开关，应在切断电源情况下，变换量限；

② 测未知量的电压或电流时，应先选择最高挡，待第一次读取数值后，方可逐渐转至适当位置以取得较准读数并避免烧坏电路；

③ 偶然发生因过载而烧断保险丝时，可打开表盒换上相同型号的熔丝（0.5 A/250 V）。

（2）测量高压时，要站在干燥绝缘板上，并一手操作，防止意外事故。

（3）万用表用干电池应定期检查，更换，以保证测量精度。不使用时应将挡位盘打到交流 250 V 挡；如长期不使用应取出电池，以防止电液溢出腐蚀而损坏其他零件。

6.2 误码仪的使用

误码仪主要用于测量通信线路数据通信的误码率和分析线路故障及原因。可方便地完成对信道传输参数测量及日常维护测试。现以手持式数字信道误码性能测试及分析仪 tl3000EVR 为例作功能介绍，如图 6-2 所示。

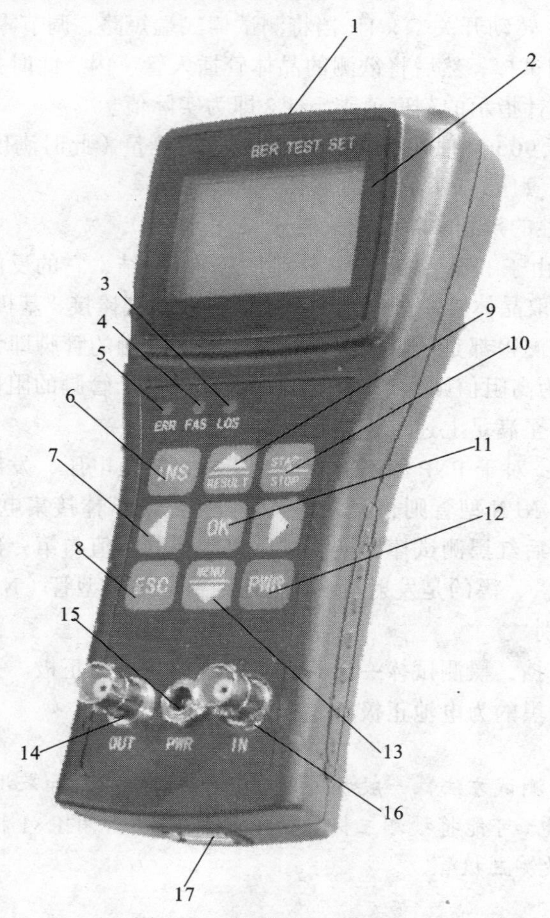

图 6-2 误码仪 tl3000EVR

1. 面板功能说明

（1）RS-232 接口。

（2）液晶显示屏。

（3）“LOS”无时钟告警/全“1”指示灯。

（4）“FAS”失步告警指示灯。

（5）“ERR”错码告警/充电指示灯。

（6）“INS”插错按键。

（7）方向按键。

（8）“ESC”取消按键。

（9）“↑/RESULT”按键。

（10）“START/STOP”按键。

（11）“OK”确认按键。

（12）“PWR”电源开关。

（13）“MENU/↓”按键。

（14）E1 信号 OUT 口。

（15）直流电源输入口

（16）E1 信号 IN 口。

（17）USB 接口。

面板指示灯说明：

（1）ERR：双色双功能指示，其中的红色灯为误码指示，有单个误码时，此红色灯闪亮 0.25 s，当有连续误码且误码间隔小于 0.25 s 时，此红色灯长亮；绿色灯为充电指示，接入电源适配器后，长亮时电池充电，熄灭时电池充满。

（2）FAS：码图失步指示，在码图同步状态下，此灯灭，当连续 3 次没有捕获码图同步信号后，进入码图失步状态，此灯点亮；在码图失步状态下，当连续 3 次捕获码图同步信号后，进入码图同步状态，此灯熄灭。

（3）LOS：无信号或无时钟指示，在无信号或无时钟状态下，此灯点亮。在有接收信号或时钟条件下，此灯熄灭。当测试类型为 E1（3 个子类型）或 E2 且输入码为全“1”时，此灯闪亮。

注意：“ERR”错码告警/充电指示灯为双功能灯，当作为充电指示时，此灯为绿色（电池充满电后，此灯灭）。当作为错码告警指示时，此灯为红色。

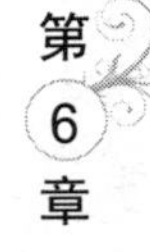

2. 功能简介

tl3000EVR 手持式误码仪可支持多种类型、速率接口（见表 6-2）和多种测试码型（见表 6-3），可实现多种误码性能指标统计，如误码数、误码秒、误码率、高误码秒，有效秒等；多种误码性能分析，如基本分析、统计分析、历史记录等；测试结果自动记录到内部存储器，可随时调出查看，并能通过 USB 电缆下载到 PC 中，利用随机附带软件进行更详细的误码性能分析。

表 6-2　多种类型、速率接口

接口类型	预设接口速率	自定义接口速率	码　型	连 接 头
Asynchronous RS232（异步 RS232）	1.2 ~ 128 Kbit/s	300 bit/s ~ 128 Kbit/s	NRZ	DB25
Synchronous RS232（同步 RS232）	1.2 ~ 128 Kbit/s	300 bit/s ~ 128 Kbit/s	NRZ	DB25
Synchronous V.35（同步 V.35）	64 ~ 2 048 Kbit/s	300 bit/s ~ 10 Mbit/s	NRZ	DB25
V.35 FRAMED（V.35 分时隙）	2 048 Kbit/s，±10 ppm	2 048 Kbit/s，±100 ppm	NRZ	DB25

续表

接口类型	预设接口速率	自定义接口速率	码 型	连 接 头
Synchronous TTL level（同步 TTL 电平）	64 ~ 2 048 Kbit/s	300 bit/s ~ 10 Mbit/s	NRZ	DB25
E1 2048K（透明 E1）	2 048 Kbit/s，±10 ppm	2 048 Kbit/s，±100 ppm	HDB3	BNC
E1 ONLINE（E1 在线）	2 048 Kbit/s，±10 ppm	2 048 Kbit/s，±100 ppm	HDB3	BNC
E1 FRAMED（E1 分时隙）	2 048 Kbit/s，±10 ppm	2 048 Kbit/s，±100 ppm	HDB3	BNC
E2 FRAMED（E2 成帧）	8 448 Kbit/s，±10 ppm	8 448 Kbit/s，±60 ppm	HDB3	BNC

表 6-3　多种测试码型

重复码	ALL 0、ALL 1、ALTER 0，1
伪随机序列码	2^4-1（15）、2^6-1（63）、2^9-1（511）、$2^{11}-1$（2047）、$2^{15}-1$（$2^{15}-1$）

6.2.1　误码仪技术规格

tl3000EVR 手持式误码仪的技术规格如表 6-4 所示。

表 6-4　误码仪技术规格

稳压电源	输入 100 ~ 240 V，50 Hz 交流电压 输出+5 V，1 A 直流电压
电池	4.2 V，1 400 mA·h 锂离子充电电池
功耗	非充电态：≤150 mA 充电态：≤400 mA
外形尺寸	180 mm × 77 mm × 20 mm
重量	300 g（含电池）
频率测量范围	1 Hz ~ 10 MHz
频率测量精度	≤ ± 10 ppm
通信接口	USB-RS-232C 转接口，38 400 bit/s
工作环境温度	0℃ ~ +45℃
工作环境湿度	0 ~ 90%

6.2.2　误码仪菜单结构

误码仪 tl3000EVR 显示屏的菜单结构如图 6-3 所示。

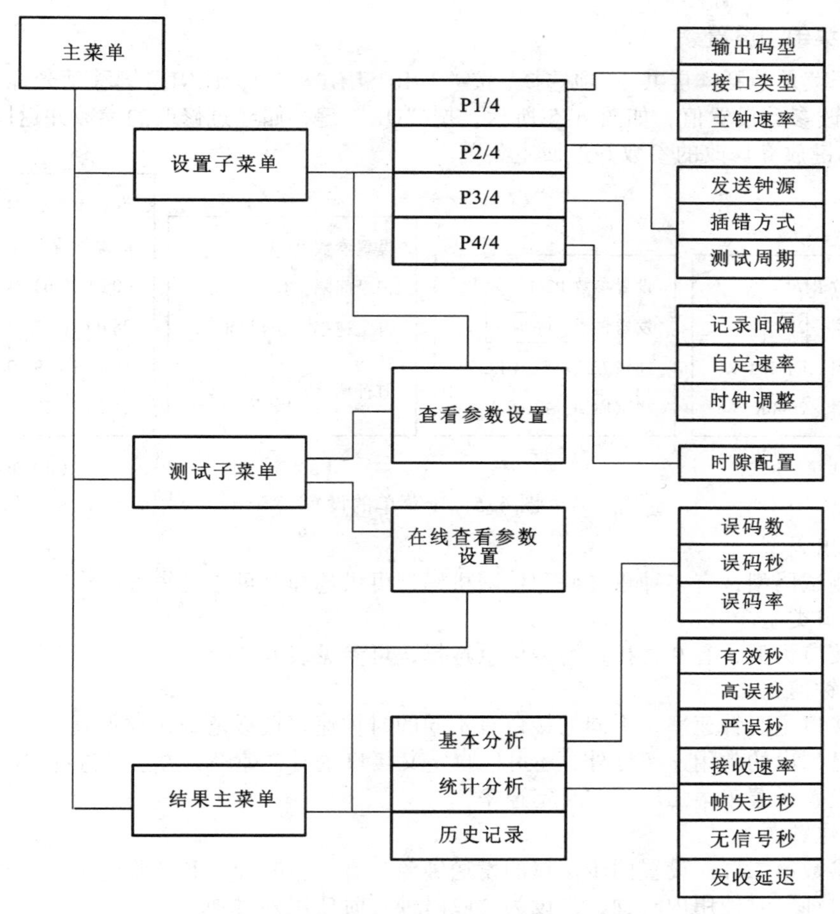

图 6-3　误码仪 tl3000EVR 显示屏的菜单结构

注意：只有接口类型设置为“E1 FRAMED 或 V.35 FRAMED”时，才能显示出来 P4/4 屏（既时隙配置设置显示）。

1. 主菜单

按住红色“PWR”键 3 s 即可打开仪表电源，液晶显示屏将出现开机画面，数秒后转换为主菜单，界面如图 6-4 所示。

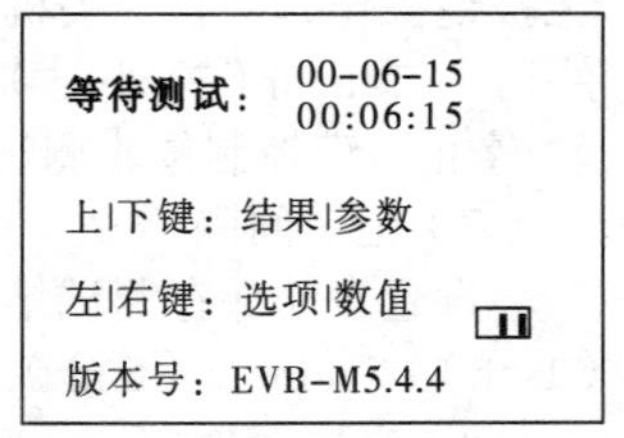

图 6-4　主菜单

（1）按“↓/MENU”键可进入设置子菜单，设置即将开始的误码测试所需的参数。

（2）按“↑/RESULT”键可进入结果子菜单，显示已完成的测试结果及误码性能分析，并能查看输入信号频率。

（3）进入设置子菜单后可用“←”、“→”键修改选项数值，进入结果子菜单后可用“↑/RESULT”、“↓/MENU”键翻页。

（4）按“START/STOP”键可开始新的误码测试，并进入测试子菜单。

（5）00-06-15 00:06:15 为日期及时间显示。

2. 子菜单的设置

设置子菜单包括 4 屏共 12 项选择，按“↑/RESULT”、“↓/MENU”键移动光标，按“←”、“→”键修改参数设置值，如图 6-5 所示，按“OK”键存储经过修改的参数并返回主菜单，按“ESC”键放弃修改的参数并返回主菜单。

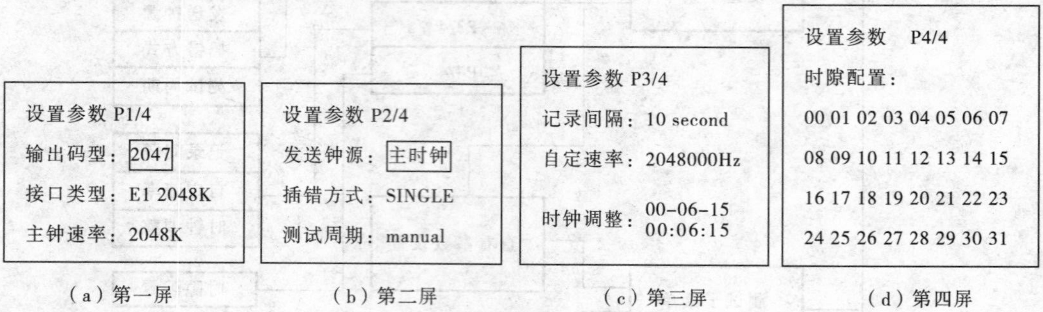

设置参数 P1/4
输出码型：2047
接口类型：E1 2048K
主钟速率：2048K

（a）第一屏

设置参数 P2/4
发送钟源：主时钟
插错方式：SINGLE
测试周期：manual

（b）第二屏

设置参数 P3/4
记录间隔：10 second
自定速率：2048000Hz
时钟调整：00-06-15 00:06:15

（c）第三屏

设置参数 P4/4
时隙配置：
00 01 02 03 04 05 06 07
08 09 10 11 12 13 14 15
16 17 18 19 20 21 22 23
24 25 26 27 28 29 30 31

（d）第四屏

图 6-5 子菜单的设置

1）输出码型

设置测试码型，有多种重复码和伪随机码型可供选择，可参见表 6-3。

2）接口类型

设置接口类型，有 9 种接口类型可供选择，可参见表 6-2。

3）主钟速率

设置接口主时钟速率，不同的接口有不同的时钟速率选择范围，详见表 6-2。每种接口除了选择已列出的常用速率以外，还可以自定义接口主时钟速率，方法是选择“USER-DEF”选项，并设置子菜单第三屏的“自定速率”。

4）发送钟源

设置参数第二屏，设置同步接口的发送钟源，有“主时钟”和“收时钟”两种选择。当设为“主时钟”时使用内时钟，当设为“收时钟”时使用外时钟。

5）插错方式

设置人工插入错码方式，有 SINGLE（单个）、10E-2、10E-4、10E-6 四种选择。

6）测试周期

设置欲测试的时间长度，当开始测试后到达设定的时间长度时，停止测试，若 5 min 内无按键操作，则自动关机。设定时间测试有 15minute（15 分钟）、1hour（1 小时）、8hour（8 小时）、24hour（24 小时）4 种选择。另外还有 manual（手动）选择，当设为“手动”时用“启动/停止”键控制停止测试。

7）记录间隔

设置自动保存测试结果和参数的时间间隔，有 1 second（1 秒）、10 second（10 秒）、1 minute（1 分）、5 minute（5 分）、15 minute（15 分）、1 hour（1 小时）6 种选择。

8）自定速率

输入自定义接口主时钟频率（只有在用户将 P1/4 中的主钟速率设定为“USER-DEF”时，才可以进行输入设置），自定速率的范围详见表 6-2。

9）时钟调整

设置当前的日期和时间。

10）时隙配置

E1 分时隙测试和 V.35 分时隙测试的被测时隙定义在设置菜单的最后一页（仅当接口类型设为“E1 FRAMED”和“V.35 FRAMED”类型时才可能显示此页），在设置菜单状态下按

“↑”、“↓”键进入被测时隙定义页，液晶屏分四行显示00～31的时隙号，时隙号反白显示则表示误码仪使用此时隙参与测试，正常显示则表示误码仪不使用此时隙参与测试，刚进入此菜单时在时隙00前显示光标，按“↑”、“↓”键可移动光标，点按左/右键可改变紧跟着光标时隙的使用与否；除了00时隙不能被使用外，其他时隙可任意定义为使用与不使用。

注意：E1分时隙和V.35分时隙在使用时，定义时隙的方法相同。

3. 测试子菜单的使用

参数设置完成后，按“OK”键存储经过修改的参数并返回主菜单。按“START/STOP”键进入测试子菜单，开始新的误码测试，如图6-6所示。按“INS”键可插入错码，测试结束后再按一次“START/STOP”键停止测试并返回主菜单。

（1）测试秒上面的数字表示本次测试进行的时间，下面的数字表示测试周期剩余的时间。

（2）在测试过程中按“↓/MENU”键可查看本次测试的参数设置，查看设置菜单有3屏，内容同设置子菜单，查看完后按“ESC”键可返回测试子菜单。

（3）在测试过程中按“↑/RESULT”键可查看本次测试的误码分析和结果记录，查看结果菜单有4屏，内容同结果子菜单，查看完后按“ESC”键可返回测试子菜单。

（4）当仪表处于测试状态时，电源开关“PWR”键被屏蔽，只有退出测试状态后才能关闭仪表电源。

正在测试：08-01-01 10:10:10
测试秒：152 3448
误码率：0.0000e-00
误码数：0

图6-6　测试子菜单

4. 测试结果子菜单的使用

从主菜单或测试子菜单按“↑/RESULT”键均可进入结果子菜单，查看测试的误码分析和结果记录，共有4屏内容，如图6-7（a）～6-7（d）所示。按“↑/RESULT”、“↓/MENU”键翻屏，按“ESC”键可返回主菜单或测试子菜单。

基本分析
误码数：0
误码秒：0
误码率：0.0000e-00

（a）第一屏

统计分析
有效秒：0　0.00%
高误秒：0　0.00%
严误秒：0　0.00%

（b）第二屏

接收速率：2048000Hz
帧失步秒：0
无信号秒：0
发收延迟：------

（c）第三屏

NO 200 3600
历史记录　SEC:60
TIME：06-01-19 06:01:15
PA:2^15-1　SP:2048K
EB:0　ES:0
SES:0　UNA:0
FAS:0　LOS:0
BER:0.00E-00 PER:28800

（d）第四屏

图6-7　测试结果子菜单

SEC—测试秒；　SP—速率；　FAS—帧失步秒；
PA—测试码型；　ES—误码秒；　LOS—无信号秒；
EB—误码数；　UNA—不可用秒；　PER—测试周期；
SES—高误码秒；　BER—误码率；
TIME—日期和时间；　“**60”—记录间隔为60 s

1）误码数

本次测试开始至当前时刻止有效秒内的误码总个数。

2）误码秒

本次测试开始至当前时刻止有效秒内的误码秒总数。

3）误码率

本次测试开始至当前时刻止有效秒内的平均误码率。

4）有效秒

指总的测试时间扣除严误秒、帧失步秒、无信号秒。

5）高误码秒

本次测试开始至当前时刻止有效秒内的秒内误码率大于 1×10^{-6} 且小于等于 1×10^{-3} 的秒数值。（其中，0.00%表示高误码秒率）

6）严误码秒（严重误码秒）

秒内误码率大于等于 10E-3 的秒，不包括帧失步秒和无信号秒。

7）接收速率

测量输入信号或时钟的频率值，此功能相当于数字频率计。

8）帧失步秒

本次测试开始至当前时刻止帧失步（码图失步）的时间值。

9）无信号秒

本次测试开始至当前时刻止无输入信号或时钟的时间值。

10）发收延迟

此功能为 E1 时延测试。测试时需要设置如下：接口类型为 E1 2048K，码型为 215-1。同时外部必须为线路环回测试。此功能最大可测试时延为 16 ms。

11）历史记录

共有 256 个历史数据存储单元，编号为 No:000～255。记录编号的 0～249 号为最近一次测试产生的记录；250 ~ 255 为最近 6 次测试的停止记录，编号越小时间越近。按“←”/“→”键查看前面/后面一条记录。

12）历史记录的上传

误码仪在开机状态下，将误码仪的 USB 口与 PC 相连，可在 PC 上查看历史记录的数据并作出相应的数据分析和报表。

6.2.3 误码仪连接方法

（1）误码仪 E12048K（ON LINE）/E1（E2）FRAMED 信号自检测试。

误码仪 E12048K（ON LINE）/E1（E2）FRAMED 信号自检测试可采用图 6-8 所示两种连接方法。

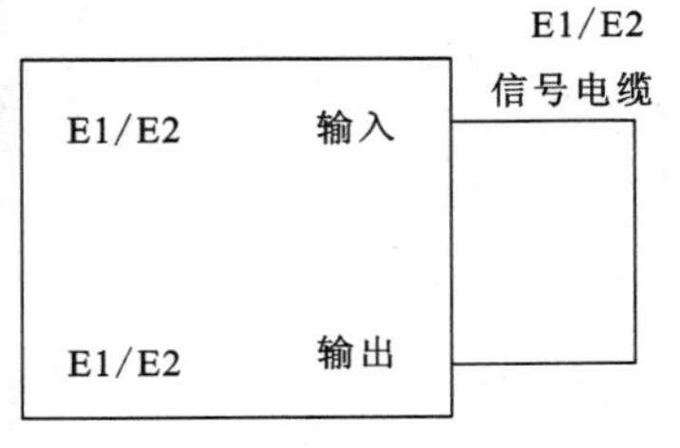

自测试环

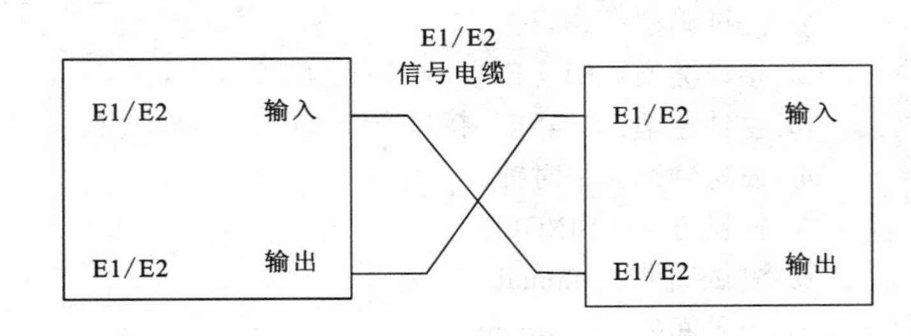

对联测试

图 6-8 误码仪自检测试

参数设置：

① 测试码型：2047。

② 接口类型：E1（E2）FRAMED、E1 2048K、E1 ONLINE。

③ 主钟速率：2048K（接口类型 E1）、8448K（接口类型 E2）。

④ 发送钟源：主时钟。

⑤ 插错方式：SINGLE。

⑥ 测试周期：Manual。

⑦ 记录间隔：5 minute。

自检检测时，如果“ERR”“FAS”“LOS”3 个告警指示灯均不亮；误码秒不计数，而误码数和误码率均为零；按一次“INS”键，将在本端（自环测试）或对端（对联测试）计一个误码。如果满足以上 3 个条件，说明测试正确，否则说明测试不正确。

（2）误码仪 E1 2048K/E1（E2）FRAMED 信号测试。

误码仪 E1 2048K/E1（E2）FRAMED 信号测试连接可采用以图 6-9 所示两种连接方法。

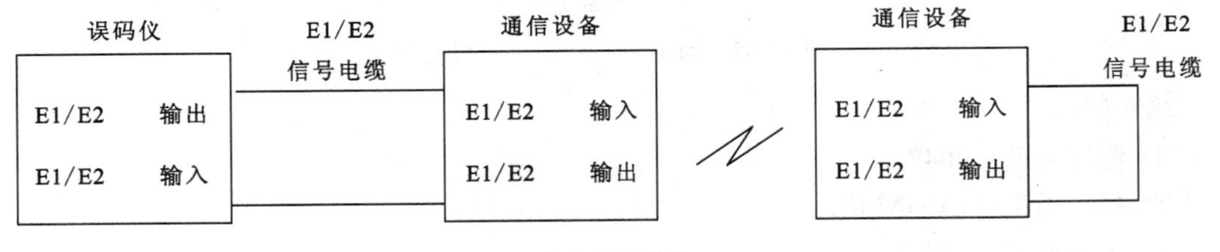

（a）自环测试

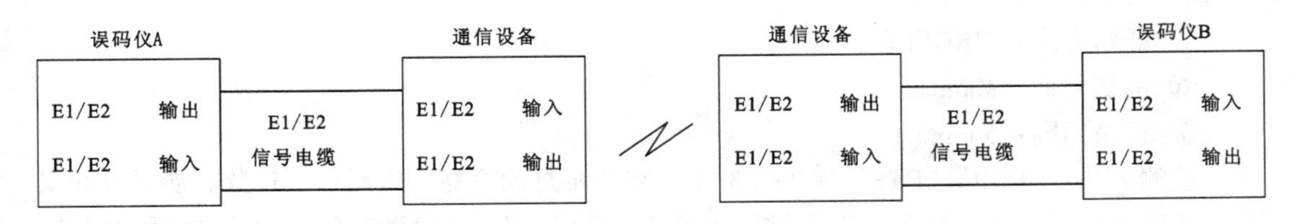

（b）对联测试

图 6-9 误码仪信号测试

参数设置：

① 测试码型：2047。

② 接口类型：E1（E2）Framed、E1 2048K。

③ 主钟速率：2048K（接口类型 E1）、8448K（接口类型 E2）。

④ 发送钟源：主时钟。

⑤ 插错方式：SINGLE。

⑥ 测试周期：Manual。

⑦ 记录间隔：5 minute。

信号检测时，“ERR”“FAS”“LOS”3 个告警指示灯均不亮；误码秒不计数，误码数和误码率实时统计；按一次“INS”键，能在本端（自环测试）或对端（对联测试）计一个误码；按“START/STOP”键停止测试，再按一次“START/STOP” 键开始新的测试。

测试时不仅要看液晶显示屏的内容，还要注意观察各指示灯的状态，才能做出正确的判断。

（3）误码仪 E1 ONLINE 信号测试。

误码仪 E1 ONLINE 信号测试可采用图 6-10 所示方法。

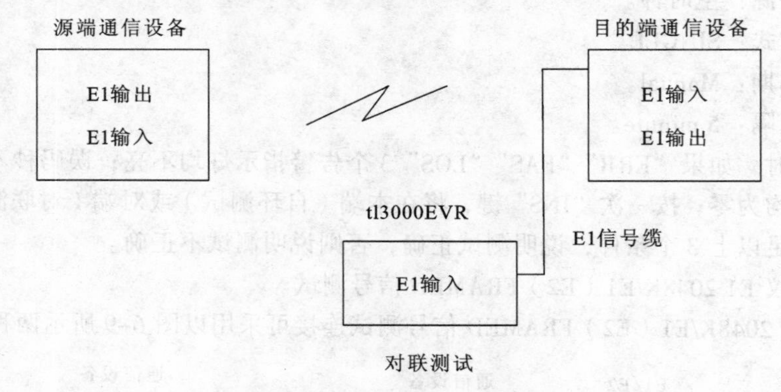

图 6-10 E1 ONLINE 信号对联测试

参数测试：

① 测试码型：2047。

② 接口类型：E1 ONLINE。

③ 主钟速率：2048K。

④ 发送钟源：主时钟。

⑤ 插错方式：SINGLE。

⑥ 测试周期：Manual。

⑦ 记录间隔：5 minute。

检测方法：“ERR”“FAS”“LOS”3 个告警指示灯均不亮；误码秒不计数，误码数和误码率实时统计；按“START/STOP”键停止测试，再按一次“START/STOP”键开始新的测试。

6.2.4 误码仪故障对策

当仪表使用不正常时，请先按照表 6-5 的提示检查问题的起因。

表 6-5 误码仪故障对策

现 象	原 因	对 策
开机无显示	锂电池电量已用完	使用交流稳压电源
开机显示乱码，无开机画面，按键无反应	开机复位不正确	用针状物插入仪器背面复位孔中按复位键重新开机
进行同步信号测试时，某一端误码仪出现“ERR”和“FAS”告警灯长亮现象（非信道原因所致）	相连的通信设备和误码仪的时钟设置不正确，导致时钟发生冲突，如两者都设为主钟的情况	更改通信设备和误码仪的时钟设置，保证同步通信系统只有一个时钟源

6.3 网络测试仪的使用

网络测试仪通常也称专业网络测试仪或网络检测仪，是一种可以检测 OSI 模型定义的物理层、数据链路层、网络层运行状况的便携、可视的智能检测设备，主要适用于局域网故障检测、维护和综合布线施工中，网络测试仪的功能涵盖物理层、数据链路层和网络层。网络测试仪的使用可以极大地降低网络管理员排查网络故障的时间，可以提供综合布线施工人员的工作效率，加速工程进度和工程质量。目前国内在通信综合布线中使用最为广泛的是有线网络检测仪，图 6-11 所示为双绞线有线网络测试仪，测试比较简单，采用 8 根双绞线逐根（对）自动扫描的方式，快速测试双绞线与同轴电缆。只需推动电源开关即可测试。并有快慢两挡测试速度，适合不同的场合。

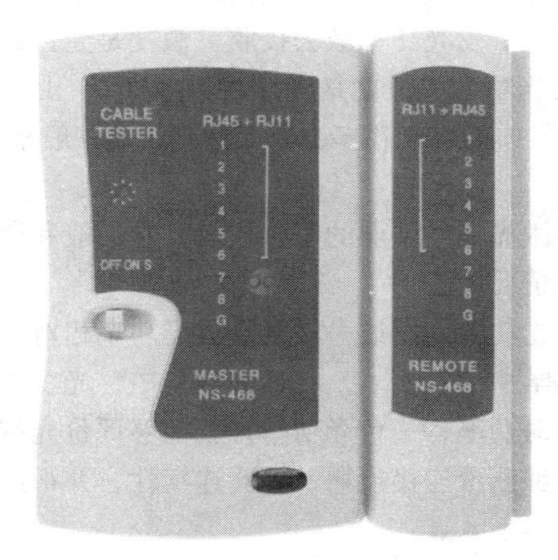

图 6-11 双绞线有线网络测试仪

1. 网络测试仪功能

（1）对双绞线 1、2、3、4、5、6、7、8、G 各线对逐根（对）测试，并可区分判定哪一根（对）错线，产生短路和开路。

（2）开关 ON 为正常测试速度，“S”为慢速测试速度。

2. 双绞线测试

打开电源，将网线插头分别插入主测试器和远程测试器，主机指示灯从 1 ~ G 逐个顺序闪亮，远程端也从 1 ~ G 顺序闪亮：

主测试器：1–2–3–4–5–6–7–8–G。

远程测试器：1–2–3–4–5–6–7–8–G（RJ–45）。

3. 接线不正常的显示

若接线不正常，按下述情况显示：

（1）当有一根网线如 3 号线断路，则主测试仪和远程测试端 3 号灯饰都不亮。

（2）当有几条线不通时，则几条线都不亮，当网线少于 2 根线连通时，灯都不亮。

（3）当两头网线乱序，例如：2、4 线乱序，则显示如下：

主测试器不变：1–2–3–4–5–6–7–8–G。

远程测试端为：1–4–3–2–5–6–7–8–G。

4. 短路的显示

当网线有 2 根短路时，则主测试器不亮，而远程测试端显示短路的 2 根线灯都微亮，若有 3 根以上（含 3 根）短路时，所有短路的几条线号的灯都不亮。

6.4 光功率计的使用

6.4.1 光功率计概述

光功率的单位是 dBm，在光纤收发器或交换机的说明书中有它的发光和接收光功率，接收端能够接收的最小光功率称为灵敏度，能接收的最大光功率减去灵敏度的值（单位是 dB，dBm–dBm=dB），称为动态范围；发光功率减去接收灵敏度是允许的光纤衰耗值测试时实际的发光功率减去实际接收到的光功率的值就是光纤衰耗（dB）。由于每种光收发器和光模块的动态范围不一样，所以光纤具体能够衰耗多少看实际情况，一般来说允许的衰耗为 15 ~ 30dB 左右。

光功率计是测试光缆里激光信号强弱的一种仪表，它一般和激光光源配合使用，也可以单独使用（一端有光端机的情况）。

光功率计用于测量绝对光功率或通过一段光纤的光功率相对损耗。在光纤系统中，测量光功率是最基本的，类似电学中的万用表。在光纤测量中，光功率计是重负荷常用表。通过测量发射端机或光网络的绝对功率，一台光功率计就能够评价光端设备的性能。用光功率计与稳定光源组合使用，则能够测量连接损耗、检验连续性，并帮助评估光纤链路传输质量。

选择光功率计时需注意以下 4 点：

（1）选择最优的探头类型和接口类型；

（2）评价校准精度和制造校准程序，与你的光纤和接头要求范围相匹配；

（3）确定这些型号与你的测量范围和显示分辨率相一致；

（4）具备直接插入测量损耗 dB 的功能。

下面以 BW33A 为例来介绍光功率计的使用，其外形如图 6–12 所示。

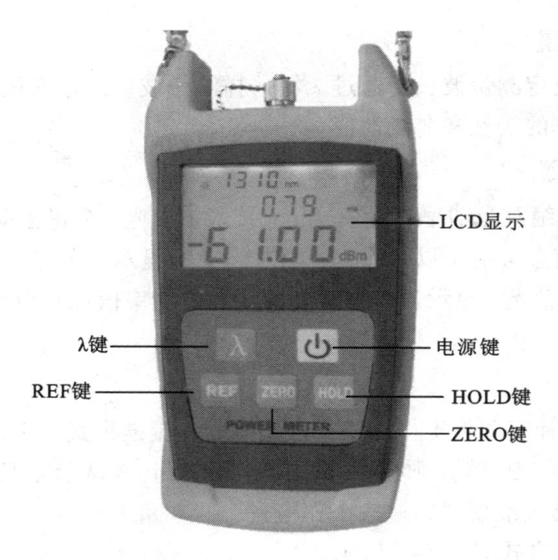

图 6-12　光功率计

6.4.2　光功率计的功能说明

1. LCD 显示屏

LCD 显示所测得的光功率值，以 dBm/mW/μW/nW 的形式显示；设定的波长 850 nm、980 nm、1 310 nm、1 490 nm、1 550 nm；光功率计当前的工作模式以及自动关机状态等。

2. 电源键

按电源键至液晶有显示，即可启动光功率计。同时在开机状态下，按下此键可以选择自动关机功能，同时 LCD 显示屏左上角出现自动关机符号，再次按下该键关闭自动关机功能；长按该键（约 3 s），即可实现关机功能。

3. λ 键

波长选择键，按压该键，可以选择不同的波长，有 850 nm、980 nm、1 310 nm、1 490 nm、1 550 nm 五种波长供选择，该值也将在 LCD 上显示。

4. REF 键

在设定波长下，进行光功率值的相对测量。

5. ZERO 键

按该键，进行光功率计的自调零。

6. Hold 键

按该键可以保持 LCD 上的显示内容，再次按下该键可以解除此状态。

6.4.3　光功率计的操作

1. 开机/关机

（1）按住表面板上的电源键，LCD 显示“开机完毕”。

（2）长按仪表面板上的电源键（约 3 s）后，光功率计关闭。

2. 绝对光功率测量

打开光功率计，设定测量波长，通过 λ 键选择测量波长。接入被测光，屏幕显示为当前测量值，包括绝对功率的线性和非线性值。

3. 相对光功率测量

设定测量波长，在绝对光功率测量模式下，接入被测光，测得当前功率值。按动 REF 键，当前光功率值成为当前参考值（以 dBm 为单位），此时显示当前绝对功率值和当前相对光功率值为 0。接入另一测量光，显示当前测量光的绝对光功率值和相对光功率值。（前后单位形式一致）

4. 特殊功能

BW33 系列光功率计有两种工作模式：工作模式和校准模式，平时总是进入工作模式。

同时按下 REF+HOLD 键，则进入校准模式，右上角显示字母“C”。如果再次按下 REF+HOLD 键，则退出校准模式，进入工作模式，右上角无显示。

校准模式时的校准方式如表 6-6 所示。

表 6-6 校准模式时的校准方式

功 能	按 键
增加 0.05	ZERO
减少 0.05	HOLD
切换波长	λ
恢复出厂设置	REF+λ

注：如果用户自己校准出现偏差或者操作失误，可以在“校准模式”同时按“REF”和“λ”键使功率计恢复到出厂状态。

思 考 题

1. 万用表的功能有哪些？如何测量音频信号？万用表使用时有何注意事项？
2. 误码仪的作用是什么？如何对误码仪进行自检？
3. 如何用误码仪测量 E1 ONLINE 信号？
4. 双绞线有线网络测试仪的作用是什么？如何对 RJ-45 接口的线缆进行测量？
5. 光功率计的作用是什么？如何利用光功率计对光纤进行测试？

第7章 通信工程过程与质量规范

通信工程师在工程过程中要自觉遵守合作协议，在工程的各个流程中必须严格按照协议要求完成各项工作，确保工程结束时能交付合格工程。因此通信过程规范、质量规范、安全规范等是通信工程师工作时必须要严格执行的准则。

7.1 通信工程过程规范

7.1.1 通信工程前期规范

通信工程前期，工程部门应仔细核实合同工程部分是否经过评审。工程施工单位应经过认证，项目经理、工程督导、现场工程施工人员应具备工程施工资格，重大项目应由公司任命。

工程前期应对施工人员进行过作业规范、技能、产品知识、流程等的培训，进行工程勘测并审核勘测报告。并进行一次安装环境检查，察看是否符合设备安装要求。

工程应制定工程施工策划方案和施工计划，并进行评审。重大操作（扩容、升级等）应制订策划申请报告，按流程申请并通过审批。

项目信息、任务源、工程计划进度信息、工程督导、客户信息等工程基本信息要录入公司 IT 信息库。

检查工程货物是否发货到工程现场，装箱单货物配置应满足合同要求。

当在上述的工程前期规范都已逐项确认并安排妥当的情况下方可进入现场施工。

7.1.2 通信工程进行中的规范

1. 通信工程人员规范

1）礼仪与仪表

（1）仪表大方，衣着整洁，符合客户机房规定。

（2）服务礼貌热情，精神饱满。保持愉快的工作情绪，不将个人情绪带到工程施工现场。

（3）尊重客户，倾听客户意见。

（4）要与客户沟通、协调配合客户要求。

2）沟通技巧

首问负责，言而有信。中国境内工作使用普通话，海外使用当地语言或英语。不随意承诺客户。尊重客户，注意倾听，不轻易打断客户谈话，不随意转移话题。无论如何切忌与客户争执。电话用语礼貌、简练、声音适中。递交客户的报告、传真等应仔细斟酌，避免用词生硬、尖刻、不礼貌，发重要报告或传真前应征求部门主管意见。与客户间往来的报告、传真是重要的书面记录，应认真归档保存，不得随意处置。

3）行为规范

严守公司、客户的商业机密。递交客户的报告、传真等不得涉及公司、客户机密。出入机房要征得客户同意，所带物品应严格按客户规章制度登记。工程施工应严格按照设备安装等流程进行。工程施工应严格遵守安全生产、电源操作、防静电等规范。按协商约定时间准时进出工程施工现场。工程进度按协商及时通报公司、客户相关人员。工程施工现场应日清日洁。施工物料应摆放规范整齐。工程施工问题及时通报公司相关人员，必要时与客户协商。工程验收、割接、扩容、升级等重大操作，必须制订方案并通过公司、客户审批。主动了解并严格遵守客户的各项规章制度。不能乱动客户物品和设备。严禁在客户办公场所、机房和施工现场抽烟、玩游戏。严禁擅自使用客户电话，如确实需要，须经客户同意后方可使用。

2. 通信过程中的施工规范

进入施工现场后要组织召开工程前协调会，制订《工程安装规划》、《工程进度计划表》等，输出《工程项目策划报告》并递交客户审核。并与客户工程负责人确认《二次环境检查表》。与客户协商工程竣工后需要提交的工程资料要求。

工程施工人员检查勘测报告和设计文件是否和现场安装现场实际环境相符，如需要修改，应确定修改方案报批。工程人员按照流程进行开箱验货；装箱单要求双方签字。开箱验货过程中发现货物损坏或缺货要准确及时填写《货物问题反馈表》，开箱验货的遗留问题要及时处理。

工程现场要张贴《工程服务指南》和《工程进度计划表》。工程期间要定期向客户随工人员、客户工程或运维部门主管和公司相关管理人员发送《工程日报》、《工程周报》和做阶段汇报（根据工前与客户协商）。工程督导到达与离开工程现场要得到项目经理或工程负责人（办事处/代表处/地区部）和客户的允许。

施工人员要检查工程现场剩余电缆（单根）是否超过勘测规定，并注意留存。硬件安装结束、设备加电前要进行硬件质量自检。硬件完工并验收通过后，要签订《硬件安装竣工报告》。

系统调测中，要对《现场调测记录表》的每一项内容进行内部测试，做好记录，并由客户随工人员签字确认。涉及计费的设备，要与客户进行了计费确认和验收。割接前系统最终使用版本要经过 IT 系统确认。软件调试完毕、设备或系统割接前，要进行软件质量自检，输出《软件质量自检报告》，并进行 IT 系统登记。设备调测完成后，要签订《设备安装报告》。

验收（初验、终验）、割接等要有策划申请报告，提前按流程通过公司审批通过，操作前应已经过客户审批同意。设备通过客户系统验收后，签订《系统初验（终验）证书》。及时向客户进行了竣工资料的正式移交。要有客户签字的《（客户）资料移交清单》。按要求组织工程现场培训，并要有客户签字的《现场培训报告》。落实现场日清制度和遵守客户机房管理规定。施工人员应在行业默许的时间外对在网运行设备的进行重要操作（重要操作指可能严重影响系统运行的：重要数据调整、版本升级、加载、倒换、关电复位、带电插拔重要单板等。

工程文档（包括电子件、纸面件）要按相关规定及时提交公司（办事处/代表处）归档。工程的状态要在 IT 系统中根据工程进度及时准确刷新。工程中存在的产品技术问题要全部录入 IT 系统。客户对产品和系统的需求应及时反馈办事处/代表处/地区部并录入 IT 系统。工程有关的工程文档、客户设备文档应及时上传到相应的 IT 系统。

7.1.3 通信工程后期规范

（1）工程施工总结，输出工程（项目）总结报告。

（2）工程遗留问题是否跟踪解决。

（3）对施工单位/工程督导进行综合评价。

（4）工程质量检查（工程硬件、软件、文档、客户满意度、IT 系统信息录入的规范性等）。

7.2 通信工程质量硬件安装规范

在硬件安装过程中，工程师应在安装时注意如下规范。

7.2.1 机柜机箱安装规范

1. 设备整洁、美观

机柜表面相当于设备华丽的外衣。如果设备表面受损，一方面客户会认为施工质量低劣，影响工程满意度和工程验收；另一方面会降低设备的防腐性能，所以在施工过程中必须注意对设备表面的保护。设备移动安装和操作过程中做好设备表面保护。例如：施工时应戴干净手套接触金属表面、设备工具操作和放置尽量不触及设备表面。注意防止人体、工具、材料、配件以及其他设备对设备表面造成凹陷、刮痕、污迹和变形等损坏。

设备、配件和线缆等内外清洁、无污渍、无灰尘和杂物等。这样无论对于设备维护还是设备的保养以及机房的防火等都是不可或缺的。

2. 设备整齐、牢固

设备排列整齐有序，层次分明，无凹凸不齐；无紊乱、无序等现象；同时整齐的布放也便于维护与扩容设备，提高机房空间利用率、利于设备维护等。

设备安装后保持稳固，不移动、滑动、摇摆和抖动等，能承受一定程度的地震以及较大的外有推力和拉力等外力因素的震荡、推拉而不发生物理位置偏移；在视觉上主要表现为设备各种紧固件螺栓等紧合无隙，设备无倾斜等，达到国家规定的抗震要求。

3. 便于维护及扩容

设备安装方便、快捷和高质是效率高的体现。在安装设备时应统一规划机柜的摆放位置，走线方式等，不能只考虑当时施工方便，要便于今后的扩容和维护。对于一个设备的安装一定要有一个长期与整体的观念。

4. 设备的防鼠工作

通信设备运行要求安全不间断，所以在设备生产设计时必须做好各类设备线缆防护设计。机房环境中容易出现老鼠窜入设备内部，咬坏通信线缆或排泄尿液，导致设备电源故障等事故发生，造成严重的经济损失与企业形象的损失。为了防止老鼠等小动物进入机柜内部导致事故发生，目前大部分设备都做了防鼠设计，通过对线缆出线口等的封闭使老鼠等无法进入设备内部，因设计无法达到效果的可适当采用防火阻燃材料加工使之达到防鼠目的。

7.2.2 信号电缆布放规范

1. 电缆布放不影响扩容

电缆按工程设计给出布放路由和空间，布放不占用后续或将来扩容线缆的布放路由和空间。正如行车过程中逆行必将影响道路上其他车辆的正常行驶，容易导致事故或交通堵塞。电缆布放如影响扩容应立即整改，否则将导致后续设备的安装扩容。线缆的布放应有一个整体的思路与规划，不能只狭义地关注本次设备安装。同时线缆布放要与整个机房的线缆布放原则保持一致，要考虑机柜外走线路由、余量等。

2. 节约空间

随着网上设备的逐渐增多，机房的空间变得越来越紧张；另外设备功能的增加也造成机柜内空间的不断减少，线缆布放应有序，层次分明，合理使用有效空间。紊乱无序的线缆布放是浪费空间的主要原因。对于较粗线缆绑扎成矩形；对于较细线缆可以绑扎成圆形；另对于槽道内的线缆为节省空间可以不用绑扎，但一定要按横平竖直的原则布放。从而保障设备安装和其他线缆布放安装顺利，并方便操作工具或人手的进出和操作。

3. 电缆布放不影响维护

电缆布放必须考虑维护操作的方便性。线缆布放余量不足、布放紊乱等都直接影响设备线缆的维护。如果不留有合适余量，线缆插头损伤、断裂时将影响维修进度与难度。如果不留有合适空间，维护时将难以触及维护点或操作过程中容易造成对其他设备线缆的损伤。线缆布放有序、节约空间、合适的余量是线缆维护的基本保障。

4. 光纤保护

光纤具有传输信息量大但又极易损坏的特点，需要对光纤进行加以保护。光纤的保护主要对光纤进行防压、防拉、防小半径弯曲以及防割等。光纤布放应采用单独的路由空间或将光纤布放在最外层（或无压力层），同时设备外布放应加波纹管或缠绕管。光纤布放必须有余量（可保证光纤在稍微拉动时不会拉伤），光纤拐弯时半径应大于 4 cm（半径小于 4 cm 时光衰太大会影响光信号传送质量）。光纤与其他物品接触时应设有防割保护，在套管切口处应做防割处理。光纤绑扎时力度应适中，光纤可在扎扣或缠绕布中滑动。

5. 弯曲半径要求

线缆布放需要多处弯曲，线缆拐弯时应保障一定的弯曲弧度。各种线缆弯曲半径较小时对线缆内传输的信号会造成衰减，从而影响通信质量；同时弯曲半径过小也容易导致线缆被拉伤、压伤，造成事故。所以通信工程中所有线缆拐弯时不得直角弯折，应做适当的弯曲。特别对于寒冷地区的电源线、馈线等较粗线缆在布放时一定有留有较大的弯曲半径。一方面这些线缆在温度较底时易脆，容易断裂；另一方面过小的半径会增加阻抗或信号传输损耗。

6. 标签的规范

标签是线缆的身份标识，是提高设备维护效率的重要保障。规范的标签内容应书写正确、字体清晰容易辨认。标签粘贴应在容易查阅的地方或规定要求的地方，标签内容应朝向查阅人。大量标签粘贴时应整齐美观、标签应尽可能保持在同一条水平线上。不规范的标签可能会造成无法及时定位和排除故障，从而造成较大的经济损失。

7. **接头的紧固**

线缆是传输信号的载体。设备与线缆、线缆与线缆之间通过接头连通。接头的紧固是保障线路通畅的基本要素。接触不良或不牢固都会引起通信断路、瞬断从而导致通信故障和经济损失。通信工程中要求对所有线缆进行线路导通测试和线缆接头紧固检查。

7.2.3 终端天线等安装规范

1. **终端、不间断电源（Uninterruptible Power Supply，UPS）等外壳接地规范**

终端、UPS 等外壳需接地。根据《YDJ26-89 通信局站接地设计暂行规定》的要求：机房内通信设备及其供电设备正常不带电的金属部分，进局电缆的保安装置接地端，以及电缆的金属护套均应做接地保护。

终端、UPS 等外设的接地是防止设备产生电击危险而作出的安全规定，为了保护人身安全，这一规定需要确保落实。从保证整个系统的稳定运行角度考虑，接地也可提高系统的安全冗余度。整个运行系统具有一致的接地参考电位，将保证设备间不存在电位差以及电磁兼容性 EMC（Electro Magnetic Compatibility）。如果设备间存在电位差将影响设备间信号正常传输与系统的稳定运行。大部分终端、UPS 都是交流电设备，该如何进行接地处理呢？

终端外壳、UPS 等应与保护地相连：

（1）终端与服务器采用网络接口 RJ-45 形式，已实现电气隔离，终端和服务器间不要求接地。

（2）如与通信设备直连时，与设备的直流保护地相连，断开交流 PE（Protecting Earthing）线。

（3）如不与通信设备直连，但附近有直流保护地排时，与直流保护地排相连。

（4）如附近无直流保护地排时，可以接交流 PE 线，但要保证交流 PE 线可靠接地。

（5）连接方式可以采用多个设备串接或直接用插线板接地，但保证插线板有可靠的接地线。

2. **天线的避雷保护规范**

（1）天线应在避雷针的 45° 防护范围内。

（2）GPS 天馈避雷器（上下两处）安装正确，室内避雷器的被保护端应对着基站，室外避雷器的被保护端应对着 GPS 天线（有 GPS 天线时检查）。

天线的避雷作用是不言而喻的。特别是对于处于强雷区的省市更应注意对天线的避雷保护。通常所说的避雷其实从原理上来讲应该是引雷。避雷针为了保护其他设备，把雷全部引入自身，然后释放到大地。

避雷中有一个重要的环节就是接地。无论是避雷针、避雷器都要接地。同时这个接地应属于室外接地的一部分，不能将其与室内接地系统连在一起（虽然最终在地网中是连在一起的，但这个意义是不一样的）。

3. **天线间防止干扰规范**

（1）全向天线的主分集天线水平间距要求：M900 应不小于 4 m；M1800 应不小于 2 m。

（2）单极化定向天线的主分集天线水平间距要求：M900 不小于 4 m；M1800 不小于 2 m。

（3）装在同一根天线支架上的两定向天线的垂直间距应不小于 0.5 m。

在移动通信系统中，天线的作用就是建立各无线电话之间的无线传输线路。为了保证基站与业务区域内的移动站之间的通信，在该业务区域内，无线电波的能量应尽可能的均匀辐射，并且天线增益应尽可能高。无论是全向、定向天线，还是单极化、双极化天线，避免天线间的信号干扰是保证信号传输的重要环节。

4. 天线安装规范

（1）全向天线应保持垂直，误差应小于 ± 2°。

（2）定向天线方位角误差不大于 ± 5°，定向天线倾角误差应不大于 ± 0.5°。

（3）全向天线离塔体距离应不小于 1.5 m；定向天线离塔体距离应不小于 1 m。

（4）馈线最小弯曲半径应不小于馈线直径的 20 倍。

天线的方向性是指天线向一定方向辐射电磁波的能力。对于接收天线而言，方向性表示天线对不同方向传来的电波所具有的接收能力。天线方向性的特性曲线通常用方向图来表示，方向图可用来说明天线在空间各个方向上所具有的发射或接收电磁波的能力。

天馈设备是蜂窝系统中空中接口实现的重要环节，其工程设计、工程施工的质量直接关系到整个系统工作性能的优劣。天馈设备的安装是基站收发信台安装中工程量最大的部分，一般占整个基站收发信台安装调测工程近 70% 的时间，它涉及天线的安装，馈线的布放，避雷系统的安装及跳线的连接等。因安装环境和采用的天线不同，在安装方法和工序上有所不同，安装督导应根据机柜的工程设计文件、安装人员的人数、安装环境和天线类型灵活掌握，合理安排。

在整个天馈设备的安装过程中，特别是天线的安装，安装人员的安全应引起高度重视，并落实相关安全措施。

7.2.4 电源、接地规范

1. 电源线、地线满足线径要求

为什么要关注电源线、地线的线径呢？我们考虑线缆的线径主要是基于线径不一样，其所能承受的电流量也不同。比如一条四车道的路上并排行驶八辆车，必然会造成堵车。如线径过细，线缆就会产生大量的热量，导致安全隐患。对于地线还有一点，如果地线线径不够，当遭受强大的冲击电流时将不可能及时将大电流泄放掉从而损坏设备。

2. 电源线地线材料要求

（1）电源线、地线一定要采用整段铜芯材料，中间不能有接头。如果电源线或地线中有接头，将对通信设备的安全运行造成极大的威胁。线缆上的接头增加了线缆的阻抗，极容易引起线缆接头发热而引发火灾。而且接头的抗拉性和绝缘性可能存在问题，容易产生供电中断和电击事故。同时电源线地线尽量采用多股铜芯线缆，一方面电流具有“集肤效应”，多芯导线在相同截面积的情况下具有更大的表面积，导线内磁场的均匀性比单心圆导线差，另一方面多芯导线相对柔软便于工程施工。因此应尽量选用多芯铜线缆。

（2）设备地线、电源线余长要剪除，不能盘绕。对于直流设备来说，过长的电源线会增加电压传送过程中的过程电压，从而使能量损耗与线缆发热。但有一种例外情况公司发货时配备的防雷箱与设备连接的电源线不宜剪除，允许盘绕，这样对于防雷比较有效。

7.2.5 工程的静电防护规范

1. 静电的产生

静电主要是两种不同起电序列的物体通过摩擦、碰撞、剥离等方式在接触又分离之后在一种物体上积聚正电荷，另一种物体上积聚等量的负电荷而形成的。此外，导体的静电感应、压电效应、电磁辐射感应等也能产生很高的静电电压。

2. **静电放电对通信设备造成的危害**

（1）直接损坏：过高的静电放电造成集成电路芯片内热击穿使电路突然失效。

（2）潜在损坏：静电放电造成设备内部集成电路参数变化、品质劣化、导致寿命降低。

3. **静电防护的基本原则**

抑制或减少机房内静电荷的产生，严格控制静电源（人是最主要的移动静电源）。

及时消除机房内产生的静电荷，避免静电荷积累，静电导电材料和静电耗散材料用泄漏法，使静电荷在一定的时间内通过一定的路径泄漏到地；绝缘材料用离子静电消除器为代表的中和法，使物体上积累的静电荷吸引空气中来的异性电荷，被中和而消除。

4. **静电防护的措施**

（1）静电保护接地电阻应小于 10 Ω；

（2）防静电活动地板下方应设 2 m×2 m 左右的金属网格组成地网，供活动地板支架接地使用，该地网应有两处以上接地线从接地汇集线上引入；

（3）人员操作应符合防静电要求；

（4）机房内的相对湿度应达到 40%～65%范围内；

（5）必要时装设离子静电消除器。

5. **通信建设工程的防腐**

（1）接地系统的防腐；

（2）焊接的防腐；

（3）连接件的防腐。

7.3 通信工程安全规范

安全规范关系到自身的人身安全、设备安全及后期维护方面等，工程师应注意如下几个方面。

7.3.1 施工安全规范

任何通信工程项目都应有安全生产责任人（一般为项目经理或工程督导）；任何通信工程项目都应遵守现场安全管理制度和服务规范以及重大事故处理流程，如需要可针对本工程项目制订专门的安全生产管理规定。

特殊专业（登高、电工等）的施工人员应通过规定的安全技术培训考核并持有相应的上岗证书；工程施工前应对每个施工人员进行安全生产教育；危险区域应有警示标志和围护隔离措施，危险操作必须有设备应急措施和人员安全救护措施，危险区域的工作人员应按照危险防护要求对应佩戴头盔、手套、工作服、口罩、防护眼镜和工作鞋等，并持有专用的安全作业工具。

工程实施必须按照“设计文件图纸”“产品安装规范”和“数据设定规范”进行。

7.3.2 人身安全规范

工程施工前作业人员应熟悉工程现场环境，以防止与其他公司交叉作业时发生事故。搬运设备必须有足够的人力和可靠的搬运工具，索具绑扎紧固，防止人员被砸伤、压伤；开箱应佩戴手套并正确使用工具，形状尖锐易伤人的包装箱板应尽快清除施工现场。

设备安装过程中需要使用电钻、电锯、刀具等锋利尖锐的工具时，必须严格遵照工具使用说明书操作。设备固定过程中必须有人协助保持机柜平衡，防止机柜倾覆。

室内登高作业应确保梯子（或其他承重器材）的稳固，登高作业者的操作工具和材料应该妥善放置以免跌落，登高作业期间其作业区地面部分人员应佩戴安全帽或全部撤离；作业者应佩戴保险绳、服装紧身、胶底鞋，工具全部装入工具袋，注意登高时人先于工具上，撤离时工具先于人下；大风、雷雨天气严禁作业。

施工过程如产生大量有害健康的粉尘或气体，应及时通风排除；现场产生的工程废料和污染应随时清理；楼板过线孔洞、竖线井口属于高危地带，接近时应有保护措施；行走通道的防静电地板在设备硬件安装完毕后必须牢固复原，避免行人踩空摔倒；外墙高空作业必须有安全保护措施（如系保险绳等）。

设备硬件安装操作全部应在无电情况下进行，如果确实需要在已带电设备中操作，作业人员除工具外，衣着不能有其他外露的金属物件，而且工具工作面外的金属部位应用胶布缠绕绝缘，作业者必须配戴绝缘手套；对于已运行的基站设备进行天馈操作时，应穿好防辐射工作服并避开天线正面对人体的直接辐射。

野外作业时，为防止被人打劫和危险动物伤害，一般需要两人以上；有必要时，准备好防卫器具；不能工作过晚；野外作业时，如就餐不便，应准备好足够的食物；野外作业时，应穿适应野外作业的防滑的平底鞋，紧身衣服；对于有强光源的设备，不能直视发光处，防止强光对眼睛产生损伤；货物堆放要整齐、重心稳定，防止倾覆砸伤人员，并保留足够的通道。

7.3.3 设备财产安全规范

货物到达后应该尽快组织货物的开箱验货，清点无误后与客户双方签字确认；如果合同规定开箱后货物的所有权转移给客户，则相应的货物保管职责也转移给客户；如果合同没有规定货物所有权转移给客户，以及货物未交接前，工程负责人应承担保管责任并与客户协商采取必要的保管措施，必要时双方协商制订货物保管规定，共同遵照执行；对因公司发货和运输造成的货物问题及时配合公司相关部门处理，对因非公司原因造成的货物问题，工程负责人也要积极配合客户处理。

应根据货物包装箱外箱是否丝印有“向上”“易碎物品”“怕雨”“堆码极限层数”的储运图示标志在运输和保存过程中采取相应的防护措施，注意箱体向上、轻放隔震、上部遮雨、限定堆放包装箱的层数和上层重量。设备物品堆叠放置必须整齐、重心稳定，一般的碰撞不会翻倒跌落，并预留搬运通道，不超过场地承重。

施工过程中不要妨碍客户已有设备的正常工作，不碰撞、不踩踏、不挤压客户的设备和电缆；安装过程中需要领用前往其他工地安装或因故障需返回公司调换的单板和设备等必须经客户许可才能带出客户保管地，并在约定的期限内归还客户；与本次施工无关的任何客户设备严禁接触，各种设备的信号电缆按施工界面布放到配线系统后上架成端，调测需对接客户其他设备的操作时，应该由客户工作人员进行。

借用客户的工具、仪器、材料应妥善保管，按期归还，客户资产未经客户同意，严禁私自使用；自有工具、仪器、材料进出工地应按客户管理规定接受登记检查；受客户委托持有的机房钥匙严禁转借，每日工作结束离开机房前应按照客户机房管理规定检查和关闭门窗。

7.3.4 设备安装安全规范

搬动机柜需在设计的着力点把持，接触镀锌金属件必须佩戴干净手套；设备物品运输到现场必须开箱检查确保物品外包装箱无破损、变形、水浸泡等现象，防撞标签、防倾斜标签显示设备撞击裂度和倾斜程度未超出范围，如有不符应按“开箱验货流程”检查反馈；工具用途配备正确、工作状态良好、使用方法恰当，避免工具对器件或设备造成损伤。

在位置高处进行施工时，工具、材料、零配件应采取措施妥善管理，防止跌落引起电源短路和部件损伤；大功率设备施工用电操作必须向用户电源管理部门提出申请，严禁在未经用户审批下擅自接电操作。

操作前必须检查客户指定的施工用电或设备用电接入点的电源额定供给能力（空气开关或保险熔丝的切断动作电流），确保其大于施工用电或设备用电的最大启动电流；加电操作必须严格遵守合同工程界面分工要求，如工程界面规定用户侧供电（配电）设备由客户操作，严禁代替客户对供电（配电）设备进行加电操作；机房设备安装、线缆布放、备件材料堆放必须符合机房防火需要，不得妨碍消防通道，不得影响机房通风散热等。

电源线在工作期间会发热，必须保证电源线与其他信号电缆分开布放，电源线线径应满足受电设备最大工作电流下的安全通流要求，电源线多余部分应裁去，不得成圈盘绕，电源线的外护套不得被其他物体压迫，尤其禁止尖锐、锋利的物体接触电源线的外护套；电源线、地线应使用整段电缆，中间不能有接头，确保电缆非接触部位的绝缘性能良好。

高温作业（电焊、锡焊、材料加温）开始前必须清理作业区内的一切易燃物品，并有隔离和紧急扑救措施；在低温条件下，电缆外护套层材料易变硬变脆容易开裂，必须确保电缆在相应的温度参数内施工，不能摔、扭、敲击等较大外力作用到外护套层上；设备安装应不影响消防、防盗设备的使用效能，如工程确实需要更改相关消防、防盗设备功能布局，必须向客户说明并由客户向消防、防盗主管部门提出申请，经许可后方可实施，严禁未审批执行。

当天工作结束时应清点物料、工具并妥善归类保存，切断施工使用的工作电源和照明电源（水源、气源），清扫工作场地，做好日常清理工作；对设备单板、硬盘等含电子器件的部件进行操作时必须按要求正确佩带防静电手腕和使用其他防静电设施，使用的防护工具、包装材料、工作环境应符合《技术支援机房静电防护管理规定》要求；如因客户机房环境造成施工期间沉积大量灰尘，施工结束后应清洗设备防尘网和清洁机柜表面。

思考题

1. 通信工程前期有哪些规范？
2. 通信施工过程中对施工人员的仪表有何要求？
3. 通信施工过程中有哪些规范？
4. 通信工程中对硬件有何规范要求？具体有哪几个方面？
5. 通信工程中的安全规范主要有哪几点？

通信项目工程管理

在通信工程中，通信管理人员需从管理的角度来掌控整个通信过程。通信管理者首先要熟悉通信项目工程建设的程序，熟悉工程的每一个环节，并通过一系列的管理手段管理好整个工程。

8.1 通信项目工程建设程序

建设程序是指建设项目从设想、选择、评估、决策、设计、施工到竣工验收、投入生产整个建设过程中，各项工作必须遵循的先后顺序的法则。这个法则是在人们认识客观规律的基础上制订出来的，是建设项目科学决策和顺利推进的重要保证；是多年来从事建设管理经验总结的高度概括，也是取得较好投资效益必须遵循的工程建设管理方法。

按照建设项目进展的内在联系和过程，建设程序分为若干阶段。这些进展阶段有严格的先后顺序，不能任意颠倒，违反它的规律就会使建设工作出现严重失误，甚至造成建设资金的重大损失。

在我国，一般的大中型和限额以上的建设项目从建设前期工作到建设、投产要经过立项阶段、实施阶段和验收投产阶段。

一般建设程序如图 8-1 所示。

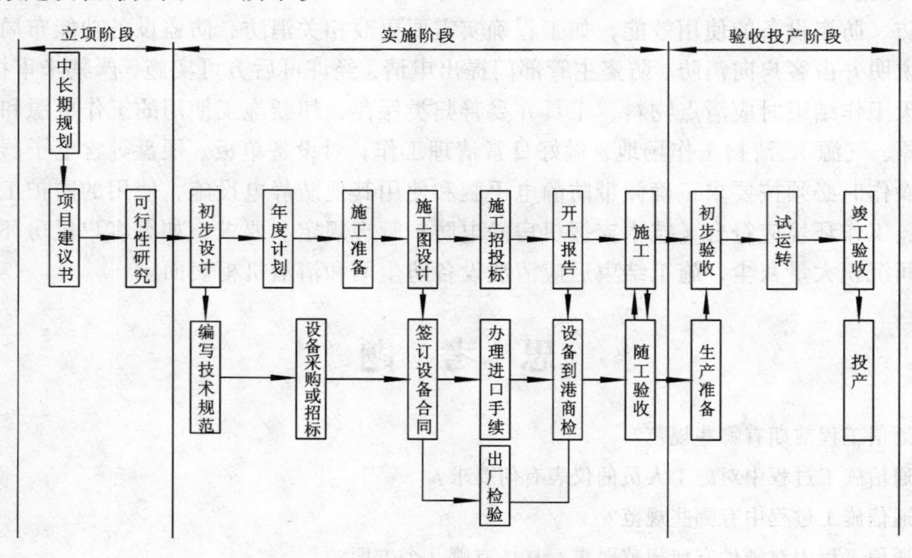

图 8-1　通信工程建设程序

8.1.1　立项阶段

一个大中型项目的实施通常先要进行项目的中长期规划，包括规划撰写项目建议书、可行性研究，充分论证项目实施的背景，建设规模、地点的可行性与佐证依据，技术可行性与具体实施可行性、建设资金的来源与回报分析、社会效益与环境问题等因素。

8.1.2　项目实施主要内容

项目实施阶段主要为初步设计、年度计划安排、施工准备、施工图设计、施工招投标、开工报告、施工。在项目设计过程中，需编写技术规范，对项目所需的设备进行采购或招投标。

根据通信工程建设特点及工程建设管理需要，一般通信建设项目设计按初步设计和施工图设计两个阶段进行；对于通信技术要求复杂，并采用新通信设备和新技术项目，可增加技术设计阶段，按初步设计、技术设计、施工图设计三个阶段进行；对于规模较小，技术成熟，或套用标准的通信工程项目，可直接进行施工图设计，称为“一阶段设计”。

1. **初步设计**

项目可行性研究报告批准后，由业主委托具备相应资质的勘察设计单位进行初步设计。设计单位通过实际勘察取得可靠的基础资料，在经技术经济分析进行多方案比较论证的基础上确定项目的建设方案、设备选型及项目投资概算。设计文件应符合项目可行性研究报告、有关的通信行业设计标准、规范要求，同时包含未采用方案的扼要情况及采用方案的选定理由。

2. **年度计划安排**

业主根据批准的初步设计和投资概算，经过资金、物资、设计、施工能力等的综合平衡后，做出年度计划安排。年度计划中包括通信基本建设拨款计划、设备和主要材料（采购）储备贷款计划、工期组织配合计划等内容。年度计划中应包括单个工程项目和年度投资进度计划。

经批准的年度建设项目计划是进行基本建设拨款或贷款的主要依据，是编制保证工程项目总进度要求的重要文件。

3. **施工准备**

业主根据通信建设项目或单项工程的技术特点，适时组成管理机构，做好工程实施的各项准备工作，包括落实各项报批手续。

施工准备是通信基本建设程序中的重要环节，是衔接基本建设和生产的桥梁。

4. **施工图设计**

业主委托设计单位根据批准的初步设计文件和主要通信设备订货合同进行施工图设计。设计人员在对现场进行详细勘察的基础上，对初步设计做必要的修正；勘测工程师勘测过程如图 8-2 所示，系统设计人员根据勘测工程师的勘测数据绘制施工详图，标明通信线路和通信设备的结构尺寸、安装设备的配置关系和布线；明确施工工艺要求，编制施工图预算；以必要的文字说明表达意图，指导施工。施工图设计文件是控制建筑安装工程造价的重要文件，是办理价款结算和考核工程成本的依据。

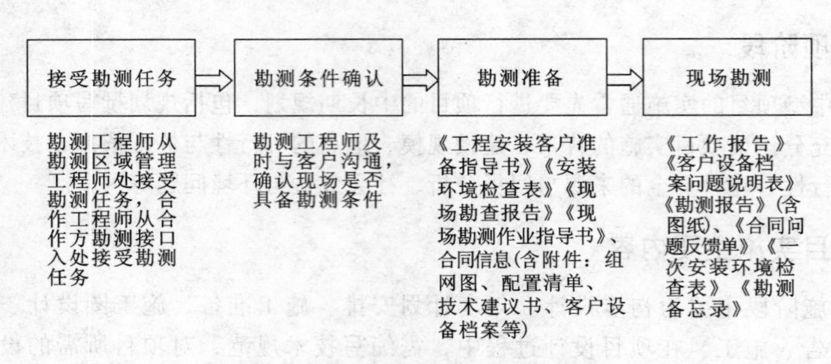

图 8-2　勘测工程师勘测过程

5. 施工招投标

业主应依照《中华人民共和国招标投标法》和《通信建设项目招标投标管理暂行规定》，进行公开或邀请形式招标，标书表格格式如表 8-1 所示，表格下方必须要有供应方盖章，法定代表人签字或盖章，并附上日期与联系电话。

表 8-1　开标内容表

标段号	项目名称	投标总价	交货时间
1			
2			
3			
4			
大写金额（人民币）			

业主可选定技术、管理水平高、信誉可靠且报价合理、具有相应通信工程施工等级资质的中标通信工程施工企业。投标企业根据招标书要求，在明确拟建通信建设工程的技术、质量和工期要求的基础上，业主与中标单位签订施工承包合同，明确各自应承担的责任与义务，依法组成合作关系。其中设备报价表格式如表 8-2 所示，表格下方必须要有供应方盖章，供应单位法定代表人签字或盖章，并附上日期与联系电话。

表 8-2　设备报价表

序号	设备名称及型号	数量	单价	总价	备注
1					
2					
3					
4					
合计					

6. 开工报告

业主应在落实了年度资金拨款、通信设备和通信专用的主要材料供货及工程管理组织，与承包商签订施工承包合同后，建设工程开工前一个月，向主管部门提出开工报告。

7. **施工**

施工承包单位应根据施工合同条款、批准的施工图设计文件和工前策划的施工组织设计文件（见附录 A）组织进行施工，在确保通信工程施工质量、工期、成本、安全等目标的前提下，满足通信施工项目竣工验收规范和设计文件的要求。

施工单位根据合同要求先进入工程准备阶段，由工程督导负责施工前期工作。作为工程现场的第一责任人，在施工前期可查阅合同信息（产品配置部分）、货物信息、《现场勘测报告》《安装环境检查表》、客户信息、工程文件等，为施工作最后准备。若工程为扩容部分，工程督导应查阅原《客户设备档案》，并掌握已运行设备的信息。产品经理、项目经理根据工程情况确定工程督导是否需要制作《工程施工方案》。由工程督导召开内部开工协调会，明确工程中相关事宜。

工程督导根据客户准备情况判断工程是否如期开工，主要考虑以下两点：首先，机房是否符合安装要求；其次，市电电源及直流电源、配线架、地线等是否准备好，具体参考与客户确认的相应产品《安装环境检查表》内容。若客户的工程准备不具备开工条件，则工程督导要主动协调客户做准备工作，填写《现场工作联络单》向业主接口人说明不能开工的原因，并在《安装环境检查备忘录》（见附录 B）中说明需要业主完成的准备工作，若业主坚持要开工，需请示工程经理，在得到许可后，才能与业主协商开工。

正式开工前，工程督导组织客户经理或项目经理和客户相关部门一起召开开工协调会（见附录 C），其主要内容如下：

（1）与业主商定工程安装周期，进度计划及配合事宜，并签订《开工协议书》（见附录 D）、《工程进度计划表》（见附录 E），工程督导检查确认客户安装环境准备情况；若客户未准备好，要让客户承诺预计完成时间并签字。

（2）确认业主是否对硬件安装等工艺方面有特殊要求。若有特殊要求，填写《工程备忘录》，并请业主负责人签字确认。

（3）明确工程中业主单位的负责人和接口人。

（4）同业主负责人确认《数据规划报告》的内容。

（5）建议业主单位派一至两名技术水平较高的工程师随工，人员建议为机房维护人员。

（6）提出需要客户准备的工具、测试仪器和仪表。

如《工程文件》有所改动，工程督导须与业主负责人签字确认。工程督导填写《设计方案修改申请表》传递给原设计工程师，设计工程师将修改完善后的《工程文件》及时返回给工程督导，指导现场安装。

开工协调会完毕后，施工单位进入正式施工阶段，设备硬件安装前先开箱验货，工程督导和客户同时在场完成。开箱验货完毕后，由业主负责人根据验货情况在装箱单上签字，货物正式移交给业主，货物的保管责任人为业主。工程完工后，工程督导要将客户签字后的装箱单反馈给办事处文档信息管理员。若发现有缺货、错货、多发、货物破损等事件，工程督导与客户应将问题记录在《工程备忘录》中，工程督导填写《货物问题反馈表》反馈给工程负责人，由工程负责人审核后在 3 日内反馈合同管理负责人处理。

开箱验货完成后，可进行设备硬件安装。工程督导在组织进行硬件安装时，按照《工程文件》进行施工，同时制作工程文档的相关部分，并注意在施工过程中，施工人员要遵守相应的行为规范。硬件施工参照各产品《安装手册》。工程施工过程中，工程督导须填写《工程现场周报表》；每周五传递给业主、工程经理、项目经理、工程部。

硬件安装完毕后，工程督导根据硬件工程质量标准对硬件质量进行自检，发现问题应及时整改，将硬件《工程质量自检报告》（见附录F）存档 。根据工程进度和实际需要，硬件督导进行工程质量检查。工程督导必须对硬件安装质量和文档进行检查，主要检查内容为安装工艺，机房的整洁卫生，地线连接方式及地阻，整机试通电，文档和硬件质量均合格后，再提交业主对硬件进行验收。硬件工程验收后，工程督导填写《硬件安装竣工报告》（附录G），由业主负责人签字盖章 。

硬件安装并验收通过后，进行软件调试。软件工程师在软件调测过程中，要依照各产品《数据设定规范》《调测指导书》《工程文件》进行软件加载和调试。对《现场调测记录表》（见附录H）的每一项内容进行内部测试，为工程验收做好准备。

软件调试通过以后，QC（硬件督导、软件工程师）根据需要对工程进行质量检查。《现场调测记录表》需由随工人员签字，如无随工人员签字，事后需要重新测试和验收，这样可防止遗漏调测的项目，也便于以后问题查找，以支撑验收测试数据。

工程督导根据软件工程质量标准对软件质量进行自检，发现问题应及时整改，并形成《工程质量自检报告》。工程督导在安装过程中如果遇到自己无法解决的技术问题，将问题录入《客户问题管理系统》，并向技术服务中心寻求技术支持。合作单位督导在现场遇到自己无法解决的技术问题，应向合作单位的技术人员寻求支持。如果合作方内部无法解决，向响应中心寻求技术支持。

工程软、硬件施工完成后需进行初验。在初验前，工程督导整理工程竣工资料。向客户递交《初验申请报告》（见附录I）。了解客户对初验的特殊要求，确定初验时间、初验内容及日程安排。工程督导与业主负责人共同制订《初验方案》，检查需要客户提供的工具、测试仪器仪表是否到位，与业主负责人共同组织进行初验，初验中的每一个测试项目都必须有业主负责人的签字。工程督导在安装调试过程中可与业主随工人员完成部分技术指标的测试，双方签字确认后的数据在得到业主许可后，可以作为初验的测试数据使用。初验通过后，移交工程竣工资料等文档给业主负责人，填写《客户资料移交清单》，业主负责人签字确认。

工程中的遗留问题（包括承诺遗留问题的解决时间）一定要与办事处技术支持经理沟通；遗留问题不要写在验收结论中，应在《工程备忘录》中填写。初验结束后，《设备安装报告》《系统初验证书》（见附录J）由业主负责人签字盖章。

工程初验完成后，将进入项目割接。工程督导根据需要配合业主一起制订《割接方案》，进行设备割接。须明确双方责任人、分工，和业主负责人协商考虑如何保证设备顺利割接，同时考虑割接失败的补救措施，并安排落实人员观察设备运行情况。进入设备试运行期，技术支持经理应注意对设备运行情况的跟踪，对出现的问题应及时解决。试运行期结束后，工程经理根据合同相关条款和业主要求组织终验，技术支持经理负责解决初验试运行期到终验过程中的技术问题，协助工程经理完成终验工作。工程终验责任人与业主负责人共同签署《工程竣工验收证书》。

项目割接成功后须将整个工程的文档进行整理归档。工程督导收集整理完善现场的文档资料，补充完整《客户设备档案》中的相关内容。工程督导参照《工程文档审核标准》对文档的完整性、规范性、准确性进行自检。自检合格，工程督导需将现场工程过程文档（《工程手册》《验收手册》《外购设备档案》、工程竣工资料等)、《客户设备档案》提交给办事处文档信息管理员。值得注意的是工程文档制订和工程实施应同步完成；所有需业主签字盖章的纸面文件，业主签字盖章缺一不可。对合作工程,《客户设备档案》须经合作单位相关人员审核合格后才可提交给办事处文档信息管理员。工程完工后 10 天内，工程督导需完成工程过程文档纸面原件和电子客户设备档案以及其他《工程文档流向表》中相关文档的提交。文档信息管理员接收到工程督导提交的现场工程过程文档,《工程手册》《验收手册》《外购设备档案》及其他工程竣工资料等 。文档信息管理员审核文档的完整性、规范性，审核合格后依据《工程文档流向表》归档、保存、转发所有的文档资料。工程督导最终统计实际工时，填写《工程遗留问题清单》，入档保存。

工程结束后进行工程转维。工程督导向办事处工程经理提交《工程转维申请单》及《初验证书》或者《设备安装报告》、设备文档、工程遗留问题清单（见附录 K)、技术遗留问题清单。工程经理填写《工程转维护交接报告》并附上工程督导提供的上述材料，提交给技术支持经理。双方在《工程转维护交接报告》上签字确认。

在施工过程中，对隐蔽工程在每一道工序完成后应由业主委派的监理工程师或随工代表进行随工验收，验收合格后才能进行下一道工序。完工并自验合格后方可提交“交（完）工报告”。

8.1.3　项目验收阶段

项目验收分初步验收、试运转、竣工验收、交付使用等环节。具体到通信行业基本建设项目和技术改造建设项目，尽管其投资管理、建设规模等有所不同，但建设过程中的主要程序基本相同。

1. 初步验收

除小型建设项目以外，所有建设项目在竣工验收前，应先组织初步验收。初步验收由业主单位组织设计、施工、建设监理、工程质量监督机构、维护等部门参加。初步验收时，应严格检查工程质量，审查竣工资料，分析投资效益，对发现的问题提出处理意见，并组织相关责任单位落实解决。在初步验收后半个月内向上级主管部门报送初步验收报告。

2. 试运转

初步验收合格后，按设计文件中规定的试运转周期立即组织工程的试运转。试运转由业主单位组织工厂、设计、施工和维护部门参加，对设备性能、设计和施工质量以及系统指标等方面进行全面考核，试运转周期一般为三个月。经试运转，如发现有质量问题，由责任单位负责免费返修。试运转结束后的半个月内，向上级主管部门报送竣工报告和初步决算，并请求组织竣工验收。

3. 竣工验收

上级主管部门在确认建设工程具备验收条件后即可正式组织竣工验收。由主管部门、建设、设计、施工、建设监理、维护使用、质量监督等相关单位组成验收委员会或验收小组，负责审查竣工报告和初步决算，工程质量监督单位宣读对工程质量评定意见，讨论通过验收结论，颁发验收证书。

通信建设工程竣工验收以后还需向上级主管部门进行备案。建设单位应在工程竣工验收合格后 15 日内到信息产业部或者省、自治区、直辖市通信管理局或者受其委托的通信工程质量监督机构办理竣工验收备案手续，并提交《通信工程竣工验收备案表》及工程验收证书。

4. 交付使用

经过竣工验收以后的项目可交付业主单位使用。按照行业一般规定，通信工程建设实行保修的期限为 6 个月。具体工程项目的保修期应在施工承包合同中约定。在保修期间，承包商应对由于施工原因而造成的质量问题负责无偿修复。并请业主按规定对修复部分进行验收。承包商在工程交付后应定期进行项目回访工作，回访对象包括业主、运行维护单位和项目所在地的相关部门，回访内容包括质量、进度、服务等。

8.2 通信项目工程管理手段

8.2.1 项目中的进度控制

1. 合理划分工序

通信施工企业和项目经理部一切生产经营活动的最终目标就是尽快完成施工项目，使其早日投产或交付使用。对于企业的计划决策人员来说，先建造哪部分，后建造哪部分就成为通过各种科学管理手段，对各种管理信息进行优化之后作出的最终决策结果。

遵循施工工艺及其技术规律，合理地安排施工程序和施工顺序。项目产品及生产有其本身的客观规律。其中既有施工工艺及其技术方面的规律，也有施工程序和施工顺序方面的规律。遵循这些规律去组织施工，就能保证各种施工活动的紧密衔接和相互促进，充分利用资源，确保工程质量，加快施工速度，缩短工期。施工工艺及其技术规律，是工程工序固有的客观规律。例如：通信管道工程人孔上覆、钢筋加工工作，其工艺顺序是钢筋调直、除锈、下料、弯曲和成型。其中任何一道工序也不能省略或颠倒，这不仅是施工工艺要求，也是技术规律要求。

在组织工程项目施工过程中，必须遵循施工工艺顺序及其技术要求。施工程序和施工顺序是施工过程中的固有规律。施工活动是在同一场地和不同空间，同时或前后交错搭接进行的行为，前面的工作不完成，后面的工作就不能开始。这种前后顺序是客观规律决定的（例如，直埋光（电）缆工程的路由复测、划线、挖沟和放缆工作）。而交错搭接则是计划决策人员争取时间的主观努力。所以在组织项目施工过程中必须科学地安排施工程序和施工顺序。施工程序和施工顺序是随着施工项目的规模、性质、设计要求、施工条件和使用功能的不同而变化。经验证明，这种变化仍有其可供遵循的共同规律。下面以直埋光缆线路工程为例来说明此规律。

（1）施工准备与正式施工的关系。施工准备之所以重要，是因为它是后续施工活动能够按时开始的充分必要条件。准备工作没有完成就贸然施工，不仅会引起工地的混乱，而且还会造成资源的浪费。因此安排施工程序的同时，应首先安排相应的准备工作，如编制施工组织设计等。

（2）地下与地上的关系。在处理地下工程的关系时，应遵循先地下后地上、先深后浅的原则。对于地下工程要加强安全技术措施，保证其安全施工。

（3）主体工程与分项工程的关系。一般情况下，主体工程施工在前，分项工程（如埋设标石，安装水线牌等）施工在后，当主体工程施工进展到一定程序之后，为分项工程的施工提供了工作面时，分项工程施工可以穿插进行。当然随着施工技术的发展和提高，它们之间的先后时间间隔的长短也将发生变化。

（4）空间顺序与工种顺序的关系。在安排施工顺序时，既要考虑施工组织要求的空间顺序，又要考虑施工工艺要求的工种顺序。空间顺序要以工种顺序为基础，工种顺序应该尽可能地为空间顺序提供有利的施工条件。研究空间顺序是为了解决施工流向问题，它是由施工组织、缩短工期和保证质量的要求来决定的；研究工种顺序是为了解决工种之间的时间搭接问题，它必须在满足施工工艺的要求条件下，尽可能地利用工作面，使相邻两个工种在时间上合理地和最大限度地搭接起来。

采用流水施工方法均衡、连续的施工。流水施工方法具有生产专业化强，劳动效率高，操作熟练，工程质量好；生产节奏性强，资源利用均衡；工人连续作业，工期短成本低等特点。国内外经验证明，采用流水施工方法组织施工，不仅能使施工有节奏、均衡、连续地进行，而且会带来很大的技术经济效果。

网络计划技术是当代计划管理的最新方法。它应用网络图形表达计划中各项工作的相互关系。它具有逻辑严密、思维层次清晰、主要矛盾突出，有利于计划的优化，控制和调整，有利于电子计算机在计划管理中的应用等特点。因此它在各种计划管理中都得到广泛的应用。实践经验证明，在通信建设工程的施工项目计划管理中，采用网络计划技术，其经济效果更为显著。

因此在组织工程项目施工时，采用流水作业和网络计划技术是极为重要的。

2. **编制进度计划**

施工进度计划是施工现场各项施工活动在时间上的体现。编制施工进度计划就是根据施工部署中的施工方案和工序要求，为全工地的所有施工项目做出时间上的安排。其作用在于确定各个施工项目及其主要工序的准备工作、施工及验收过程的时间安排；确定工程资源（如施工人员、机械、物资、费用等）的需要数量、调配情况；确定现场临时设施的数量、水电使用计划。因此，正确地编制施工进度计划是保证工程项目以及整个建设工程按时交付使用，充分发挥投资效益，降低建筑工程成本的重要条件。

编制施工进度计划的基本要求是：保证工程在通信建设工程施工合同规定的期限内完成；迅速发挥投资效益；施工的连续性和均衡性；节约施工费用。编制施工总进度计划的步骤如下：

（1）列出工程的施工项目一览表，计划其工程量。在施工项目一览表的基础上，按照项目的工序要求计算主要实物工程量。此时计算工程量的目的是为了选择施工方案和主要的资源配备量，规划主要施工过程的流水施工；估算各项目的完成时间等。

（2）确定工程各工序的施工期限。对于通信建设工程的施工期限，由于各施工单位的施工技术与管理水平、机械化程度、劳动力和材料供应情况等不同而有很大差别。施工单位也可参考有关的工程类别、工期定额来确定各单位工程的施工期限。

（3）确定工程各工序的开始和完成时间及相互搭接关系。在施工部署中确定总的施工期限、施工顺序和各系统的控制期限及搭接时间。此时通常应考虑以下各主要因素：

① 保证重点，兼顾一般。在安排进度计划时，要分清主次，抓住重点，同时期进行的

项目不宜过多，以免分散有限的人力物力。

② 满足连续、均衡施工要求。在安排施工进度计划时，应尽量使各工种施工人员、施工机械及仪表在施工中连续作业，同时尽量使劳动力、施工机具、仪表和物资消耗在施工中达到均衡，避免出现突出的高峰和低谷，以利于施工资源的充分利用。

③ 满足生产工艺要求。要根据工艺的施工特点，确定各工序的施工期限，合理安排施工顺序。

④ 全面考虑各种条件限制。在确定通信建设工程施工顺序时，还应考虑各种客观条件的限制。如施工企业的施工力量，各种原材料、机械设备、仪表的供应情况，设计单位提供图纸的时间等。

（4）安排施工进度。施工进度计划可以用横道图、网络图表示，表示总进度计划时，项目的排列可按施工方案所确定的工序排列。图上应标出各施工项目的开始时间、完成时间及其施工持续时间。

（5）进度计划的调整与修正。编制好的施工进度，在实施过程中，应随着工程的进展及时进行必要的调整。对于跨年度的建设项目，还应根据年度国家基本建设投资或业主投资情况，对施工进度计划予以调整。

（6）按进度计划的表现形式划分，进度计划有横道图和网络图两类。

① 横道图：一般用横坐标表示时间，纵坐标表示工程项目或工序，进度线为水平线条。适用于编制总体性的控制计划、年度计划、月度计划等。

② 网络图：以网络形式来表示计划中各工序，持续时间，相互逻辑关系等的计划图表。适用于编制实施性、控制性的进度计划。

网络计划编好以后，在执行过程中要对其实行动态控制，对网络计划时差进行不断分析、调整，合理利用时间差，对网络图进行优化，以控制进度，达到预期目标工期。

网络计划技术在通信建设施工中主要用来编制施工项目、施工进度计划，因此，网络图必须正确表达整个工程项目的施工工艺流程和各工作开展的先后顺序以及它们之间相互制约、相互依赖的约束关系。因此，在绘制网络图时必须遵循一定的基本规则和要求。由于网络计划是一门应用多年的进度控制工具，其基本原理与编制、应用知识均有专著详论。通信项目管理人员应具备应用双代号时标网络计划确定关键线路、计算总工期的能力。

3. **影响施工项目进度的因素**

通信建设工程项目影响进度的因素较多。对于规模较大和较复杂的施工项目，这个特点更加明显。编制计划和执行控制施工进度计划时必须充分认识和估计这些因素，才能克服其影响，使施工进度尽可能按计划进行，当出现偏差时，应考虑有关影响因素，分析产生的原因。其主要影响因素有：

（1）相关单位的影响。施工项目的主要施工单位对工程进度起决定性作用，但是建设单位与设计单位、银行信贷部门、材料设备供应部门及政府的有关主管部门等都可能给施工某些方面造成困难而影响施工进度。其中设计单位图纸有误以及业主或有关部门对设计方案的变动是经常发生和影响进度最大的因素。材料、设备不能按期供应，或到货的质量、规格不符合要求，都将使施工停顿。另外，施工资金不能保证也会使施工进度中断或速度减慢等。

（2）施工条件的变化。勘查设计与工程地质条件、水文地质条件和现场环境等不符，如地质断层、溶洞、地下障碍物、松软地基以及恶劣的气候、暴雨、高温和洪水等都会对施工进度产生影响，造成临时停工或使已完成的施工成果遭到破坏。

（3）技术失误。施工单位采用的技术措施不当，施工中发生技术事故；应用新技术、新材料、新结构缺乏经验不能保证质量等都要影响施工进度。

（4）施工组织管理不利。流水作业组织不合理，劳动力、施工机械和仪表调配不当，施工平面布置不合理等都将影响施工进度计划的执行。

（5）意外事件的出现。施工中如果出现意外的事件，如战争、严重自然灾害、火灾、重大工程事故等都会影响施工进度计划。

4. 项目进度控制的措施

施工项目进度控制的主要任务是编制施工总进度计划并控制其执行，按期完成整个施工项目的任务；编制单位工程施工进度计划并控制其执行，按期完成单位工程的施工任务；编制月（旬）、季度作业计划，并控制其执行，完成规定的目标等。

对施工项目的进度计划应实行动态管理。随着施工的进展，其外部环境在不断变化，必将对施工项目产生多种影响，导致施工计划体系从平衡变为不平衡状态。运用协调手段和监控系统及时修正计划执行中的偏差，解决因外部条件变化而引起的各种影响计划正常执行的问题，这一目标是通过如下进度控制措施实现的：

（1）施工项目进度控制方法。施工项目进度控制方法主要是规划、控制和协调。规划是指确定施工项目总进度控制目标和分进度控制目标，并编制其进度计划。控制是指在施工项目实施的全过程中，进行施工实际进度与施工计划进度的比较，出现偏差及时采取措施调整。协调是指协调与施工进度有关的单位、部门和工作队组之间的进度关系。

（2）施工项目进度控制的措施。施工项目进度控制采取的主要措施有组织措施、管理措施、合同措施、经济措施和技术措施等。

① 组织措施主要是指落实各层次的进度控制的人员，具体任务和工作人员，建立进度控制的组织系统，按施工项目的结构、进展的阶段或合同结构等进行项目分解，确定其进度目标，建立控制目标体系，确定进度控制工作制度，如检查时间、方法、协调会议时间、参加人员等，对影响进度的因素进行分析和预测。

② 技术措施主要是采取加快施工进度的技术方法。

③ 合同措施是指对分包单位签订施工合同的合同工期与有关进度计划目标相协调。

④ 经济措施是指实现进度计划的资金保证措施。

⑤ 信息管理措施是指不断地收集施工实际进度的有关资料进行整理统计与计划进度比较，定期向建设单位提供比较报告。

（3）针对某些进度影响因素提出改进措施及建议。

对于土建项目延期交工的问题，解决办法只能是事先与业主、总包方做好协调沟通工作，在现场积极配合土建预埋管线等各项工作。对于设计图纸不完整或有质量问题的现象，在工程中比较普遍。施工方应在施工准备阶段熟悉图纸，发现问题及时与监理方、业主或设计方进行交涉。

对于施工方采购的设备，由于生产周期延长或运输超期未能及时进场的问题，必须在签订采购合同时就予以考虑。在通过误期罚款等条款约束供货商的同时，还应尽量留有调整时间的余地。对于环境、气候及不可抗力的影响，一方面应在签订合同时明确不可抗力的具体范围，并努力减少自己的工作失误，实现合同工期，避免因自己的原因而导致不可抗力的索赔条件丧失；另一方面应通过合理的预见与及时的改进措施加以消除。

8.2.2 项目中的质量控制

1. 影响工程质量的因素与控制

影响工程质量的因素包括人的质量意识和质量能力、建设项目的决策因素、建设工程项目勘查因素、建设工程项目的总体规划和设计因素、建筑材料和构配件及相关工程用品的质量因素、工程项目的施工方案、工程项目的施工环境。除这些影响因素以外，影响通信建设项目的质量因素还有施工机具、仪表的选型、保管和正确使用等。

针对上述影响工程质量的因素，在施工过程中应采取相应的控制措施，建立和正确运行工程项目质量控制系统，设置适宜的质量控制目标，编制可行的质量计划，正确设置关键过程和质量控制点，加强施工过程中生产要素的控制，严把工程验收关，确保工程施工质量。

对于质量控制点的控制，应注意以下内容：

（1）项目工程师应明确质量控制点施工所依据的施工规范、操作规程、作业指导书、施工技术要求、质量检验要求，并交项目质检员和操作者使用，或向质检员和操作者进行技术交底，并填写“技术、环境、安全交底记录表”，使上岗操作人员在明确工艺要求、质量要求和操作要求的基础上操作。

（2）操作者必须严格按照规程、规范和批准的作业指导书进行施工，对过程（工序）进行自检，确保符合质量要求。

（3）质检员负责过程（工序）的质量检验及认定，对过程进行工序质量监控，并做好工作记录。对于通信工程所使用的专用仪表和专用设备及工机具等，必须定期进行检定、维修、校准和标识。对于施工中已出现的和潜在的不合格品、不符合因素应制订纠正和预防措施，以避免问题的再次发生。

2. 施工质量控制的基本方法

施工质量控制的基本方法包括质量计划、质量检查、质量监测、质量分析与评定、质量问题的纠正与处理、施工技术资料的收集归档等五项基本内容。

（1）质量计划的编制应符合相关建设工程项目的要求。

（2）质量检查指按照国家和行业发布的施工工艺规范、质量标准所规定的检查、测试项目，用规定的手段和方法，对分部分项工程、单位工程进行的质量检测。包括原材料、半成品、加工预制品和各类仪器设备的订货样品鉴定、进场开箱检查；施工中对操作质量的巡视与随机检查；施工班组的质量自检、互检和工序间交接检查；各类基础、预埋、隐蔽工程的验收；已完成项目的预检等。

（3）质量监测指施工过程中对工序的工艺质量、质量检查的实施情况、中间验收和竣工验收情况的监督、检测，包括制订质量监测计划、监测措施、监测责任以及监测的实施。

（4）质量分析与评定是承包方对所完成的施工质量进行检验评价、等级核定工作，分析工程中所存在的问题及其产生的原因分析，通过质量评定可以发现不合格品，并予以及时纠正。

（5）质量问题的纠正与处理是对质量缺陷或事故原因的调查分析、鉴定危害程度与对质量问题校正或补救工作。应在施工前做好器件、构件的备份工作，以在发现质量问题时及时更换。

8.2.3 项目中的安全控制

1. 影响施工安全的危险源

通信施工危险源的识别应考虑人为因素、财产损失和环境破坏三个方面，同时应考虑第一类和第二类危险源。危险源的识别方法有专家调查法和安全检查表（SCL）法等。通信工程各专业危险源的识别应按施工工序顺序考虑，一般通信工程的危险源的识别有以下要求：

1）线路工程潜在的危险源

（1）路由复测：可能造成人体伤害的山路及河流；

（2）挖沟（含通信管道沟、顶管）：爆破作业，可能造成塌方的松软土质，未设警示标志的沟坑；

（3）作业坑、打杆、拉线洞：塌方造成的人身伤害，损坏直埋电力电缆，带电导线；

（4）立、换、拆电杆：未立起的电杆，杆位附近的带强电的设施；

（5）新设、更换拉线：作业点附近带强电的设施，未加固好的绷紧的钢绞线；

（6）铺管、顶管：公路、铁路附近施工时，行驶的车辆；

（7）敷设直埋光（电）缆：可能使人体摔伤的山路及沟坎；

（8）清刷管道及铺放管道：落井的重物；

（9）敷设、接续管道光（电）缆：安全警示不清，井下废气，带强电导体，坠井重物，喷灯；

（10）架设、接续架空光（电）缆：距离人体过近的强电导体，高处作业人员所使用的登高工具，坠落的重物；

（11）安装杆上支持物、分电设备，架设吊线：可能断落的强电导体，高处的重物，高处作业人员所使用的登高工具；掉落在路上的吊线及光（电）缆；

（12）敷设水底光（电）缆：有问题的潜水设备；

（13）安装局内光（电）缆：可能碰伤人体的物体；

（14）敷设通信管道：市内车辆，重物（水泥管块）；

（15）吹缆：高压空气；

（16）埋设标石：重物（标石）；

（17）电路割接：距离人体过近的带强电导体，可能引起在用设备短路的导体；

（18）安装终端设备：重物（机架设备），距离人体过近的带强电导体；

（19）调测：重物（仪表），带电导体；

（20）高原地区施工：高原，湿地沼泽，严寒；

2）装机（微波、地面站、移动、设备安装）工程潜在危险源

（1）开箱：带钉子、铁皮的箱板；

（2）搬运：可能坠落的天线；

（3）吊装天线：可能坠落的油丝绳、麻绳、滑轮，制动失灵的吊装设备；

（4）铁塔楼房上安装天馈线：高处违章作业；掉落的工具、材料；
（5）避雷针焊接：漏电的电焊机；
（6）组立机架：漏电的电钻，未扶稳的机架；
（7）安装走线架（道）、布放电缆：高处作业；
（8）不停电电源线连接电源；
（9）调测：微波辐射；
（10）吊装卫星通信地球站天线：作业点附近带强电的导体，未支稳的吊装设备。

以上识别的潜在危险源仅为第一类危险源，在施工前还应注意从人的心理、生理、行为等方面识别违规操作、违章指挥等第二类危险源。在施工现场应当根据具体的实际情况，充分识别施工现场的危险源。

2. 施工安全的预先防范措施

1）安全技术交底

项目管理的技术负责人应当对有关安全施工的技术要求，向施工作业班组、作业人员进行详细的讲解和说明。对于安全技术交底，应当做到：项目经理部必须实行逐级安全技术交底制度，纵向延伸到班组全体作业人员；技术交底必须具体、明确、针对性强；技术交底的内容应针对工程施工中给作业人员带来的潜在隐含危险源和存在的问题；应将工程概况、施工方法、施工程序、安全技术措施等向班组长进行详细交底；保持书面安全技术交底签字记录。

具体交底内容：准备施工项目的作业特点和危险点、针对危险点的具体预防措施、应注意的安全事项、相应的安全操作规程和标准、发生事故后应及时采取的避难和急救措施等。

负责项目管理的技术人员与作业班组和施工人员进行安全技术交底后应当由双方确认。确认的方式是填写安全技术措施交底单，主要内容应当包括工程名称、单项工程名称、安全技术措施交底内容、交底时间、施工单位负责项目管理的技术人员签字、接受任务负责人签字等。

项目经理部应当将安全技术措施的交底制度落到实处，而不是敷衍了事，应使之真正起到保障安全施工的作用。保障安全技术交底的效果和交底单的真实、准确。

2）实施措施

对施工现场的重要部位或关键工序，要有安全施工方案，项目管理的主要技术人员要到达施工现场，确保重要部位或关键工序的顺利完成。

3）跟踪检查

施工现场负责人要对安全交底的内容进行检查，对安全施工方法、施工程序、安全技术措施进行定期或不定期检查；对过去检查中发现的问题要检查其整改情况。每次检查后应当留下记录。

3. 施工安全事故的处理方式

1）报告安全事故

生产经营单位发生安全事故后，事故现场有关人员应当立即报告本单位负责人。单位负责人接到事故报告后，应当迅速采取有效措施，组织抢救，防止事故扩大化，减少人员伤亡和财产损失，并按照国家有关规定立即如实报告当地负有安全生产监督管理职责的部门，不得隐瞒不报、谎报或者拖延不报，不得故意破坏事故现场、毁灭有关证据。

负有安全生产监督管理职责的部门接到事故报告后，应当立即按照国家有关规定上报事故情况。负有安全生产监督管理职责的部门和有关地方人民政府对事故情况不得隐瞒不报、谎报或者拖延不报。

2）处理安全事故

有关地方人民政府和负有安全生产监督管理职责的部门负责人接到重大生产安全事故报告后，应当立即赶到事故现场，组织事故抢救，排除险情，防止事故蔓延扩大，做好标识，保护好现场。任何单位和个人都应当支持、配合事故抢救，并提供一切便利条件。

3）安全事故调查

事故调查处理应当按照实事求是、尊重科学的原则，及时、准确地查清事故原因，查明事故性质和责任，总结事故教训，提出整改措施，并对事故责任者提出处理意见。事故调查和处理的具体办法由国务院制定。

安全事故的现场必须全面、细致、客观地反映原始面貌，调查组成立后，应立即对事故现场进行勘察。勘察的主要内容要求做出笔录，笔录的内容包括：发生事故的时间、地点、气象等；现场勘察起止时间、勘察过程；现场勘察人员的姓名、单位、职务；能量逸散所造成的破坏情况、状态、程度；设施设备损坏或异常情况及事故发生前后的位置；事故发生前的劳动组合，现场人员的具体位置和行动；重要物证的特征、位置及检验情况等。

安全事故应通过详细的调查，查明事故发生的经过，整理和仔细阅读调查材料，根据调查所确认的事实，从直接原因入手，逐步深入到间接原因。通过对原因的分析，确定出事故的直接责任者和领导责任者，根据在事故发生中的作用找出主要责任者。

确定事故的性质，对事故采取不同的处理手段和方法，并根据事故发生的原因，找出防止发生类似事故的具体措施。任何单位和个人不得阻挠和干涉对事故的依法调查处理。

4）对事故责任者进行处理

生产经营单位发生生产安全事故，经调查确定为责任事故的，除了应当查明事故单位的责任并依法予以追究外，还应当查明对安全生产的有关事项负有审查批准和监督职责的行政部门的责任，对有失职、渎职行为的，应依法追究其法律责任。

事故调查组在查明事故情况以后，如果对事故的分析和事故责任者的处理不能取得一致的意见，劳动部门有权提出结论性意见；如仍有不同意见，应当报上级劳动部门或者有关部门；仍不能达成一致意见的，报同级人民政府裁决，但不得超过事故处理工作时限。

5）编写调查报告并上报

安全事故调查报告应包括：事故发生的时间、地点、单位名称、工程项目、事故类别以及人员伤亡和直接经济损失等；事故单位概况；事故发生经过及抢救情况；事故原因及性质；责任认定及处理建议；防范措施；附件，包括事故现场平面图及有关照片、有关部门出具的鉴定结论或技术报告、直接经济损失计算及统计表、调查组名单及签字；其他需要载明的事项等。

安全事故调查报告写好后，应逐级上报上述各相关部门。

思 考 题

1. 通信工程建设的一般程序是怎样的？

2. 为何要先进行勘测设计然后再进入生产环节？

3. 工程安装条件不满足，但用户需要紧急开通，工程督导如何处理？

4. 硬件没有验收，是否可以进行软件调测？

5.《现场调测记录表》是否有必要，有什么作用？是否有必要让随工人员签字确认，如果没有签字确认会有什么影响？

6. 没有初验是否能够进行设备割接？为什么？

7. 在试运行期，谁应负责对设备运行情况的跟踪，对出现的问题应及时解决？

8. 影响施工进度的因素有哪些？

9. 提高施工质量的方法有哪些？

10. 影响施工安全的潜在因素有哪些？

附 录

附录 A 工程项目策划报告

一、工程信息简介

1. 工程名称：××省电信有限公司×××市分公司交换机扩容工程

合同号：3330000601089A

设备类型：32AM/CM/RSMII/RSA

设备容量：3168L

2. 工期要求

2011-06-19 至 2011-06-23

3. 局方特殊要求

无

二、成立项目组

为保证工程的顺利实施，特成立项目组如下：

	姓　名	电　话
工程督导	×××	×××××××××××
软调负责人	×××	×××××××××××
硬件督导	×××	×××××××××××
硬件安装人员	×××	×××××××××××
货物管理	×××	×××××××××××
备件库	×××	×××××××××××
客户代表	×××	×××××××××××

局方总协调人：××× 　　联系电话：139××××××××

三、工程阶段划分

序　号	阶　段	周　期
1	2006-06-19	模块硬件安装周期
2	2006-06-20	模块软件调测周期
3	2006-06-20	初验周期

四、工程安装步骤

序　号	步　骤	责 任 人	局方配合人员
1	放用户电缆	×××	×××
2	硬件安装完成	×××	×××
3	软件调测	×××	×××
4	初验	×××	×××

用户代表： 　　日　期：

附录B　交换机、接入网(中心局)安装环境检查

<table>
<tr><td colspan="3" rowspan="2">交换机、接入网（中心局）
安装环境检查问题备忘录</td><td>工程名称</td><td></td><td>联系人</td><td></td></tr>
<tr><td>工程号</td><td></td><td>电话</td><td></td></tr>
<tr><td>序号</td><td>检查项目</td><td>要　　求</td><td>勘测一次检查</td><td>工前二次检查</td><td colspan="2">备　　注</td></tr>
<tr><td>1</td><td>土建</td><td>机房大小能满足产品安装、扩容要求，地板能满足产品承重要求，机房的走线槽、梯、洞安装或准备完成，装修完工</td><td></td><td></td><td colspan="2"></td></tr>
<tr><td>2</td><td>选址</td><td>机房应远离易燃、易爆、易受电磁干扰（大型雷达站、发射电台、变电站）场所，距离要求大于 100 m 以上</td><td></td><td></td><td colspan="2"></td></tr>
<tr><td>3</td><td>配套设备</td><td>机房建议安装机房专用空调，窗户应采用双层门窗密封，机房应安装消防设施。照明设施良好</td><td></td><td></td><td colspan="2"></td></tr>
<tr><td>4</td><td>防直击雷</td><td>机房应装有避雷针、避雷带等防雷装置</td><td></td><td></td><td colspan="2"></td></tr>
<tr><td>5</td><td>接地电阻</td><td>机房采用联合接地（设备的工作接地、保护地和建筑防雷地合用同一个接地体），机房内各种通信设备、通信电源应尽量合用同一个保护接地排，接地电阻应小于 1 Ω</td><td></td><td></td><td colspan="2"></td></tr>
<tr><td>6</td><td>接地引入线</td><td>机房接地排到机房地网连线应可靠连接，其长度不应超过 30 m，宜采用 40 mm × 4 mm 以上镀锌扁钢，接触部位应进行绝缘防腐处理，出土部分有机械损伤保护，中间不能有断点接续</td><td></td><td></td><td colspan="2"></td></tr>
<tr><td>7</td><td>交流电压</td><td>一次电源的交流输入电压应在 187～242 V 之间，交流配电开关和交流电源线安装到位</td><td></td><td></td><td colspan="2"></td></tr>
<tr><td>8</td><td>交流接地</td><td>机房电源线的中性线在机房内严禁与各种通信设备的保护地连接</td><td></td><td></td><td colspan="2"></td></tr>
<tr><td>9</td><td>交流防雷</td><td>机房交流电源系统应安装标称放电电流不小于 20 kA 防雷单元，防雷单元应可靠接地</td><td></td><td></td><td colspan="2"></td></tr>
<tr><td>10</td><td>直流电压</td><td>机房提供的直流输出电压满足 −43～−57 V，蓄电池容量满足设备供电要求，客户提供的直流电源母线和保护地线布放到直流配电柜或直流分线盒位置旁，线径符合设计要求</td><td></td><td></td><td colspan="2"></td></tr>
</table>

续表

交换机、接入网（中心局）安装环境检查问题备忘录			工程名称		联系人	
			工程号		电话	
序号	检查项目	要　求	勘测一次检查	工前二次检查	备　注	
11	直流接地	一次直流电源的工作接地应与机房保护地直接相连，其线径符合设计要求				
14	用户电缆	所有进入机房的用户外线电缆的金属外护套应在配线架处做接地处理或接到机房保护接地排				
15	中继电缆	中继电缆应避免室外架空布放。若无法避免，应采取必要的防雷措施				
16	MDF	MDF架端子容量满足工程要求。MDF架上每对用户线应安装保安单元，应保证保安单元的接地端与配线架的接地汇流条间有良好的电气连接。MDF架接地线不小于50 mm^2，应可靠连到室内地排上				
17	DDF	DDF架安装完成，端子容量满足工程要求。其接地线不小于 6 mm^2，应可靠连到机房接地排上				
18	ODF	外线光缆施工完成，ODF或光纤分纤盒安装完毕，光纤已熔接				
19	传输系统	传输设备已调试完成，容量满足工程要求。其保护地应与机房室内地排可靠连接				
20	用户数据	规划分配好每个局点的用户号段				
21	中继数据	规划收集好本局到所要开通各个局向的信号方式、信令点编码，出局字冠，中继数量等局数据，并确认对端局已经满足开通条件				
22	计费数据	规划好本局的计费方式和计费方法				
不合格项目合计：						
计划完成整改日期：						

一次检查　人员、联系电话：　　　　客户代表：　　　　年　月　日

二次检查　人员、联系电话：　　　　客户代表：　　　　年　月　日

说明：1. 本表仅适用于国内，检查通过的项目打“√”，不通过的项目打“×”，不检查的项目打“/”；2. 检查时如果一个局点只有一个机房或者多个机房的安装环境相同则以局点为单位填写，否则以机房为单位填写；3. 一个工程的局点/机房数量超过本表时可以自行复印使用；4. 检查时本表可以与《交换产品工程安装客户准备指导书》《交换产品工程勘测作业指导书》配合使用；5. 本表没有列出的安装环境要求的具体数值可参见《交换产品工程安装客户准备指导书》和《安装手册——机房环境》。

交换机、接入网（远端局）安装环境检查表 V1.0			工程名称						联系人				
			工程号						电话				
序号	检查项目	局点名称	局点1		局点1		局点1		局点1		局点1		局点1
		要　求	勘测一次检查	工前二次检查	勘测一次检查	工前二次检查	勘测一次检查	工前二次检查	勘测一次检查	工前二次检查	勘测一次检查	工前二次检查	勘测一次检查	工前二次检查
1	土建	机房大小能满足产品安装、扩容要求，地板满足产品承重要求，机房的走线槽、梯、洞安装或准备完成，装修完工												
2	选址	机房应远离易燃、易爆、易受电磁干扰（大型雷达站、发射电台、变电站）场所，距离要求大于 100 m 以上												
3	空调	当地最热月气温超过 35°，机房应安装空调（空调可支持断电重启能）												
4	防潮	对于相对湿度大于 70%，需加装除湿设备（如装带除湿功能空调、专用除湿机等）。机房严禁出现渗水、滴漏、结露												
5	采暖	一年内日平均气温低于 5° 累计大于 90 天应设置采暖设备，大于 60 天但小于 90 天建议设置采暖设备												
6	防尘	对于位于沙尘源（煤矿、乡村公路、农田）附近的机房，窗户应采用双层门窗密封，机房门应采用防盗防火门												
7	防直击雷	机房应安装有避雷针、避雷带等防雷装置												
8	接地电阻	机房采用联合接地（设备的工作接地、保护地和建筑防雷地合用同一个接地体），机房内各种通信设备、通信电源应尽量合用同一个保护接地排，地阻当设备容量大于 1 万线时小于 1Ω，小于 1 万线大于 2 千线时小于 3Ω，小于 2 千线时小于 5Ω												
9	接地引入线	机房接地排到机房地网连线应可靠连接，其长度不应超过 30 m，宜采用 40 mm×4 mm 以上镀锌扁钢，接触部位应进行绝缘防腐处理，出土部分有机械损伤保护，中间不能有断点接续												
10	交流电压	一次电源交流输入电压应在 187～242 V 之间，交流配电开关和交流电源线安装到位												
11	交流接地	机房电源线的中性线严禁在机房内与各种通信设备的保护地连接												

续表

交换机、接人网（远端局）安装环境检查表 V1.0		工程名称								联系人				
		工程号								电话				
序号	检查项目	局点名称	局点 1		局点 1		局点 1		局点 1		局点 1		局点 1	
		要　　求	勘测一次检查	工前二次检查	勘测一次检查	工前二次检查	勘测一次检查	工前二次检查	勘测一次检查	工前二次检查	勘测一次检查	工前二次检查	勘测一次检查	工前二次检查
12	交流防雷	机房交流电源系统应安装标称放电电流不小于 20 kA 防雷单元，防雷单元应可靠接地												
13	直流电压	机房提供的直流电压输出满足-43～-57 V，蓄电池容量满足设备供电要求，直流电源母线和保护地线布放到直流配电柜或直流分线盒旁，线径符合设计要求												
14	直流接地	一次直流电源的工作接地应与机房保护地直接相连，其线径符合设计要求												
15	用户电缆	所有进入机房的用户外线电缆的金属外护套应在配线架处做接地处理或接到机房保护接地排												
16	中继电缆	产品中继电缆应避免室外架空布放。若无法避免，应采取必要的防雷措施												
17	MDF	MDF 架端子容量满足工程要求。MDF 架上每对用户线应安装保安单元，应保证保安单元的接地端与配线架的接地汇流条间有良好的电气连接。MDF 架接地线不小于 16 mm^2，应可靠连到室内地排上。若配线架与远端模块相距较近，两者地线应连到同一地排上												
18	DDF	DDF 架安装完成，端子容量满足工程要求。其接地线不小于 6mm^2，应可靠连到室内地排上												
19	光纤 ODF	外线光缆施工完成，ODF 或光纤分纤盒安装完毕，光纤已熔接												
20	传输系统	传输设备已调试完成，容量满足工程要求。其保护地应与机房室内地排可靠连接												
		不合格项目合计												
		计划完成整改日期												

一次检查　　人员、联系电话：　　　　　　　　客户代表：　　　　　　年　月　日

二次检查　　人员、联系电话：　　　　　　　　客户代表：　　　　　　年　月　日

附录C　开工协调会议纪要

工程名称	××××××××××××	工程督导	
合同号	×××××××××××	日　期	

×××技术有限公司

开工协调会议纪要

会议时间：2011 年 06 月 19 日	客户参加人员：×××等
会议地址：×××电信机房	公司参加人员：×××等

内容概要：

1. 确定工程安装规划：新建局点具备安装条件，可进行交换机硬件施工
2. 工程安装调试期间局方安排张三维护工程师跟工
3. 数据采集规划由局方提供，作为开局的依据，由于数据采集完成后还有一个设计周期，为不影响工程进度，应在 6 月 2 日之前完成
4. 双方协商确定了施工界面：DDF 架上中继线交换机侧上线、做头由×××公司负责，按照用户的要求，交换机侧中继线按从上到下，从左到右，先收后发，放入 DDF 架，由局方指导安装。×××公司负责用户线从交换机到 MDF 架的布放和打线
5. 初步确定了一些验收割接事项：

① 为保证网络正常安全运行，测试验收后割接，验收单位××电信公司

② 验收测试项目由×××公司和局方共同协商确定，保留调测记录作为验收时作为参考依据，验收中需要用到的话机等测试设备由局方提供

③ 脱机计费验证由局方计费中心测试，×××公司提供话单格式资料

6. 在工程中如遇到其他事项由×××公司和局方协商解决

注：工程督导要在工前协调会上和客户一起制订《开工协议书》,包括附件：《工程进度计划表》。

附录D　通信工程开工协议书

开工协议书	客户名称		客户负责人	
	工程名称		客户联系电话	
	施工单位		工程督导	
	开工日期		计划完工日期	

××××××××××××××××××××（合同号：××××××××××××、×××××××××××××，工程号××××××××××××、×××××××××××××）于年××月××日正式开工，此开工日是根据以下情况而定的（以打√为准）。本次工程进度计划参考附件：《工程进度计划表》

一、合同规定

二、公司与客户统一安排

三、视现场工前准备状态，由×××公司与客户商定

四、视设备运输状态，由×××公司与客户商定

公司工程督导签字：＿＿＿＿＿＿＿＿　　客户负责人签字：＿＿＿＿＿＿＿＿

年　　月　　日　　　　　　　　年　　月　　日

附录E 工程进度计划表

工程进度计划表

合同号		机房电话	
工程名称		宾馆电话	

序号	局名	模块类型	工程类别			施工步骤	计划时间		工程准备	已完成	完成时间
			新建	改造	扩容		开始日期	结束日期			
1	母局	UTMB1			√	安装固定机柜	2011-6-19	2011-6-19	机房（土建及装修）	是	2011-6-19
						布放用户电缆	2011-6-19	2011-6-19	如配我司电源，交流入线到位	是	2011-6-19
						布放中继电缆	2011-6-19	2011-6-19	如配其他电源，直流电源到位	是	2011-6-19
						打卡用户线	2011-6-19	2011-6-19	48 V 电源线布放到交换机处	是	2011-6-19
						电源连线加电	2011-6-19	2011-6-19	MDF 音频配线架安装	是	2011-6-19
						软件调测	2011-6-20	2011-6-20	DDF 数字配线架安装	是	2011-6-19
						系统测试	2011-6-21	2011-6-21	传输系统调通	是	2011-6-20
						初验割接	2011-6-22	2011-6-22	地线布放到交换机处	是	2011-6-20
2	模块局：双田、谢家、塔前、历居山	RSMIIB RSA			√	硬件安装	2011-6-19	2011-6-19	机房（土建及装修）	是	2011-6-19
						加电软调	2011-6-20	2011-6-20	如配我司电源，交流入线到位	是	2011-6-19
						测试割接	2011-6-20	2011-6-20	如配其他电源，直流电源到位	是	2011-6-19
						换板联调（改造）	2011-6-21	2011-6-21	48 V 电源线布放到交换机处	是	2011-6-20
							2011-6-21	2011-6-21	MDF 音频配线架安装	是	2011-6-20
							2011-6-21	2011-6-21	光缆敷设到位	是	2011-6-20
							2011-6-21	2011-6-21	地线布放到交换机处	是	2011-6-20

工程督导签字：________ 年 月 日　　客户负责人签字：________ 年 月 日

注：该表由工程督导和客户开工前协调会协商填写，一式三份，交客户一份，在机房醒目处贴一份，传真回办事处一份。

工程进度计划表

合 同 号　　　　机房电话

工程名称　　　　宾馆电话

序号	模块局名	模块类型	工程类别			工程安装计划						工程准备完工计划									
						硬件安装		加电软调		测试割接		机房完工		电源准备		电源线地线		MDF 准备		外线光缆	
			新建	改造	扩容	开始日期	结束日期	开始日期	结束日期	开始日期	结束日期	开始日期	结束日期	开始日期	结束日期	开始日期	结束日期	开始日期	结束日期	开始日期	结束日期
1	乐平	SM			√	6–19	6–19	6–20	6–20	6–20	6–20	6–19	6–19	6–19	6–19	6–19	6–19	6–19	6–19	6–19	6–19
2	双田	RSA			√	6–19	6–19	6–20	6–20	6–20	6–20	6–19	6–19	6–19	6–19	6–19	6–19	6–19	6–19	6–19	6–19
3	谢家	RSA			√	6–19	6–19	6–20	6–20	6–20	6–20	6–19	6–19	6–19	6–19	6–19	6–19	6–19	6–19	6–19	6–19
4	塔前	SM			√	6–19	6–19	6–20	6–20	6–20	6–20	6–19	6–19	6–19	6–19	6–19	6–19	6–19	6–19	6–19	6–19
5	历居山	SM			√	6–20	6–20	6–20	6–20	6–20	6–20	6–20	6–20	6–20	6–20	6–20	6–20	6–20	6–20	6–20	6–20
6																					
7																					
8																					
9																					

工程督导签字：________________

年　月　日

客户负责人签字：________________

年　月　日

附录F 工程质量检查（自检）报告

<table>
<tr><td>工程名称</td><td colspan="4">××××××××××××</td><td>工程号</td><td>×××××</td></tr>
<tr><td>工程地址</td><td colspan="2">××××××</td><td>客户联系人</td><td>××
（工程主管）</td><td>客户电话</td><td>×××××××××××</td></tr>
<tr><td>施工单位</td><td colspan="2">××××××××××</td><td>工程督导</td><td>×××</td><td>督导电话</td><td>×××××××××××</td></tr>
<tr><td>主机版本</td><td>××</td><td>数据来源</td><td colspan="2">□文档 □办事处 ■联机</td><td>检查方式</td><td>■现场 □远程</td></tr>
<tr><td>设备配置</td><td colspan="6">×××××××××</td></tr>
</table>

<table>
<tr><td rowspan="2">质量得分
检查类型</td><td colspan="3">硬　件</td><td colspan="3">软　件</td><td colspan="3">文　档</td></tr>
<tr><td>得分</td><td>检查人</td><td>检查日期</td><td>得分</td><td>检查人</td><td>检查日期</td><td>得分</td><td>检查人</td><td>检查日期</td></tr>
<tr><td>督导自检</td><td></td><td></td><td></td><td></td><td></td><td></td><td></td><td></td><td></td></tr>
<tr><td>单位检查</td><td></td><td></td><td></td><td></td><td></td><td></td><td></td><td></td><td></td></tr>
<tr><td>过程检查</td><td></td><td></td><td></td><td></td><td></td><td></td><td></td><td></td><td></td></tr>
<tr><td>完工检查</td><td></td><td></td><td></td><td></td><td></td><td></td><td></td><td></td><td></td></tr>
</table>

<table>
<tr><td colspan="2">工程质量问题明细</td><td>扣分</td><td>编码</td><td>整改建议或问题说明</td></tr>
<tr><td rowspan="3">督导自检</td><td></td><td></td><td></td><td></td></tr>
<tr><td></td><td></td><td></td><td></td></tr>
<tr><td></td><td></td><td></td><td></td></tr>
<tr><td rowspan="3">单位自检</td><td></td><td></td><td></td><td></td></tr>
<tr><td></td><td></td><td></td><td></td></tr>
<tr><td></td><td></td><td></td><td></td></tr>
<tr><td rowspan="3">过程检查</td><td></td><td></td><td></td><td></td></tr>
<tr><td></td><td></td><td></td><td></td></tr>
<tr><td></td><td></td><td></td><td></td></tr>
<tr><td rowspan="3">完工检查</td><td></td><td></td><td></td><td></td></tr>
<tr><td></td><td></td><td></td><td></td></tr>
<tr><td></td><td></td><td></td><td></td></tr>
</table>

工程说明（必须尽量明示本次工程涉及的具体内容，如是否全部为新建工程；扩容涉及的模块号、网元号、局向号等）：
本次工程扩容乐平 3 号模块 480DT，42 模块双田 128L，51 号模块 RSA 谢家 160L，37 号模块塔前 160L 和 52 号模块历居山 2240L

续表

<table>
<tr><td>处理意见（质量责任人根据问题情况，填写问题处理意见；若需要施工单位整改的填写整改期限）：

要求整改完成期限：　　　　年　　月　　日　　　　　　　　质量责任人：　　　　年　　月　　日</td></tr>
<tr><td>施工单位整改反馈（对工程质量问题整改结果的反馈，对于不合格工程作为扣款的确认依据）：

整改完成时间：　　　　年　　月　　日　　　　　　　　整改人：　　　　年　　月　　日
若工程质量不合格，请合作单位负责人签字确认，作为扣款依据。合作单位负责人：　　　　年　　月　　日</td></tr>
<tr><td>整改复核情况（质量责任人对工程整改情况进行复核）：
质量责任人：　　　　年　　月　　日</td></tr>
</table>

备注：1. 工程地址及客户信息：必填。

2. 客户联系人：填写该工程的客户负责人。

3. 检查方式、数据来源：完工检查时选择。

4. 整改建议或问题说明：填写对问题的处理意见，或对存在问题的解释说明。

5. 编码：填写标准中对应的编码。

附录 G 硬件安装竣工报告

工程号	× × × × × × × × × × × × × × × × ×	服务类型	工程服务制
客户名称	×××	联系人	×××
邮政编码	××××××	联系电话	×××××××××××
联系地址	×××××××××		

施工单位	××××××	工程督导	×××
施工周期	自 2011 年 06 月 19 日 ~ 2011 年 06 月 20 日	联系电话	××××××××××
开箱验货	货物交付齐全	设备配置	×××××××××××

局点名称	订单号	设备类型	机器编号	本次安装量（单位：线数）			接地电阻	有无空调	市电范围
				光中继	电中继	用户线			
备注									

客户意见	工程质量	□优秀	□良好	□一般	□差
	满意度	□非常满意	□较满意	□一般	□不满意
	综合意见： 签字盖章： 日　　期：　　年　　月　　日				

备注：工程类型：新建、扩容、改造、搬迁；服务类型：工程服务制、督导调试制、督导服务制。

工程号：工程号 = 合同号 + 工程序号（3 位），在 EPMS 上查找对应工程号填写。

说明：若安装空机柜，设备类型填空机柜，一个机柜一行，若机柜中有用户或中继电缆，安装量填写电缆线数。

附录H　现场调测记录表

×××××交换机现场调测记录表

工程名称	××省电信有限公司×××市分公司交换机扩容工程	工程督导	×××
工程号	3330000601089A001	测试日期	2011-6-22

项目	子项	调测记录	
		要求	实际记录
硬件检查	上电前硬件安装检查，短路测试；单板软件核对	硬件检查正常，测量无短路现象	正常
		单板版本与软件配套	正常
设备上电	上电顺序及情况记录	1. 机架上不插单板，关闭机架顶部分配盒所有开关，开-48 V电源正常	正常
		2. 关闭分配盒所有开关，插入PWC、PWX板（开关OFF），逐个打开分配盒开关，逐个打开电源板开关，观察电源板及告警正常	正常
		3. 关闭分配盒和电源板所有开关，插入所有单板，逐个打开分配盒开关，逐框打开电源电板开关，观察单板状态正常	正常
交换机软件安装	交换机软件版本、日期	软件版本号、日期	正常
加载调试	时钟系统调试	时钟框正常	正常
		网板跳线正确	正常
	加载调试	1. 程序数据加载请求正常，加载不超时	正常
		2. 用默认数据运行和FLASH保存正常（复位检验）	正常
整机功能内部调试	所有硬件开工正常	所有单板开工正常	正常
		资源分配正确	正常
	设定交换机时间	设置交换机准确时间	正常
	模块内接续调试	每个模块内每半框抽查一个用户通话正常	正常
	本局送语音特服调试	1. 设定本局送音特服117正常，后如果局方不需要可删除	正常
		2. 交换机录音功能正常	正常

续表

项目	子项	调测记录	
		要求	实际记录
整机功能内部调试	话机自检功能调试	设置话机自检功能号，自检正常	正常
	模块间接续调试	模块间通话完全测试	正常
	本局特服调试	1. 延时振铃功能正常	正常
		2. 被叫控制正常	正常
		3. 紧急呼叫观察正常	正常
	小交换机功能调试	连选功能正常	正常
	ASL 基本功能调试	1. 欠费	正常
		2. 振铃方式调整	正常
	ASL 新业务调试	缺席、免打扰、缩位拨号、呼出限制 、定时、遇忙寄存、跟随转移、遇忙回叫、呼叫等待、恶意追踪、三方会话、会议电话等国标要求	正常
		设备特有的主叫线识别，提供秘书、秘书台等业务	正常
	CENTREX 基本业务调试	长短号呼叫	正常
		群内外呼入呼出限制	正常
		群内外振铃区别	正常
	CENTREX 新业务调试	缺席、免打扰、缩位拨号、呼出限制 、定时、遇忙寄存、跟随转移、遇忙回叫、呼叫等待、恶意追踪、三方电话、会议电话等国标要求	正常
	CENTREX 话务台调试	呼叫话务台正常	正常
		话务台数据设定功能正常	正常
		话务台收取话单正常	正常
	DSL 基本功能调试	数字话机呼叫和通话正常	正常
		ISDN 数字通讯正常	正常
	DSL 新业务调试	见《安装手册》	正常
	计费调试	按要求产生话单	正常
		按要求产生计次表	正常
		话单提取正常	正常
	测试台功能调试	内外线测试正常	正常
		单板自检正常	正常
	话务统计功能调试	话务统计登记正常	正常
		取结果正常	正常
		结果解释设置合理可靠	正常
	话单管理台功能调试	取话单正常	正常

续表

项目	子项	调测记录	
		要求	实际记录
整机功能内部调试		话单浏览正常	正常
		其他功能正常	正常
	卡号台软件安装、数据设置、功能测试	软件版本	正常
		软件日期	正常
		功能调试	正常
	语音邮箱软件安装、数据设置、功能测试	软件版本	正常
		软件日期	正常
		功能调试	正常
	数字中继自环调试	自环硬件无告警	正常
		呼叫通话正常	正常
对外联调	时钟锁相	能正常锁相上级局	正常
	中继与对局联调	硬件无告警	正常
		信令配合符合标准	正常
		出入呼叫通话正常	正常
		电路无同抢现象	正常
	长途出入局调测	出入呼叫通话正常	正常
		电路无同抢现象	正常
	本地网所有局号出入局调测	出入呼叫通话正常	正常
	出入局特服调试记录	延时振铃功能正常	正常
		被叫控制正常	正常
		紧急呼叫观察正常	正常
告警系统调试	终端告警系统调测	按实际产生告警信息	正常
	告警箱、行列告警调测	告警指示正确	正常
计费系统调试	脱机计费数据设定	数据设定按照局方要求，计费准确	正常
	脱机计费话单分拣和报表打印、格式是否符合局方要求	输出报表符合局方要求	正常
	格式转换软件设置符合局方要求	格式设置符合局方要求	正常
营业厅系统调试	软件安装、数据设定、呼叫测试	数据设定符合局方要求	正常
		测试呼叫正常	正常

测试结论确认：

以上测试结论属实。

客户验收人：

日期：

附录 I 初验申请报告

××× 技术有限公司

初验申请报告

工程名称	××××××	工程督导	×××
合 同 号	×××××××	申请日期	××××年××月××日

尊敬的××省电信有限公司××市分公司：

我司 2011 年 06 月 19 日开工的××××××××××××××××××，于 2011 年 06 月 23 日安装测试完毕，已具备初验条件。请贵单位组织相关部门进行设备初验。特此申请！

（附：现场测试记录表）

工程督导：

日　期：　　年　　月　　日

附录J 系统初验证书

×××技术有限公司

系统初验证书

客户名称	××××××	工程名称	××××××××××
合同号	×××××××	工程督导	×××

兹证明×××××××××××××××购买×××技术有限公司的××××××××××××设备（合同号：××××××××××××），已于 2012 年 06 月 23 日通过初验测试，初验量见《设备安装报告》。

建设单位签字及盖章　　　　施工单位签字及盖章

年　月　日　　　　年　月　日

附录K 工程遗留问题汇总表

×××有限公司

工程遗留问题汇总表

工程名称	××××××	工程督导	×××
工程号	×××××××	填写日期	××××年××月××日

序号	工程遗留问题描述及情况说明	能否解决	计划解决时间
1	无		
2			
3			
4			
5			
6			

合作单位主管：

工程部：

技术支持部：

附录 L　通信综合布线术语英汉对照表

μm　单位，微米。

10BASE-FL　在 62.5/125 μm 光缆（10 Mbit/s 的基带介质）上实现的电气和电子工程师协会（IEEE）以太网标准。

10BASE-T　在 24-AWG 非屏蔽双绞线（10 Mbit/s 的基带介质）上实现的电气和电子工程师协会（IEEE）以太网标准。

10BASE2　在细同轴电缆（10 Mbit/s 的基带介质）上实现的电气和电子工程师协会（IEEE）以太网标准。最大网段长小于 200 m（656 英尺）。

10BASE5　在对称电缆（10 Mbit/s 的基带介质）上实现的电气和电子工程师协会（IEEE）以太网标准。最大网段长为 500 m（1 640 英尺）。

100BASE-T100 Mbit/s　快速以太网的正式项目名称。

100BASE-T4　使用 4 对 3 类线缆的 100 Mbit/s 快速以太网。

100BASE-TX　使用 2 对 5 类线缆的 100 Mbit/s 快速以太网。

100VG-ANY LAN　使用最初由 Hewlett Packard 和 AT&T 为 3 类线缆开发的需求优先级协议的 100 Mbit/sLAN。

1000BASE-T　使用铜线的千兆以太网的规范（IEEE 标准 802.3ab）。该标准定义 1 Gbit/s 数据传输距离超过 100 m 时，应使用 4 对 5e 类平衡铜线布线和一个包含 5 个级别的编码方案。

1000BASE-TX　使用铜线的千兆以太网的规范（TIA/EIA）。该标准定义 1 Gbit/s 数据传输距离超过 100m 时，应使用 4 对 6 类平衡铜线布线。

1000Base-LX　使用光缆（波长为 1 300 nm）的千兆以太网的规范（IEEE 标准 802.3z）。

1000Base-SX　使用光缆（波长为 850 nm）的千兆以太网的规范（IEEE 标准 802.3z）。

10 Gigabit Ethernet（10 千兆以太网）　IEEE 已经开始定制在光纤布线上实现 10 千兆以太网的规范。该标准与多模光纤和单模光纤的规范计划于 2001 年或 2002 年初完成。

802.3　由电气和电子工程师协会（IEEE）定义的标准，用于管理以太网使用的带有冲突检测的载波侦听多路访问（CSMA/CD）网络访问方法的使用。

802.5　由电气和电子工程师协会（IEEE）定义的标准，用于管理令牌环网络访问方法的使用。

802.11　由电气和电子工程师协会（IEEE）定义的标准，用于管理无线 LAN 的使用。

A

Adapter（适配器）　一种具有以下特征的设备：（1）可以使不同尺寸或类型的插头互相配合使用或插入信息插座中；（2）提供引线的重新排列；（3）允许将由多根线缆组成的粗线缆分成较细的线缆组；（4）使线缆互连。

Ad Hoc Cabling（Ad Hoc 布线）　一种布线方案，其中来自不同供应商的不同类型的布线组件链接在一起以形成布线系统。

Administration Point（管理点） 管理通信电路的位置，即通过交叉连接、互连或信息插座的方式，重新排列或重新布置通信线路。

Administration Subsystem（管理子系统） 建筑物布线系统的一部分，其中包括可在其上添加或重新排列线路的分布硬件组件。这些组件包括交叉连接设备、互连设备、信息插座及其相关的快捷跳线和插头，也称为“管理点”。另请参见“交叉连接和信息插座（IO）”。

American National Standards Institute（ANSI） （美国国家标准学会（ANSI））负责定义和维护光纤分布式数据接口（FDDI）标准的组织。ANSI 是美国主要的标准认定组织。ANSI 在国际标准化组织（ISO）中代表美国。

American Wire Gauge（AWG）（美国线规（AWG）） 用来测量铜线、铝线及其他导线的直径的标准尺度。

Ampere（A）（安培（A）） 电流的标准单位。1 安培电流是指一秒内在某一点通过 1 库仑的电量。

Analogue Signal（模拟信号） 一种信号，以不断变化且可直接测量的物理量（如电压）表示信息。模拟信号（如那些在电话信道上传输的模拟信号）为波形，其频率和振幅与发出这些信号的语音或其他信号成比例变化。另请参见“数字信号”。

Analogue Transmission（模拟传输） 一种信号传输方法，其中信号形状以不断变化且可直接测量的物理量（如电压）表示。

Application（应用） 一种系统，其传输方法受电信布线所支持。

Application Layer（应用层） 开放式系统互连（OSI）模型的最顶层（第 7 层）。此层参与支持用户应用并负责管理应用之间的通信，如电子邮件、文件传输等。

ASCII 美国信息交换标准码。ASCII 是一种广泛使用的 7 位或 8 位二进制编码，用于以计算机可以理解的形式表示字母字符和数字字符。

Asynchronous（异步） 来自处于不同独立时钟的时间的两个或更多个信号，因而具有不同的频率和相位关系。

Asynchronous Data Transfer（异步数据传输） 一种数据传输方法，其中每个字母字符或数字字符（由 7 位或 8 位表示）前均有“起始”位和“停止”位，这些位从理想模式描绘以其他方式占用（数字）传输介质的 7/8 位模式。

Asynchronous Transfer Mode（ATM）（异步传输模式（ATM）） 一种基于将语音、数据和视频分割成固定包（单元）的基于单元的高速交换和多路技术。这些单元沿交换路径传输，而且不是以规则的顺序被接收（因此称为异步的）。

Asynchronous Transmission（异步传输） 一种数据传输技术，它由每个字符末尾的起始位和停止位进行控制，其特点是字符之间的时间间隔不确定。

Attenuation（衰减） 信号缩减的效应，涉及线路长度或无线电传输距离的累计。

B

Backbone(s)（主干） 建筑物布线系统的一部分，其中包括一个主电缆线路和支持从设备间到上面楼层的线缆或沿同一层到布线室的线缆的设施。

Balanced Circuit（平衡电路） 产生一对等值但相位相反的信号并将其传送到 2 个导体上的电路。电路的平衡性越好，辐射就越少，并且抗扰度越大（因此其 EMC 性能也越好）。

Balanced Twisted Pair Cable（平衡双绞线电缆） 包含一个或多个金属对称电缆元件（双绞线或四芯线）的电缆。

Balun（平衡转换器） 用于在平衡线路到不平衡线路之间（通常在双绞线电缆和同轴电缆之间）匹配阻抗的设备。

Bandwidth（带宽） 可用于在信道上传输信息的频率范围。它表示信道的传输承载能力。因此，带宽越大，可以通过线路的信息量就越大。单位为 Hz、bit/s 或 MHz.km（用于光纤）。

Baseband（基带） 将传输介质的整个带宽用作一个数字信号的网络。与宽带不同，基带不使用调制技术。

Basic Rate Interface（BRI）（基本速率接口（BRI）） ISDN（综合服务数字网）上可用的最简单的网络访问形式。BRI 包含用于传输信号和用户信息的 2B + D 信道。

Bend Radius（弯曲半径） 光纤或铜线可以弯曲但不会折断或造成大量损耗的曲率半径。

Bit Error Rate （BER）（误码率（BER）） 数字传输线路质量的量度，既可以用百分率表示，也可以用比值表示（更为常用），通常在 10E8 或 10E9 中产生 1 个错误。错误数量越低，表示线路的质量越好。

BNC Connector（BNC 连接器） 在许多种同轴数据通信设备上使用的连接器类型。

Bonding（屏蔽接地） 将所有建筑物和设备电气接地连接在一起以消除电气接地的电位差。

BRI 请参见“基本速率接口 (BRI)”。

Bridge(s)（桥） 用于连接两个使用相同通信方法的子网络（有时也使用相同类型的传输介质）的设备。

Broadband（宽带） 其带宽可以由多个同时发送的信号（用射频调制编码）共享的网络。

Building Backbone Cable（建筑物主干线缆） 将建筑物配线间连接到楼层配线间的线缆。建筑主干线缆也可以连接同一建筑物中的多个楼层配线间。

Building Distributor（建筑物配线间） 建筑物主干线缆在其中端接并可在其上连接校园主干线缆的配线间。

Building Entrance Facility（建筑物入口设施） 为电信电缆进入建筑物提供所有必需的机械服务和电力服务的设施，它符合所有相关规则。

BUS（总线） 由一个共用传输路径和许多挂接在其上的结点组成。有时称为线性网络拓扑结构。

Bus Topology（总线拓扑结构） 一种局域网（LAN）拓扑结构，其中端点连接到单股线缆（或单根光纤）或一组线缆（或一组光纤）上的任意一点。以太网 LAN 就是一个示例。

C

Cable fill（线缆占用率） 敷设到线缆管道/线槽中的电缆数与线缆管道/线槽的理论最大敷设能力的比值。

Cable Rack（线缆支架） 挂接到天花板或墙壁上的垂直或水平支撑设施，通常由铝或钢制成。线缆被放置并固定到支架上。有时称为托架。

Cable routing diagram（线缆布置图） 显示线缆线路布局的详细绘图。

Cabling（布线） 由电信电缆、跳线和能够支撑信息技术设备的连接硬件组成的系统。

CAD/CAM 计算机辅助设计/计算机辅助制造。

Campus（校园） 包含多个毗连或彼此靠近的建筑物的建筑群。

Campus Backbone Cable（校园主干线缆） 属于校园主干子系统并在建筑物间布置的通信电缆。敷设校园主干线缆有 4 种方法：敷设在线路管道中（地下线路管道中）、直接埋入（电缆沟中）、架设在空中（电杆上）及敷设在隧道中（河流隧道中）。将校园配线间连接到建筑物主干配线间的线缆。校园主干线缆也可以直接连接建筑物布线配线间。

Campus Cable Entrance（校园线缆入口） 校园主干子系统布线（空中、直接埋入或地下敷设）进入建筑物的点。

Capacitance（电容） 导体和电介质系统中的特性，只要导体间存在电位差，它就允许有电离电荷的存储。铜缆中不应有电容，因为电容会使所需的电流反向流动，从而干扰铜缆上传输的信号。

Carrier Sense Multiple（载波侦听多路） 使用与载波侦听多路相似的争用网络访问方法。

Access with Collision Avoidance （CSMA/CA）（带有冲突避免的访问（CSMA/CA）） LocalTalk 网络使用的带有冲突检测的访问 (CSMA/CD)。与 CSMA/CD 不同，使用此方法发送结点要求具有从通信发送的权限。它为用户或应用程序定义了协议。

Carrier Sense Multiple Access/Collision Detection （CSMA/CD）（带有冲突检测的载波侦听多路访问（CSMA/CD）） 一种网络访问方法，其中各结点争夺发送数据的权利。如果有两个或更多的结点同时尝试传输数据，则这些结点会在经过几微秒的随机时间段后中止发送，然后尝试再次发送数据。

Category 3（3 类） 针对传输特性被指定为 16 MHz 的线缆和连接硬件产品的规范，通常用于支持 10 Mb/s 的数字传输。

Category 5（5 类） 针对传输特性被指定为 100 MHz 的线缆和连接硬件产品的规范，通常用于支持 100 Mb/s 和以上的数字传输。

Category 5e（5e 类） 这是 5 类的增强版本，它指定了附加参数以启用通过 4 对线缆的带全双工的并行传输。针对传输特性被指定为 100 MHz 的线缆和连接硬件产品的 5 类规范的增强版本，旨在支持 1000 Mbit/s 的数字传输。

Category 6（6 类） 针对传输特性被指定为 250 MHz 的线缆和连接硬件产品的规范，用于支持 1 Gbp/s 和以上的数字传输。

Category 7（7 类） 针对传输特性被指定为 600 MHz 的线缆和连接硬件产品的规范。7 类只是一种线缆标准，需要新的连接器标准才能在上述频率下完全使用传输功能。

Ceiling distribution（吊顶布线） 将吊顶与天花板之间的空间用于室内水平线缆布线的布线系统。

Cell Relay（单体继电器） 使用固定长度单元的快速分组交换技术。ATM、SMDS 和 BISDN 的通用名称。

CENELEC 欧洲电工技术标准化委员会。

CENELEC EN 50173 客户建筑物通用布线的欧洲标准。

CENELEC EN 50174 由 CENELEC 开发的欧洲布线系统规划和安装标准。

Central Processing Unit (CPU)（中央处理器（CPU）） 个人计算机（PC）的主要微处理器芯片。

Channel（信道） 连接任意两个应用特定设备的端到端传输路径。信道中包括设备线缆和工作区线缆。

Characteristic Impedance（特性阻抗） 一种频率依赖的电阻，它将复合反相量化为阻抗传输线路提供的电流。

Chromatic Dispersion（色散） 色散描述了不同波长的光在光纤中以不同的速度传播的倾向。如果以一种色散很高的波长传播，光脉冲会暂时变宽，进而导致产生符号间干扰，而符号间干扰会导致无法接受的误码率。

Churn（改线） 某个用户或一组用户在楼宇内工作位置的变更以致需要工作空间或工作空间配套服务相应更改。

Circuit（线路） 电子设备间的双向通信路径。

Cladding（包层） 光纤纤芯周围的低折射率材料，通常为纯石英。

Client（客户端） 向服务器请求网络服务的结点。

Client-Server（客户端-服务器） 一项可以在请求信息的结点（客户端）和维护数据的结点（服务器）之间分布处理工作的技术。

Closet（设备间） 硬件、线缆管道、配电盘以及电子设备（如多路复用器和集中器）的 SYSTIMAX® SCS 位置。

Coating（外层） 光纤包层表面的保护材料层。

Coaxial Cable (Coax)（同轴电缆（同轴）） 一种线缆，它的中心导体由厚的绝缘材料包围，绝缘材料由金属编织带制成的外层导体包围。外层绝缘材料是可选的。

Collapsed Backbone（紧缩主干网） 这种体系结构是一种主干拓扑结构，其中位于楼层级的布线集中器以星形配置连接到中央高性能交换集中器上。

Composite Cable（复合线缆） 一项将多条线缆或介质组合在单一外皮中的线缆构造技术。

Conductor（导体） 诸如铜线等可以传输电流的介质。

Conduit（线缆管道） 一种通常由金属制成的管道，在地下敷设于各层之间或沿地板、天花板敷设，用于保护线缆。在竖井主干子系统中，当竖井电信间未排好时，将使用线缆管道来保护线缆并提供在各层间架设线缆的途径。在水平子系统中，在电信间与办公室或其他房间中的信息插座之间可以使用线缆管道。线缆管道还可用于在线缆管道内敷设的校园布线，在这种情况下它在地下敷设于各楼宇和中间检修孔之间，由埋入水泥中的塑料构成。还可以使用由多节黏土瓦管组成的线缆管道。

Connecting Block（接线盒） 一种阻燃塑料盒，其中包含金属布线终端（快速线夹），可以在线缆和交叉连接线之间建立紧固的电气连接。

Connector（连接器） 一种设备，可用于将线缆中的铜线或光纤物理连接到设备或其他线缆或光纤或者断开与它们的连接。铜线和光纤连接器必须经常将传输介质连接到设备或交叉连接。

Consolidation point（集合点） 水平布线中的相互连接点，通常用于支持设备室的重新布置。

Core（纤芯） 光纤的中心传输区域。纤芯的折射率总是大于包层的折射率。

Cords（跳线）一段较短的铜线或光缆，两端有连接器。用于将设备连接到布线或用于连接布线段（交叉连接）。

Coulomb (C)（库仑（C）） 1 秒内 1 安培电流传输的电量。

Cross Connect（交叉连接） 用来对通信线路进行管理（即，使用电话跳线或快捷跳线添加或重新排列线路）的 SYSTIMAX® SCS 组件。在 110 连接器系统中，使用电话跳线或快捷跳线来进行线路连接。在光纤连接器系统中，使用光纤快捷跳线。交叉连接位于设备室或电信间中。另请参见“电话跳线”和“快捷跳线”。

Cross-Connect Field（交叉连接场） 组合在一起以提供交叉连接功能的铜线或光纤终端。这些组合由安装在设备室或电信间墙壁上的底板的不同颜色编码区标识，或由置于接线盒或单元上的标条或标签标识。颜色编码用于标识在场上端接的线路类型。

Crosstalk（串扰） 系统中两个物理隔离的线路之间的电磁耦合。这种耦合会在某个线路上产生信号并在相邻线路中感应出噪声电压，从而导致信号干扰。

CSA 加拿大标准协会。

Customer Premises Equipment (CPE) （用户终端设备（CPE））用户拥有的设备，用于端接或处理来自公共网络（如 Multiplexed 或 PABX）的信息。

Cut-Down（下切） 一种将线缆固定到布线终端的方法。将绝缘线缆置于终端槽内并使用特殊的工具向下推。线缆固定后，终端将切开绝缘材料以进行电气连接，并且该工具的簧压刀片将修剪线缆，使之与终端齐平，也称为“下冲”。

Cyclic Redundancy Check（CRC）（循环冗余检验（CRC）） 一系列经过编码的信息，用于错误检查和更正。

D

Data Communications Equipment (DCE)（数据通信设备（DCE）） 数据通信设备（如调制解调器）的常用术语。端接数据通信会话并提供编码或转换（如有必要）的设备。另请参见“数据端接设备（DTE）”。

Data terminating equipment (DTE)（数据端接设备（DTE）） 用于描述连接到数据通信网络的任何类型的计算机或其他设备的术语。

Data Link Layer（数据链接层） 开放式系统互联（OSI）模型的第二层；它定义管理数据分组以及每个结点的数据传入和传出的协议。

DB9 标准 9 针连接器，用于令牌环和串行连接。

DB15 标准 15 针连接器，用于以太网收发器。

DB25 标准 25 针连接器，用于并行连接或串行连接。

Decibel (dB)（分贝（dB）） 使用对数标度来度量功率、电压或电流的相对增加或减少的单位。

Decibel/kilometer (dB/km)（分贝/千米（dB/km）） 度量光纤衰减的单位。

Delay Skew（延迟偏差） 延迟偏差是同一线缆铠装中任意两个线对之间的传播延迟之差。

Dielectric（电介质） 非导电材料或绝缘材料，可阻止电流通过。

Dielectric Cable（非金属光缆） 非导电线缆（如光缆），没有金属成分。

Dielectric Constant（介电常数） 在空气中，绝缘线缆的电容与相同非绝缘线缆的电容的比值。

Dielectric Strength（介电强度） 度量具体某种线缆的绝缘材料在不受损坏的情况下可以承受的最大电压。

Digital Signal（数字信号） 通过一系列固定的、编码的矩形脉冲来表示信息的信号，通常由两个可能的电压电平组成。每个电压电平表示两个可能的值或逻辑状态之一，如接通或断开，打开或关闭、真或假。另请参见“模拟信号”。

Digital transmission（数字传输） 将所有信息转换为二进制数字以进行传输的技术。

Dispersion（色散） 光束分散并失去其焦点的趋势。

Distributor（分配器、配线间） 描述用于连接线缆的一组组件（例如，配线架、快捷跳线）的功能的术语。

Dual-Fiber Cable（双光缆） 一种光缆，其中有两条单光缆包含在挤压塑料的外层中。

Ducts（通道） 主要的支线通道，通信线缆通过这些通道在校园环境中的各建筑物之间布线。

E

EIA/TIA 北美标准化组织。

EIA/TIA 568B 北美商业建筑物电信布线标准。

EIA/TIA 569A 北美商业建筑物电信路径和空间标准。其目的是使在支持电信介质和设备的建筑物内部或其间的具体设计和建筑规范标准化。

EIA/TIA 606 北美商业建筑物基础结构，电信管理标准。其目的是为布线基础结构的统一管理模式提供准则。

Electromagnetic Compatibility（EMC）（电磁兼容性（EMC）） 一个系统或设备在其环境中正常运行，而不会引起无法接受的电磁干扰或不受该环境影响的能力。

Electromagnetic Flux（电磁通量） 设备或系统产生的电场和磁场（通常称为发射）。

EN 50173 欧洲客户建筑物通用布线标准。

EN 50174 由 CENELEC 开发的一种提议的欧洲布线系统规划和安装标准。

Equal Level Far End Crosstalk (ELFEXT)（同级远端串扰（ELFEXT）） 与 FEXT 相同，但在同级远端串扰中，在近端应用了信号的线对上，远端的耦合信号与远端的衰减信号有关。

Equipment Cable（设备线缆） 用于将设备连接到分配器的线缆。

Equipment Room（设备室） 用来容纳、保护和维护语音和数据公用设备（如 DEFINITY 交换机），并使用中继线和布线交叉连接执行线路管理的房间。

Equipment Subsystem（设备子系统） 建筑物布线系统的一部分，包括设备室中的线缆和布线组件，并将系统公用设备、其他相关设备和交叉连接互联。

Ethernet（以太网） 使用最广泛的局域网（LAN）的通用名称，通常符合电气和电子工程师协会（IEEE）802.3 标准。

F

Far End Crosstalk (FEXT)（远端串扰（FEXT）） 从传送线对到另一端（远端）的接收线对的无用信号耦合。FEXT 隔离也是用 dB 来表示的。对某些应用来说，FEXT 是一个重要参数；而对于大多数应用来说，NEXT 值更为重要。

Farad (F)（法拉（F）） 电容的标准单位。

Fast Ethernet（快速以太网） 基于 CSMA/CD 协议的 100 Mbit/sLAN。请参见“100BASET”。

Federal Communications Commission（FCC）（联邦通信委员会（FCC）） 由美国总统任命的五个委员组成的委员会，主要负责管理所有原产于美国的电子通信系统，包括电话系统。

Fiber（光纤） 任何导光的由绝缘材料构成的细丝或纤维。另请参见“光纤”。

Fiber Channel（光纤信道） 这是一个 ANSI 标准，用以描述在大型机和计算机外设之间使用的高性能串行连接的点对点和交换式点对点物理接口、传输协议、信号交换协议、服务以及命令集映射。

Fiber Distributed Data Interface (FDDI)（光纤分布式数据接口（FDDI）） 美国国家标准学会（ANSI）标准，适用于以 100 Mbit/s 数据传输速率运行的基于光纤的令牌环物理和数据链接协议。

Fiber Optic（光纤） 一种光缆，其中各光纤构成主要在侧楼中使用的线缆。

Fiber Optics（光纤技术） 在玻璃或塑料光纤中传导光或图像的技术。非相干光纤传输光但不传输图像；相干光纤既传输光也传输图像，因此实际上应称为“定位光纤”，因为所有光纤长度相同，并且空间位置关系保持不变

Fiber Optic Building Cable (LGBC)（建筑物光缆（LGBC）） 一种光缆，其中各个光纤构成主要在侧楼中使用的线缆。

Fiber Optic Cable（光缆） 一种传输介质，由外部覆盖有保护包层的玻璃或塑料纤芯、加强材料和外层组成。信号以光脉冲形式传输，由光发射器（激光或发光二极管（LED））传入光纤。光缆的一些优点包括：较少的数据丢失、高速传输、高带宽、实际尺寸小、重量轻并且没有电磁干扰和接地问题。

Fiber Optic Connectors（光纤连接器） 用于重复连接和断开连接一条或多条光纤的连接器。光纤连接器用于将光缆连接到设备并将光缆互连。

Fiber Optic Cross Connection（光纤交叉连接） 端接耦合器中的光缆的光纤设备。设计用于高密度交叉连接场，每个配线架最多可端接 72 条光纤，一个机柜中最多可以安装 9 个配线架。单独的配线架也可以安装在墙壁上。使用光纤快捷跳线处理交叉连接。另请参见“快捷跳线”。

Fiber Optic Cross-Connect (LGX) Distribution System（光纤交叉连接（LGX）布线系统） 光纤交叉连接硬件的一个组件。该组件可容纳 24～216 个光纤端接。又称 LGX 或配线架或机柜。

Fiber Optic Interconnect（光纤互联） 用于线路管理的互连单元，由模块化机壳构建。它提供各个光纤的互连，但与光纤交叉配线架不同的是，它不使用快捷跳线或跳线器。光纤互联提供了某种布置和重新布置线路的能力，但通常仅用于线路重新布置很少发生的地方。

Fiber Optic Interconnection Unit（LIU）（光纤互联单元（LIU）） 基于光纤的交叉连接硬件的一个组件。该组件可容纳 12、24 或 48 个光纤端接，也称为 LIU。

Fiber Optic Splice（光纤接合架） 光缆接合架用于永久连接 2 个或 24 个光缆端。

Field（场） 请参见“交叉连接场”。

File Server（文件服务器） 一种为网络用户集中存储数据并管理对该数据的访问的计算机。文件服务器可以是专用的，即在网络可用时，除了网络管理外，不能执行任何其他进程；也可以是非专用的，即在网络可用时可以运行标准用户应用程序。

Fire Walls（防火墙） 在地板与天花板之间竖起的一道墙，因此可以阻止火势从一个区域蔓延到另一个区域。

Flood Wiring（满负荷布线） 将未来增长考虑在内的布线概念，通过全面地布置信息插座实现。

Floor Distributor（楼层分配器） 用于将水平线缆和其他布线子系统或设备（请参见"电信间"）连接起来的分配器。

Foil Screened Twisted Pair Cable (FTP)（箔屏蔽双绞线电缆（FTP）） 一种电缆，使用金属箔来环绕双绞线电缆中的导体。

Frame（机柜） 用于悬挂交换机硬件的金属结构。

Frequency（频率） 1个信号在1秒内完成的周期数，以赫兹（Hz）为单位。

Full Duplex（全双工） 与半双工设备相反，全双工设备在任何时候都允许同时双向传输信息，而不受接收和发送信号的干扰。

Full Duplex Ethernet（全双工以太网） 全双工以太网允许结点同时发送和接收数据，使总吞吐量达到 20 Mbit/s。必须禁用 CSMA/CD 协议，全双工机制才能正常运行。

G

Gauge（规格） 导线实际尺寸的度量，通常称为AWG（美国线规）。另请参见"美国线规（AWG）"。

Generic Cabling（通用布线） 结构化电信布线系统，能够支持各种应用。即使事先不具备所需应用方面的知识，也可以安装通用布线。通用布线中不使用针对特定应用的硬件。

Graded-Index Fiber（渐变折射率光纤） 折射率从轴线逐渐降低的光纤。这将导致光线不断地被纤芯的折射再聚焦。它将光线向内折射，以使光线在较低的折射率区域更快地传播。这种光纤可提供高带宽能力。

Ground（接地） 线路或设备与地面之间的导电连接（有意或无意）。

H

Henry (H)（亨利 （H）） 电感的标准单位。当电流以1安培/秒的速度变化，感应出1伏特的电压时，电流的电感为1亨利。

Hertz (Hz)（赫兹（Hz）） 频率的标准单位，等于每秒1个周期。

Half Duplex（半双工） 一种电信设备，它允许双向传输信号或其他信息，但每次只能在一个方向上传输。因此，尽管在每个方向上都可能有分散的脉冲，但半双工设备无法同时发送和接收。

Horizontal Cable（水平线缆） 将楼层配线架连接到电信插座的线缆。

Horizontal Runs（水平敷设） 建筑物布线系统中在一个楼层内安装的部分，包括将竖井主干或设备布线连接到信息插座的布线组件和配线组件。

Horizontal Length (HL)（水平长度（HL）） 从信息插座到交叉连接的蓝色场的线缆距离。

Horizontal Subsystem（水平子系统） 建筑物布线系统中在一个楼层内安装的部分，包括通过管理子系统的交叉连接组件将竖井主干子系统连接到信息插座的布线组件和配线组件。

Hub(S)（集线器） 星形拓扑结构中的集中器或中继器，结点连接在此处会合。

Hybrid Cable（混合线缆） 两种或两种以上不同类型的线缆单元、线缆或类别的组合，由整体铠装所覆盖。它可以由整体屏蔽所覆盖。

I

IEC 60332 涉及线缆防火性能的国际标准。

IEEE 美国电气和电子工程师协会。该组织还参与制订局域网标准，如10Base-T、令牌环和以太网。

Individual Pair Screened（独立屏蔽对） 其中整个一条线缆中的每对双绞线都有各自的屏蔽。

Insulation（绝缘） 对电流有高电阻的材料。细导线上覆盖了一层用颜色编码的绝缘材料以提供保护。

Insulation Displacement（绝缘置换） 无须剥皮的导线接头类型；正确连接导线时，其绝缘被置换（或穿过）以形成一个连接。

Insulation Resistance（绝缘电阻） 度量绝缘材料阻碍通过其电流的能力，通常用兆欧-英尺（MΩ-ft）度量。

Integrated Services Digital Network (ISDN)（综合业务数字网（ISDN）） 基于数字通信技术和标准接口的综合语音和数据网络。

Intelligent Buildings（智能大厦） 最大限度地提高居住者的效率，并且允许用最小的使用寿命成本有效管理资源的楼宇（来源：欧洲智能大厦集团）。

Intercloset Cables（室间线缆） 连接各个电信间的线缆。

Interconnect（互连） 交叉连接或信息插座以外的线路管理点，可提供布线和重新布线的能力。它不使用快捷跳线或跳线器。它通常是一个插孔插头设备，在较小的布线方案中使用，或者用于将大型线缆中的线路连接到较小线缆中的线路。

Interference（干扰） 由其他多余信号的交互作用所产生的信号减损。

International Standards Organization (ISO)（国际标准化组织（ISO）） 负责开放式系统互连（OSI）标准的组织。国际标准化组织。

International Telegraphy and Telephone Consultative Committee（CCITT）（国际电报电话咨询委员会（CCITT）） 一个标准化组织，除了其他众多的活动外，专门从事对交换设备的电子和功能特性的研究。CCITT 设立确保数据通信设备（DCE）和数据终端设备（DTE）之间兼容性的接口标准。

Interoperability（互用性） 在异构网络中操作和交换信息的能力。

ISO Seven Layer Model（ISO 7 层模型） ISO开发的7层分层参考结构，用于定义、说明通信协议并将它们联系起来。

ISO/IEC IS 11801 客户建筑物通用布线国际标准。

ISO/IEC 14763-1 通用布线基本管理国际标准。

Isochronous Ethernet（等时以太网） 它是电气和电子工程师协会（IEEE）802.9 综合业务 LAN 标准的一部分。它是对10Base-T 的扩展，除了提供 10 Mbit/s 10BaseT 数据包服务外，还提供 6.144 Mbit/s 等时（实时和延迟敏感）数据服务。它将提供多媒体功能。

J

Jack（插孔） 一种插座，与插头一起使用，在通信线路间进行电接触。插孔及其相关的插头用于各种连接硬件应用，包括适配器、信息插座和设备连接。

Jacket（封套） 线缆的柔性覆盖物，用于保护内部的颜色编码导线。

Joule (J)（焦耳（J）） 功或能量的单位，相当于 0.7375 英尺·磅。

Jumper（跳线器） 无连接器的线缆单元或线缆元件，用于在交叉连接上形成连接。

Jumper Wire（跳线） 长度很短的连接器式铜线，用于通过链接两个交叉连接的端接点进行布线。

K

Keying（键控） 连接器系统的机械特性，用以确保连接方向正确，或防止连接到用于其他目的的同类插孔或光纤适配器。

L

Lays（绞距） 双绞线中的绞线。两根单独的电线绞在一起以构成一个线对；通过改变绞线（或绞距）的长度，可减小线对间的潜在信号干扰。

LC Connector（LC 连接器） 用于光纤应用的高密度连接器，在公共网络和专用网络中均要用到。这种高性能连接器有单模和多模两种形式。

LIGHTPACK Cable（LIGHTPACK 线缆） 一种缆芯设计，允许缆芯中有光纤束而没有中心加强件。

Link（链路） 任何两个通用布线接口之间的传输路径。不包括设备线缆和工作区线缆。

Link Budget（链路预算） 光损耗预算，用于确定机站间允许的最大距离。包括损耗因素和扩散因素。

Local Area Network (LAN)（局域网（LAN）） 一种数据通信网络，由主机或其他通常通过双绞线或同轴电缆与终端设备（如个人计算机）互连的设备组成。LAN 允许用户共享信息和计算机资源。一般情况下，一个网络仅局限于一个建筑物内。

M

Multimedia（多媒体） 用不同媒体组件（如语音、音乐、文字、图形、图像和视频）传达信息的方式。

Multimode（多模） 通过光纤芯传播的多条光线（模式）。

Multimode fiber（多模光纤） 具有大纤芯并允许非轴光线（模式）通过纤芯传播的光纤。62.5 微米是建筑物布线系统的通用标准纤芯大小。

N

Nanometer（nm）（纳米（nm）） 公制中的长度单位，表示 1 m 的 10 亿分之一。

National Electrical Code (NEC)（国家电气标准（NEC）） 国家认可的电路设计、构建和维护的安全标准。由美国国家防火协会（NFPA）发起的 NEC 通常涵盖了楼宇内的电力布线。

NCC 请参见“网络通信线缆（NCC）”。

Near End Crosstalk (NEXT)（近端串扰（NEXT）） 是指从传送线对到同端（近端）接收线对的无用信号耦合。NEXT 隔离用 dB 表示，用来度量线缆中的线对彼此之间隔离的程度。

Network（网络） 由交换线路和专用线路电信业务的公共运营商提供的本地和长途电信功能。以支持数据传输的方式连接的软件和硬件的系统。

Network Architecture（网络体系结构） 网络拓扑和设计。

Network Communications Cable（NCC）（网络通信线缆（NCC）） 网络通信线缆（通常称作 NCC）通常用于竖井主干子系统中不包括通风间的位置。该线缆由 24-AWG 组成，其硬铜导线由双绞线中的颜色编码聚氯乙烯（PVC）隔离，并被包裹在 PVC 封套中，其摩擦性质使它可以在没有润滑剂的帮助下被拉入线缆管道。这类线缆常被称作“入户线（DIW）”。

Network Interface（网络接口） 楼宇通信布线和外部通信线路（电话公司设施）间的互连点。

Network Interface Cards (NICs)（网络接口卡（NIC）） 安装在个人计算机的扩展端口中的设备，用以实现 PC 与网络之间的通信。

Network Layer（网络层） 网络层是 OSI 模型的第 3 层。该层建立一个跨网络的端到端连接，以确定使用哪些独立链路的置换。因此，网络层执行全部路由功能。

Node(S)（结点） 网络上的一个通信设备。

Noise（噪声） 一个术语，用于描述导线中由它连接到的发射器以外的其他源产生的乱真信号。噪声会影响合法信号，以至于当信号到达接收器时不准确或无法破译。数据传输的速度越高，噪声产生的影响就越大。

Numerical Aperture（数值孔径） 可以进入或离开多模光纤系统的最大光芯的顶角大小，乘以光芯顶角所在介质的折射率。

O

Ohm (Ω)（欧姆 （Ω）） 电阻的标准单位。1 伏特电压使 1 安培的电流流过 1 欧姆的电阻。

Open system interconnection（OSI）（开放式系统互连（OSI）） CCITT 在 X200 系列建议中指定的概念模型。该模型描述了“正在合作”的计算机间的 7 层通信过程。该模型规定了使不同厂商的计算机可以互连的通信协议的开发标准。

Optical fiber（光纤） 一种传输介质，芯由玻璃或塑料制成，外面包有保护性覆盖层。信号以光脉冲的形式传输，由光发射器（即激光或 LED）传入光纤。

Optical Time-Domain Reflectometer (OTDR)（光时域反射仪（OTDR）） 一种仪器，它通过测量反向散射和反射入射光，以时间函数的形式来表现线缆损耗。它对于评估衰减以及定位接合点、连接点和断裂点非常有用。

Outlets（插座） 一个术语，用于描述结构化布线系统的工作位置中提供的插孔。这些插座通常为 8 针模块化插孔，可以支持各种服务（例如，语音、视频和数据）。

P

PABX 专用自动分组交换机。一种专用交换系统，它不仅在楼宇或建筑物内交换呼叫，同时还将呼叫交换到外部话网。

Packet-Switching（分组交换） 一种交换或网络类型，通过将一串信息切割成许多数据包然后分别传送每个数据包，将信息从源头传送至目的地。分组交换的效果相当于分别邮寄一本书的每一页。接收设备将消息重新组合起来。因此在任何点上都不存在源头和目的地之间的直接连接。

Pair（线对） 两根线组合在一起（通常绞在一起），并由相应的颜色编码进行标记。另请参见"双绞线"。

Patch Cord(s)（快捷跳线） 长度很短的一段铜线或光缆，每端各有连接器，用于将通信线路以交叉连接的形式连接起来。

Patch Panel(s)（配线架） 为适应快捷跳线的使用而设计的交叉连接。使用它可以简化对移动和改变的管理。

Pathway(s)（路径） 人工铺设的地面或吊顶中指定的线缆路线和/或支撑结构。

Peripheral(s)（外围设备） 对系统、资源的补充，例如打印机、扫描仪等。

Permanent link（永久链路） 通用布线的两个成对接口间的传输路径，不包括设备线缆、工作区线缆和交叉连接。

PHY 光纤分布数据接口(FDDI) 标准的物理层。也指用于实现物理层（PHY 实体）的实际硬件。

Physical Layer（物理层） 开放式系统互连（OSI）模型的第 1 层。物理层协议是指线路终端设备中的软硬件，用于将数据链路层所需的数据位转换为电脉冲、调制解调器音、光信号或其他传输数据的方式。

Physical Topology（物理拓扑结构） 物理电缆布局，即环形、总线、星形布线等。

Picofarad (pF)（皮法 （pF）） 电容单位，用于指定 1 对电缆的 2 根线缆相对于地面的电容失衡。1 皮法等于万亿分之一法拉。

Pin（针） 插头或连接器上的导体。

Plenum Cable（阻燃线缆） 专门设计用于通风间（吊顶之上的空间，用于将空气循环回楼宇中的加热或制冷系统）的线缆。阻燃线缆是有绝缘的导线，这些导线的铜缆由 TEFLON 或 HALAR 包裹，光纤则由低烟 PVC 包裹，从而使它们具有低焰特性和低烟特性。

Plug（插头） 将线缆连接到插孔的设备。它通常用于设备线缆的一端或两端，或者用于进行互连和交叉连接的布线。

PMD 光纤分布数据接口（FDDI） 标准的物理介质相关部分。用于确定光纤发射器和接收器、光缆、光纤连接器以及光纤旁路开关的指标。

Polyvinyl Chloride（PVC）（聚氯乙稀（PVC）） 一种阻燃的热塑性绝缘材料，常用于插孔或楼宇线缆。

Port（端口） 设备系统中的线缆终接，各种类型的通信设备、交换设备以及其他设备都通过此终接连接到传输网络。

Ports（端口） 能够发送和/或接收信息的计算机接口。

Power Sum（功率和） 一种测试和测量多线对线缆中的串扰的方法，用于计算当所有其他线对都处于活动状态时影响某一线对的串扰总和。这是指定适用于多于四线对线缆的串扰性能的唯一方法。

Premises Distribution System（PDS）（建筑物布线系统（PDS）） 单体建筑或建筑群内

部的传输网络，它可将各种类型的语音和数据通信设备、交换设备和信息管理系统连接到一起，并连接到外部通信网络。它包括楼宇布线连接到外部网线，然后连接回办公室（或其他工作地点）中的语音和数据终端的点之间的布线及分配硬件组件和设施。此系统包括建筑物的网络接口端与使系统运行所需的终端设备之间的所有传输介质和电子设备、管理点、连接器、适配器、插头以及支撑硬件。

Presentation Layer（表示层） OSI 模型的第 6 层。负责识别正在传输的数据的语法。

PRI 请参见“主速率接口 (PRI)”

Primary Rate Interface (PRI)（主速率接口（PRI）） ISDN 标准接口，其中 23 B + 1 D 信道适用于北美，30 B + 1 D 信道适用于欧洲。请参见“基本速率接口（BRI）”和“综合业务数字网（ISDN）”。

Private Branch Exchange（PBX）（专用分组交换机（PBX）） 一种专用交换系统，通常服务于某一组织（如企业或政府机构），并位于客户的建筑物中。它不仅在楼宇或建筑物内部交换呼叫，同时还将呼叫交换到外部话网，有时还可以提供从数据终端到计算机的访问。

Propagation Delay（传播延迟） 信号从一个单工链路的一端传输到另一端的时间延迟等于线缆的长度除以该传输介质的传播速率所得的商。这种延迟称为“传播延迟”。

Proprietary Networks（专有网络） 其设计和安装均不遵循任何基于标准的原则的网络，它与任何相关标准均没有明确的关系。

Proprietary Systems（专有系统） 不遵循任何特定标准的系统，因此无法与基于标准的设备互操作。

Protocol(s)（协议） 计算机设备互相通信所遵循的程序规则。因此，协议就如同人类的语言，具有标点符号和语法规则。

Public Network Interface（公共网络接口） 公共网络和专用网络的分界点。在许多情况下，公共网络接口是网络供应商的设施和客户建筑物布线之间的连接点。

Pulling Tension（拉力） 在安装期间作用在线缆上的拉力大小（以磅计）。

Q

Quad Fiber Cable（四芯光缆） 一种由聚氯乙稀（PVC）模压封套将四条单独的线缆包裹在一起的光纤，它有一个拉绳，可用于拉下封套以连接其中的光纤。

R

Raceway（通道） 设计用于安置线缆的任何布线方法，例如线缆管道、金属或塑料线槽以及线缆托架等。

Rack（机架） 挂接到天花板或墙壁上的垂直或水平的开放式支撑架，通常由铝或钢制成。线缆放在机架中，并固定起来。

Redundancy Risers（冗余竖井） 一种通过两根或更多根竖井纤芯分离和路由竖井/主干线缆的自动保险方法。又称为“多变路由选择法”。

Resistance（电阻） 一种导体属性，该属性可由给定的电压差确定所产生的电流。它阻止电流经过，并导致电能以热能的形式消耗。电阻以欧姆为单位。

Return Loss（回波损耗） “信道回波损耗（RL）”是沿线缆长度（不仅包括线缆，还包括连接点和跳线）测量出的阻抗一致性的度量值。

Ribbon Fiber Cable（带状光缆） 一种可容纳 1～12 条扁平电缆的线缆，每条扁平线缆含有 12 根光纤，线缆总容纳范围为 12～216 根光纤。带状光缆设计用于大型布线系统，小线缆尺寸和高拉强在这种系统中很重要。

Ribbon Riser Cable（带状竖井线缆） 非导体竖井主干（OFNR）级别的室内光缆，它的光纤包含在扁平电缆中。

Ring（环） 一种闭合的环路网络拓扑。

Ring In (RI)（环入（RI）） 用于连接多站访问单元（MAU）的端口。

Ring Out (RO)（环出 （RO）） 用于连接多站访问单元（MAU）的端口。

Riser(s)（竖井） 该术语用于描述主干布线为收纳通信布线和其他楼宇维修所使用的某个空间。应在设计楼宇时就指定或考虑此空间。

Riser Backbone Subsystem（竖井主干子系统） 楼宇布线系统的一部分，它包含主要的线缆线路和结构，以支持从设备间（通常位于楼宇的地下室）到上部楼层或沿同一楼层分布的线缆，在上部楼层或相同楼层中，它在竖井电信间中的网络接口或校园主干子系统的布线组件上通过交叉连接器进行端接。竖井主干子系统通常从高层建筑物的设备间（通常位于楼宇的地下室）延伸到上部楼层，或沿低层建筑物的同一楼层分布。它在竖井电信间中的网络接口或校园主干子系统的布线组件上通过交叉连接器进行端接。

Router(s)（路由器） 路由器可用于连接使用相同协议（802.5 令牌环局域网（LAN））或不同的开放式系统互连（OSI）模型协议（802.5 令牌环 LAN 和 X.25 分组交换网络）的网络。路由器比网桥更高级，可防止大型网络中发生的某些速度不匹配、安全和可靠性问题。

S

Satellite Cabinet（卫星机柜） 用于放置电路管理硬件的表面安装或埋入式的壁式机柜。卫星机柜与卫星电信间相似，它通过提供可用于从用户工作区的信息插座连接水平线缆的附加设施来作为竖井电信间的补充。有时也称为“卫星位置”。

Satellite Telecommunications Closet（卫星电信间） 一种步入式或浅藏式储物间，它通过提供可用于从信息插座将竖井主干线缆连接到水平线缆的附加设施来补充竖井电信间，也称为“卫星位置”。另请参见“竖井电信间”。

Scaleable（可伸缩） 适应不同比特率的能力。

Screened Cable（屏蔽电缆） 请参见“箔屏蔽双绞线线缆”。

Serial Communications（串行通信） 请参见“串行数据传输”。

Serial Data Transmission（串行数据传输） 计算机设备之间仅使用一条线路路径的数据传输。信息（8 位）的全部字节以连续方式发送。请与并行传输比较。并行传输通常在计算设备间内部使用，因为它可实现较高的处理速度，但对于长途电信，串行传输在线路使用方面却更加经济。

Serial Port(S)/Transmission（串行端口/传输） 通常是位于 PC 主板上的 DB9 针连接器，采用可在一个信道上连续发送每一位信息的技术。

Server(S)（服务器） 主机。

Session Layer（会话层） OSI 模型的第 5 层。负责建立并控制不同计算机上的用户之间的对话。此层提供的服务包括：进行同步以确保可靠的数据传输，以及管理令牌以控制连接的使用。

Sheath（铠装） 常用术语，用于描述多线对线缆的双绞线集合。

Shield（屏蔽） 屏蔽线缆中包围绝缘导体的金属层。屏蔽可以是线缆的金属铠装，也可以是非金属铠装内的金属层。

Shielded Twisted Pair Cable (STP)（屏蔽双绞线线缆（STP）） 由一个或多个元件组成的导电线缆，其中每个元件都单独加屏蔽。可能还有一种整体屏蔽，在这种情况下，线缆被称为带有整体屏蔽的屏蔽双绞线电缆。

Signal To Noise Ratio (SNR)（信噪比（SNR）） 信号大小和噪声大小的比值，通常以 dB 表示。一个系统的 SNR 越高，其性能越好。

Simplex（单工） 只允许一个传输方向的传输方法。（例如公共无线电广播）。

Single-Fiber Cable（单纤光缆） 一种涂有塑料的光纤，它由装在合成强化材料中的挤压塑料层包围，并以塑料铠装的形式封装。

Singlemode（单模） 纤芯直径较小的光纤，只有单模才能在其中进行传播。8.3 μm 是常见的标准纤芯大小。

Sleeves（穿线管） 长度较短的坚硬的金属管道，直径约 4 英寸（10.1 cm），位于竖井电信间中，当电信间垂直排列时，它允许线缆从一个楼层通到另一个楼层。使用穿线管还可以轻松拉出电缆。

Slots（沟槽） 竖井电信间所在楼层中的开口，当电信间垂直排列时，它允许线缆从一个楼层通到另一个楼层。一个沟槽容纳的线缆比单个穿线管多。

SONET 同步光纤网络，它在全局范围内为现有网络提供宽带连接。

Source Routing（源路由） 当要遵循的路由是由源站在每个场中携带时，网桥使用源路由选择。源站通过搜索过程来获得并维护信息，从而允许并行网桥存在并且可在两个相同的环之间分摊通信量。

Splice 用以形成共用连接的两条或更多条铜缆或光纤的物理连接。

Star（星形） 一种点到点的物理网络拓扑结构。

Star Physical Topology （星形物理拓扑结构）

Star Quad（星形四芯线） 由绞在一起的四根绝缘导线绞合在一起组成的线缆元件。其中两根导线与传输线对中的导线交叉相对。

Storage Area Network (SAN)（存储区域网（SAN）） 共享存储设备的高速网络或子网。

Straight-Tip (ST) Connector（直通式（ST）连接器） 一种光纤连接器，用于在互连设备上将单根光纤连接到一起，或将其连接到光纤交叉连接设备。

Stranded Cable（绞合线缆） 一种由铜线编织而成的坚固线缆，用于支持天线分布系统中的线缆。安装过程中，线缆将捆扎到绞合线缆上。

Structured Cabling（结构化布线） 一种灵活的布线方案，它允许通过配线对办公室的变动进行快速重新布线。

Stud Cable（转接线） 从线缆终端、保护设备或接线盒中延伸出的较短的线缆（通常为 25 英尺（7.6m）或更短），用于连接到其他设备。

Support Hardware（支撑硬件） 提供物理方法来挂接传输介质以及将硬件连接到墙壁或

天花板的机架、夹具、机柜、支架、托架、工具及其他设备。

Surge（电涌） 电路中电压突然升高和降低的现象。

Switching（交换） 由交换集线器实现的一项功能，它通过在发送结点和接收结点之间建立虚拟连接来减轻通信量。

System-Common Equipment（系统公用设备） 建筑物上向终端设备（如电话、数据终端、集成工作站终端以及个人计算机）提供公用功能的设备。通常，系统公用设备是专用分组交换（PBX）交换机、数据分组交换机或中央主机。通常称为“公用设备”。

Synchronization（同步） 可用于对数字线路系统上显示的位模式进行正确“计时”和解释的方法，从而通过这种方法能够正确标识特定模式和帧格式的开头。

Synchronous（同步） 发自同一时间基准的信号，因而具有相同的频率。

Synchronous Data Transfer（同步数据传输） 数据传输使用严格的正则模式（而不使用开始位和停止位）来区分空闲线路操作中的字符模式。

T

Telecommunications（电信） 技术的一个分支，它涉及符号、信号、文字、图像和声音（即具备任何有线、无线、光纤或其他电磁系统性质的信息）的传输、发射和接收。

Telecommunications Closet（电信间） 交叉连接现场端接线缆的房间，也是进行线路管理的地方。电信间有两种：竖井电信间和卫星电信间。另请参见“竖井电信间和卫星电信间”。电信间是用于容纳电信设备、线缆端接和交叉连接布线的封闭空间，是公认的主干布线子系统和水平布线子系统之间的交叉连接点。

Telecommunications Outlet（电信插座） 端接水平电缆的插座。电信插座为工作区布线提供接口。

Terminal Block（终端接线盒） 充当电缆导线间的转接点的布线接线盒、连接接线盒和线缆槽的单元（带保护或不带保护）。

Thermoplastic（热塑性塑料） 一种塑胶材料，加热时软化流动，冷却时变得坚硬。此过程可以重复。

Thick Coax（粗同轴电缆） 用于以太网或 IEEE 802.3 10Base5 LAN 的传输介质。它是 50Ω 的粗同轴线缆（通常称为粗黄电缆）。

Thin Coax（细同轴电缆） 用于 IEEE 802.3 10Base2 LAN（有时称为 CheaperNet）的传输介质。它是 50Ω 的细同轴电缆。

Thermoset（热固塑料） 通过一种称为固化的加热过程交联在一起的塑胶材料。热固塑料固化后便无法再改变形状。

TP-PMD 依赖双绞线物理介质。FDDI 标准的双绞线版本，它允许在 5 类铜缆上以 100 Mbit/s 进行传输。

Token（令牌） 一种不断绕环发送的特殊数据序列。术语“令牌”代表从一个机站向其下游相邻机站传输的权限。

Token Ring（令牌环） 一种数据链接协议，它通过围绕整个环形网络的令牌循环来实现媒体访问控制（MAC）。当令牌围绕网络进行传递时，环形网络中的每个机站依次得到在网络上发送数据的机会。

Token Ring LAN（令牌环 LAN） 一种最初由 IBM 开发的基于令牌传递访问协议的 4 Mbit/s 或 16 Mb/s LAN 标准。有时也称为 IEEE 802.5 标准或 ISO 8802-5 标准。

Topology（拓扑结构） 本地通信网络的物理配置或电路配置（即，系统的形状或布置）。最常见的分布系统拓扑结构是总线形、环形和星形。

Transducer（传感器） 一种传感设备，可将信号从一种形式转换为另外一种形式（例如将机械信号转换为电信号）。

Transmission Distance（传输距离） 从一个结点的发送器到下一个下游结点的接收器的实际路径长度。最大传输距离由任何发送器和接收器之间所能允许的最大信号损失（衰减极限）决定。

Transmission Media（传输介质） 用于传输语音、数据或视频信号的各类铜缆和光缆。

Transport Control Protocol/Internet Protocol (TCP/IP)（传输控制协议/Internet 协议(TCP/IP)） 通用网络层和传输层数据网络传输协议。

Transition Point（转换点） 水平布线中电缆形式发生变化的位置。

Transport Layer（传输层） OSI 模型的第 4 层。传输层提供跨任何类型的数据网络的端到端数据中继服务，负责确保端到端的可靠性。

Trunk（中继线） 两个交换系统之间的通信链路。术语“交换”通常包括交换中心（或电话公司）和 PBX 的设备。捆绑中继线连接 PBX。交换中心中继线将 PBX 连接到交换中心的交换系统。另请参见“专用分组交换机（PBX）”

Twinaxial Cable (TWINAX)（对称电缆（TWINAX）） 两根互相绝缘的导线位于同一绝缘体中，外包金属屏蔽层并封装在电缆包皮中。

Twisted Pair(s)（双绞线） 两根绞合在一起的互相绝缘的铜线。绞线（即绞距）在长度上有所变化，以便减少两根双绞线之间潜在的信号干扰。在大于 25 对的电缆中，双绞线被分组并捆扎在同一包皮中。双绞线是最常用的传输介质。

U

Underwriters Laboratories（UL） 一家专门测试设备的电气隐患和火灾隐患的实验机构。在 SYSTIMAX® SCS 组件中，使用了几种缩写形式来指定核准使用。

Unshielded Twisted Pair Cable（非屏蔽双绞线） 标准铜线建筑电缆，支持高速数据传输。存在解决由于铜介质的传输特性造成的信号衰减和限制 UTP 介质辐射的技术。

V

Video Conferencing（视频会议） 在两个或更多位于不同位置的用户之间利用视频进行的实时通信。

Volt (V)（伏特（V）） 电动势或电压的标准单位。1 伏特是使 1 安培的电流流过 1 欧姆电阻的电压量。

W

Watt (W)（瓦特（W）） 功率单位，1 瓦特等于 1 焦耳/秒。

Wavelength（波长） 1 个电磁波周期的物理长度。

Wide Area Network (WAN)（广域网（WAN）） 任何覆盖广大地理区域的物理网络技术。与局域网 (LAN) 相比，WAN 的运行速度通常较慢并且有较长的延迟。

Windows 由 Microsoft 开发的基于图形的操作系统。

Wiring Block（接线板） 根据各种绞线配置而设计的一种注塑成型板，用于在 110 连接器系统上端接电缆绞线和布置绞线位置。

Wireless LANs（无线 LAN） 使用无线电技术进行通信的局域网。

Work Area（工作区） 居住者与电信终端设备进行交互的建筑物空间。每个用户的工作区通常为 9 m^2（即 100 平方英尺）。

Work Area Cable（工作区电缆） 连接电信插座与终端设备的电缆。

Work Area Subsystem（工作区子系统） 分布系统的一部分，包括设备和从信息插座到终端设备之间的延长线。

X

X.25 一种由国际电话电报咨询委员会 (CCITT) 开发的通信基础结构。

Z

Zone Method（分区方法） 一种天花板布线方法，其中天花板空间被分为几个部分或区域。然后敷设电缆于每个区域的中心，用于附近的信息插座。

参 考 文 献

[1] 于润伟．通信工程管理[M]．北京：机械工业出版社，2008.
[2] 陇小，周海明，赵会娟．通信工程质量管理[M]．北京：人民邮电出版社，2008.
[3] 杜思深．通信工程设计与案例[M]．北京：电子工业出版社，2009.
[4] 余承杭．计算机网络构建与安全技术[M]．北京：机械工业出版社，2008.
[5] 程良伦．网络工程概论[M]．北京：机械工业出版社，2007.
[6] 赵梓森．光纤通信工程[M]．北京：人民邮电出版社，2009.
[7] 丁龙刚．通信工程施工与监理[M]．北京：电子工业出版社，2006.
[8] 张引发，王宏科．光缆线路工程设计、施工与维护[M]．北京：电子工业出版社，2002.
[9] 赵欣艳．电信运营企业 ISO9000：2000 贯标行动指南[M]．北京：北京邮电大学出版社，2005.
[10] 中华人民共和国国家标准 建设工程监理规范（GB 50319—2000）[M]．北京：中国建筑工业出版社，2001.
[11] 中华人民共和国信息产业部令第 18 号．通信工程质量监督管理规定[M]．2002.
[12] 邓辉．通信工程施工安全质量标准化打标与工程质量验收规范及强制性条文[M]．北京：中国建设出版社，2006.
[13] 陈运良．2006 年最新电线电缆施工及综合布线工艺[M]．西宁：青海人民出版社，2006.